高等职业教育铁道工程技术专业校企合作系列教材

高等职业教育"十三五"精品教材——轨道交通类

铁路选线设计基础

主　编　曾　锟　张同文

副主编　张聚贤　张文学　韩春良

主　审　曹　毅　胡国喜　李建平

知识更新

技能训练答案

西南交通大学出版社

·成　都·

图书在版编目（CIP）数据

铁路选线设计基础 / 曾锟，张同文主编. 一成都：西南交通大学出版社，2020.8（2023.6 重印）
高等职业教育"十三五"精品教材. 轨道交通类
ISBN 978-7-5643-7538-6

Ⅰ. ①铁… Ⅱ. ①曾… ②张… Ⅲ. ①铁路选线一设计一高等职业教育一教材 Ⅳ. ①U212.32

中国版本图书馆 CIP 数据核字（2020）第 155804 号

高等职业教育"十三五"精品教材——轨道交通类

Tielu Xuanxian Sheji Jichu

铁路选线设计基础

主编　曾　锟　张同文

责任编辑	姜锡伟
封面设计	曹天擎

出版发行	西南交通大学出版社
	（四川省成都市金牛区二环路北一段 111 号
	西南交通大学创新大厦 21 楼）
邮政编码	610031
发行部电话	028-87600564　028-87600533
网址	http://www.xnjdcbs.com
印刷	四川森林印务有限责任公司

成品尺寸	185 mm×260 mm
印张	18.25
插页	2
字数	477 千
版次	2020 年 8 月第 1 版
印次	2023 年 6 月第 3 次
定价	54.00 元
书号	ISBN 978-7-5643-7538-6

课件咨询电话：028-81435775

前　言
PREFACE

　　本书根据教育部职业教育与成人教育司新颁布的《高速铁道工程技术专业教学标准》《铁道工程技术专业教学标准》并结合《铁路选线基础》课程标准进行编写，目的是通过该课程的学习，培养学生运用选线设计相关知识解决现场施工和维护过程中遇到的实际问题，为提高学生职业素质、形成综合职业能力和继续学习打下基础。

　　到2019年年末，全国铁路营业总里程达到13.9万千米，高铁营业总里程达到3.5万千米。铁路建设的现代化，特别是快速铁路、重载铁路、高速铁路的发展，对从事铁路线路施工和维修养护的工程技术人员提出了更高的要求。为适应铁路建设和管理的需要，培养适应铁路现代化发展需要的高素质复合型技术技能人才，我们组织人员编写了《铁路选线设计基础》。

　　本书在编写过程中采用现行最新的标准、规范，引用最新的数据，注重理论与现场实践紧密结合，使教材反映当前学科的发展水平。为适应职业教育教学的需要，教材以项目为导向、以任务为载体、以教学做一体化为理念进行编写。每个项目都有明确的项目描述和具体的教学目标，每个任务都有对应的任务描述和具体的任务分析，使教学具有针对性和目的性。教材在介绍相关知识的同时还设置了阅读案例、知识拓展、教学案例、课堂训练、技能训练等栏目，使教材可读性、操作性大幅增加。为了及时更新行业新知识，在教材扉页设置了知识更新二维码。后续教材还将配套网上教学资源，让师生在开放的网络学习环境中共享学习，同时也可供在职人员培训使用，满足终身学习的要求。

　　本书由湖南高速铁路职业技术学院曾锟、张同文任主编；辽宁铁道职业技术学院张聚贤、湖南铁路科技职业技术学院张文学、包头铁道职业技术学院韩春良任副主编；湖南高速铁路职业技术学院曹毅、包头铁道职业技术学院胡国喜、湖南高速铁路职业技术学院李建平主审。编写分工如下：曾锟编写项目四（任务一至任务六），张同文编写项目二和项目七任务一，张聚贤编写项目五，张文学编写项目六，韩春良编写项目七任务五，湖南高速铁路职业技术学院郭丽丹、秦立朝编写项目一，湖南高速铁路职业技术学院谢黔江、龚海育、甄相国编写项目三，湖南高速铁路职业技术学院谭春腾编写项目四任务七，中国铁路广州局集团有限公司娄底工务段王天琦编写项目七任务四,湖南高速铁路职业技术学院刘振编写项目七任务二,湖南高速铁路职业技术学院谢松平编写项目七任务三,湖南高速铁路职业技术学院李波、金能龙、何成波编写项目八。

本教材主要内容包括铁路选线总体设计、铁路技术标准选定、牵引计算与铁路能力计算、区间线路平纵断面设计、铁路定线与方案比选、车站设计、既有线改建与增建二线设计和铁路线路计算机辅助设计等8个教学项目28个教学任务。本教材以满足高等职业院校高速铁路工程技术、铁道工程技术教学需求编写,也适用于相关专业专科和应用型本科教学。对于课时较少的专业,牵引计算与铁路能力计算、车站设计、铁路定线与方案比选及各项目中知识拓展部分可以不讲或少讲,既有线改建与增建二线设计可以根据专业选择性讲解。

本书在编写过程中主要参考并引用了《铁路线路设计规范》(TB 10098—2017)、《列车牵引计算规程》(TB/T 1407—1998)、《铁路车站及枢纽设计规范》(TB 10099—2017)等文献的数据和资料,还借鉴了国家级教学名师、西南交通大学易思蓉教授主编的《铁路选线设计》的部分数据和资料,在此表示感谢!

在本书编写过程中,兰州交通大学李斌、西安市轨道交通集团有限公司李健雄、包神铁路集团杨文平、武汉捷力软件开发有限公司梅松华、中国铁路武汉局集团有限公司工电检测所管建明、中国铁路西安局集团有限公司西安高铁基础设施段董超、西安开道万交通科技有限公司武岳等专家提供了大量的现场案例和资料,并对教材编写提出了宝贵的意见。武汉捷力软件开发有限公司还提供了《线路大中修辅助设计系统》软件。在此表示特别感谢!

书中引用的地形图、现场勘测设计资料及案例,基于技术保密原因,部分做了修编,在此特别说明,并对这些资料作者一并表示感谢!

本书在编写过程中得到了兰州交通大学、中国铁路广州局集团有限公司、中国铁路西安局集团有限公司、中国铁路武汉局集团有限公司、西安市轨道交通集团有限公司、包神铁路集团、武汉捷力软件开发有限公司、西安开道万软件有限公司、全国铁道工务工程专指委、湖南高速铁路职业技术学院、包头铁道职业技术学院、辽宁铁道职业技术学院、湖南铁路科技职业技术学院有关领导、专家和老师的大力帮助和支持,在此表示衷心感谢!

由于作者学识和水平有限,书中疏漏和不足之处在所难免,恳请读者批评指正。

编　者

2020 年 4 月

目 录
CONTEST

项目一

铁路选线总体设计

项目描述

　　铁路是现代文明的一项巨大工业成就，它随着科学技术的进步而发展。从1865年英国商人在北京宣武门外修建的长约0.5 km的展览小火车铁路，到现在已自主建成近14万千米的运营铁路，我国已成为世界铁路大国，其中高速铁路运营里程已跃居世界第一，中国铁路走过了风雨的百余年。这些离不开一代代铁路人的辛勤付出，更是凝聚了广大铁路勘测设计人员的心血和汗水。

　　本项目主要介绍世界及我国铁路的发展概况、我国铁路选线设计技术发展的过程和趋势及铁路选线设计总体负责制等相关知识。

拟实现的教学目标

1. 能力目标

● 能说出世界及我国铁路建设发展概况；

● 能说出选线设计的基本任务；

● 能查阅选线设计相关规范并获取相关信息。

2. 知识目标

● 了解世界及我国铁路的发展概况；

● 了解我国铁路选线设计技术发展的过程和趋势；

● 掌握铁路的基本建设程序；

● 掌握选线设计的基本任务；

● 了解选线设计总体负责制；

● 知道选线设计参考的规范和标准。

3. 素质目标

● 具有民族自豪感，培养"四个自信"；

● 具备团结协作和吃苦耐劳精神；

● 具备崇尚科学、实事求是的工作作风。

任务一
世界及我国铁路发展认知

【任务描述】

    随着经济的发展，世界和我国铁路都产生了翻天覆地的变化，尤其是 20 世纪中叶世界高速铁路的产生，大大方便了人们的出行。本教学任务主要介绍世界及我国铁路的发展历程及我国铁路的发展规划。

【任务分析】

具体任务	具体要求
● 世界铁路发展历程 ● 我国铁路发展概况及规划	➤ 了解世界铁路发展历程； ➤ 了解我国铁路发展概况及建设规划。

【相关知识】

一、世界铁路发展历程

    自第一条铁路在英国出现至今，世界铁路已有 190 多年的历史，它的发展大体经历了四个阶段。

（一）萌芽阶段

    铁路的兴起和发展与科学技术和大规模的商品生产密不可分。1825 年英国修建了从斯托克顿至达林顿的铁路，这是世界上第一条蒸汽机车牵引的铁路，标志了近代铁路运输业的开端。

    铁路及火车一经出现，便以其迅速、便利、经济等优点，深受人们的重视，除了英国全面展开铁路的铺设工程外，欧、美比较发达的资本主义国家也相继开始兴建铁路。世界主要国家铁路相继修通的年份见表 1-1-1。从表中可见，铁路在不长的时间内就得到了较快的发展。自 1825 年至 1860 年间，世界铁路已修建了 10.5 万千米。

世界铁路发展

表 1-1-1 世界主要国家铁路通车年份

国名	修通年份	国名	修通年份	国名	修通年份	国名	修通年份
英国	1825	加拿大	1836	瑞士	1844	埃及	1855
美国	1830	俄国	1837	西班牙	1848	南非	1860
法国	1832	奥地利	1838	巴西	1851	日本	1872
比利时	1835	荷兰	1839	印度	1853	中国	1876
德国	1835	意大利	1839	澳大利亚	1854		

（二）蓬勃发展阶段

自 1870 年至 1913 年第一次世界大战前，铁路发展最快，每年平均修建 2 万千米以上。世界主要资本主义国家将大部分投资用于修建铁路，世界铁路营业里程增长迅速，如图 1-1-1 所示，铁路绝大部分集中在英、美、德、法、俄五国。19 世纪末期，以英、美、德、法、俄为代表的帝国主义国家，开始在殖民地、半殖民地国家修建铁路，掠夺和侵略其他国家。

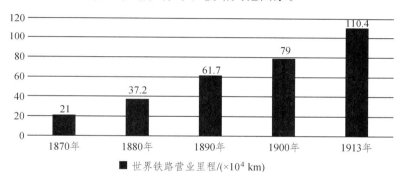

世界铁路营业里程/($\times 10^4$ km)

图 1-1-1 世界铁路营业里程增长示意

在此期间，以电的应用和电动机、内燃机的发明为主要标志的第二次工业革命，推动了铁路牵引动力的革命性变化，铁路的速度也得到了较大提高。1895 年，英国西海岸铁路伦敦至阿伯丁长 868 km，直达时速 101.6 km。1893 年，美国纽约中央铁路最高时速达到 181 km。1903 年，德国西门子公司制造的电动车组创下了最高时速 210 km。

（三）停滞阶段

第一次世界大战后（1918 年）至第二次世界大战（1939 年）前的这段时间，主要资本主义国家的铁路基本停止发展，而殖民地、半殖民地、独立国和半独立国的铁路则发展较快。到 1940 年，世界铁路营业里程达到 135.6 万千米。

进入 20 世纪 50 年代，以信息技术和自动化技术为主要标志的第三次工业革命，开始席卷全球。汽车和飞机制造业迅速发展，使铁路面临与公路和航空运输的激烈竞争，很多国家铁路亏损严重，铁路事业一度陷入低谷。不少国家不得不将铁路收归国有，美、英、德、法等国相继封闭并拆除铁路。美、英、法三国在这个阶段铁路减少情况见表1-1-2。

表 1-1-2　第三阶段美、英、法铁路里程减少情况

国别	繁盛时里程/km	低谷时里程/km	缩短率/%
美国	40.8 万（1916 年）	31.8 万（1980 年）	22
英国	3.28 万（1929 年）	1.77（1980 年）	46
法国	6.48 万（1937 年）	3.39（1980 年）	47

自 20 世纪 30 年代到 60 年代初，一方面，资本主义国家的铁路营业里程有所萎缩，另一方面，非洲、拉丁美洲与部分欧洲国家的铁路营业里程有所增长，所以世界铁路营业里程基本保持在 130 万千米左右。

（四）现代化阶段

20 世纪 60 年代末期，世界铁路发展开始复苏。1973 年波及世界各国的能源危机，使公路和航空运输发展受到了限制，而铁路运输在整个交通运输体系中的能耗所占比重较小，特别是电气化铁路较少受燃料价格上涨变化的影响。另外，由于在运输过程中排放的废气及产生的噪声等对生态环境的污染与其他交通运输工具相比也是最低的，铁路运输进一步显现出优势。

1964 年，世界上第一条高速铁路——东海道新干线在日本诞生，开创了世界铁路的新纪元。高速铁路的诞生，使世界开始重新审视铁路的价值。经过 50 多年的发展，世界上已有法国、德国、日本、中国、意大利、西班牙等十余个国家拥有了高速铁路，欧洲国家还计划把各国高速铁路建成泛欧高速铁路网。建设快捷、绿色、节能、安全、方便的高速铁路已经成为世界性的共识。高速铁路集中反映了一个国家铁路线路结构、列车牵引动力、高速运行控制、运输组织和经验管理等方面的技术，也体现了一个国家的科技和工业水平。

在货物运输方面，自 20 世纪 50 年代起，随着大功率电力机车和内燃机车、大轴重大容量货车的使用以及列车无线控制技术的发展，铁路重载运输得到了快速发展。由于运量大、能耗低、经济性好，70 年来，重载运输在美国、加拿大、南非、俄罗斯、澳大利亚、中国等一些幅员辽阔、矿产资源丰富的国家迅速发展，成为世界铁路发展的一个重要趋势。20 世纪 80 年代以后，由于新材料、新工艺、电力电子、计算机控制和信息技术等现代高新技术在铁路上的广泛应用，铁路重载运输技术及装备水平不断提高，重载列车的牵引质量也有很大提高。

二、我国铁路的发展概况及规划

（一）我国铁路发展主要历程

1. 旧中国的铁路

我国领土上出现的第一条运营铁路是 1876 年英国侵略者采用欺骗和蒙混

的手段，在上海修建的吴淞铁路。我国自己创办的第一条铁路是 1881 年建成的唐胥铁路（唐山至胥各庄）。我国第一条完全由中国工程技术人员主持、设计、施工的铁路是 1905 年 9 月开工修建的京张铁路（北京丰台至张家口）。

19 世纪末侵占中国的资本主义国家主要有沙俄、英国、德国、法国和日本等。他们为了掠夺和控制中国，把修筑铁路作为争夺的焦点。旧中国铁路的建设过程就是外国列强掠夺、霸占我国土地、资源，奴役我国人民的过程，具有浓厚的半殖民地半封建的色彩。这个时期我国铁路不仅分布极不均衡、极不合理，修建的里程太少，而且技术设备落后。

2. 新中国的铁路

一个多世纪以来，我国铁路建设在各个历史时期随着社会变化和发展，走过了艰难曲折的道路。但是，随着 1949 年中华人民共和国成立以来我国经济建设的发展、国力的强盛，铁路建设也取得了辉煌的成就。

1952 年 7 月 1 日建成通车的成渝铁路（成都至重庆）全长 505 km，是我国自行设计、自行施工、使用自产材料修建的第一条千里干线，西南人民近半个世纪的铁路梦想终于成为现实。

1958 年正式运营的宝成铁路（宝鸡至成都），全长 668.2 km，是新中国第一条工程艰巨的铁路。这条铁路的建成，改变了"蜀道难"的局面。1961 年将宝凤段（宝鸡至凤州）建成了电气化铁路，由此拉开了我国电气化铁路建设的序幕。

在西南铁路大建设中，我国建成了连接云、贵、川三省的铁路骨架——川黔、贵昆、成昆铁路。20 世纪 70 年代，会战湘黔、枝柳铁路，建成了湘渝铁路等。这期间，全国铁路进行了技术改造，统一了标准、加强了管理，使铁路运能有了较大提高，为大西南的经济和社会发展打下了坚实的基础。

在改革开放的新形势下，我国经济走上了持续快速发展的道路。国家加大投资力度，支持铁路发展，加快铁路建设。

1987 年，我国在南北铁路大动脉的京广铁路上修建了长 14.295 km 的大瑶山隧道，是当时国内最长的双线铁路隧道，居世界双线铁路隧道的第 10 位。大瑶山隧道的建成，标志着我国隧道建设技术达到了世界先进水平。

1989 年，我国在铁路网中赋有铁路心脏之称的郑州北站，建成了亚洲最大的铁路综合自动化编组站。货车的中转、解体、编组作业等一整套生产管理已经由电子计算机取代了手工操作。它使我国铁路编组站现代化技术迈进了世界先进行列。

为了促进山西煤炭能源基地的开发和建设，增加晋煤外运通道，扩大"三北"地区煤炭运输的能力，1992 年，我国修建了第一条大（同）—秦（皇岛）双线电气化重载运煤专线，全长 653.2 km，这是我国第一条双线电气化开行重载单元列车的运煤专用铁路。

进入 21 世纪以后，我国铁路的建设进入了黄金机遇期，铁路现代化建设事业发展更为显著，取得了世人瞩目的辉煌成就。例如我国第一条跨海铁路通道——粤海铁路（图 1-1-2）、世界一流高原铁路——青藏铁路（图 1-1-3）等。

图 1-1-2　粤海铁路

图 1-1-3　青藏铁路

2003 年 10 月 11 日，秦沈客运专线（秦皇岛至沈阳）投入运营，这是由我国自行研究、设计和施工的第一条客运专线铁路。

2008 年 8 月 1 日开通运营的京津城际铁路（北京至天津），全长 120 km，设计时速 350 km，标志着我国已经正式进入高铁时代。

2016 年 4 月 29 日，京张高速铁路正式开工建设；2019 年 12 月 30 日，京张高速铁路正式开通运营。这是世界上第一条设计时速为 350 km 的智能化高速铁路，如图 1-1-4 所示。

图 1-1-4　京张高铁

在货物运输方面，我国以发展重载运输为主攻方向，以研究和采取开行不同类型的重载列车运输方式作为铁路扩能、提效的重要手段。我国已经形成以山西、陕西、内蒙古西部即"三西"煤炭基地为中心，向东北、京津冀、华东及中南 4 个调入区呈扇形辐射状调运煤炭的运输格局。我国铁路重载运输的发展，大致经历了四个阶段，并相应开行了三种模式的重载列车。

第一阶段（1984—1986 年）：改造既有线，开行重载组合列车。

第二阶段（1985—1992 年）：新建大秦铁路，开行重载单元列车。

第三阶段（1992—2002 年）：改造繁忙干线，开行 5 000 t 级重载混编列车。

第四阶段（2003 年至今）：大秦铁路开行 2 万吨，提速繁忙干线开行 5 500 ～ 5 800 t。

截至 2019 年年底，全国铁路营业里程 13.9 万千米以上，位居世界第二，其中高铁 3.5 万千米，位居世界第一；全国铁路路网密度 145.5 千米/万平方千米。其中：复线里程 8.3 万千米，复线率 59.0%；电气化里程 10.0 万千米，电化率 71.9%。西部地区铁路营业里程 5.6 万千米。

（二）我国铁路发展规划

1. 规划目标

2016 年，国务院批准了《中长期铁路网规划》，其目标为：到 2020 年，一批重大标志性项目建成投产，铁路网规模达到 15 万千米，其中高速铁路 3 万千米，覆盖 80%以上的大城市，为完成"十三五"规划任务、实现全面建成小康社会目标提供有力支撑。到 2025 年，铁路网规模达到 17.5 万千米左右，其中高速铁路 3.8 万千米左右，网络覆盖进一步扩大，路网结构更加优化，骨干作用更加显著，更好发挥铁路对经济社会发展的保障作用。展望到 2030 年，基本实现内外互联互通、区际多路畅通、省会高铁连通、地市快速通达、县域基本覆盖。

2. 规划方案

（1）高速铁路网。

在原规划"四纵四横"主骨架基础上，增加客流支撑、标准适宜、发展需要的高速铁路，同时充分利用既有铁路，形成以"八纵八横"主通道为骨架、区域连接线衔接、城际铁路补充的高速铁路网。

（2）普速铁路网。

扩大中西部路网覆盖，完善东部网络布局，提升既有路网质量，推进周边互联互通，形成覆盖广泛、内联外通、通边达海的普速铁路网，提高对扶贫脱贫、地区发展、对外开放、国家安全等方面的支撑保障能力。

上述路网方案实现后，远期铁路网规模将达到 20 万千米左右，其中高速铁路 4.5 万千米左右。

（3）综合交通枢纽。

统筹运输网络格局，按照"客内货外"的原则，优化铁路枢纽布局，完善系统配套设施，修编铁路枢纽总图。创新体制机制，统筹建设运营，促进同步建设、协同管理，形成系统配套、一体便捷、站城融合的现代化综合枢纽。研究制定综合枢纽建设、运营、服务等标准规范。构建北京、上海、广州、武汉、成都、沈阳、西安、郑州、天津、南京、深圳、合肥、贵阳、重庆、杭州、福州、南宁、昆明、乌鲁木齐等综合铁路枢纽。

中国高速铁路网规划

【技能训练】

【1-1-1】　简述世界铁路发展历程。

【1-1-2】　简述我国铁路发展规划。

任务二
我国铁路选线设计发展过程认知

【任务描述】

伴随着我国经济和科学技术的发展，铁路选线设计工作的方式方法也随之产生了巨大的变化，本教学任务主要介绍旧中国和新中国铁路选线设计发展的过程及现代选线设计采用的一些新技术新手段。

【任务分析】

具体任务	具体要求
● 了解我国选线设计工作发展的过程	➤ 了解旧中国和新中国选线设计发展的过程及现代选线设计采用的一些新技术新手段。

【相关知识】

一、旧中国的铁路勘测设计

中国铁路的诞生和发展经历了一段屈辱的历史。帝国主义列强为了掠夺中国丰富的资源，竞相在中国争夺筑路权，一时主权沦丧，路权尽失，铁路几乎全为外国人把持。中国人自己修筑的第一条铁路——京张铁路（1905—1909），是我国第一位铁路工程专家詹天佑先生临危受命主持修建的。詹天佑，字眷诚，广东南海县人，少年就学于美国，毕业于耶鲁大学土木工程系铁路工程科。他在当时既无技术人员，又缺乏技术工人、机具的条件下毅然承担重任。他率领两个助手，全队12人以3个月时间完成了京张线（图1-2-1）的勘测任务。在设计中他坚持采用标准轨距，采用33‰的陡坡和2-8-8-2活节大马力机车跨越关沟段的八达岭；在青龙桥车站采用人字形坡进行展线，将原来约2 000 m的八达岭隧道缩短为1 090 m，并开凿竖井，增加工作面以缩短工期；在修建中分段施工，并尽早分段运营，以通车运营收入弥补施工款项之不足。在当时的历史条件下，这些技术决策是非常难能可贵的创举，至今仍值得我们借鉴。京张铁路1909年8月11日建成，10月2日通车，节省工款白银近29万两，节省工程费的4%。这一辉煌业绩，维护了民族尊严，振奋了民族精神，增强了中国人自己修建铁路和发展近代科学技术的信心，为以后自建铁路开辟了道路。

阅读案例——詹天佑

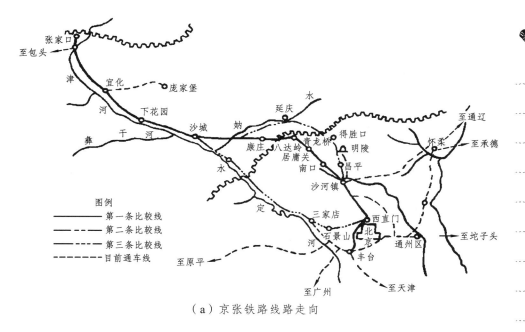

（a）京张铁路线路走向

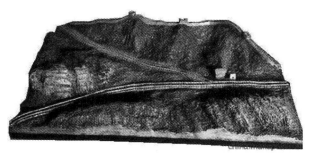

（b）"人"字形坡

图 1-2-1　京张铁路

　　旧中国的铁路建设多数为外国人把持，少数为国人自建，有一些优秀的选线设计案例。如粤汉铁路线跨南岭地段，纠正了由外国人选定的越岭垭口，使越岭高程降低了 40 余米，提高了线路质量。但在战乱频繁、民不聊生的旧中国，中国铁路线路设计人员的聪明才智难以充分发挥，至 1949 年中华人民共和国成立前夕，全国铁路营业里程为 21 810 km（不含台湾铁路在内），但实际当时能勉强维持通车的铁路仅 11 000 km。

二、新中国铁路勘测设计的发展

　　新中国成立后，百废俱兴，也带来了铁路建设事业的发展。中华人民共和国成立后的第一项大型基本建设就是成渝线的建成通车，使西南人民 40 多年的梦想在两年内得以实现。此后我国铁路勘测设计事业走向了规范化、标准化、蓬勃发展的道路。

1. 组建了专业勘测设计队伍

原铁道部内设立了铁路设计总局，下辖西北、西南、华北、中南、东北 5 个设计分局，现改为具有地区性和专业性的勘察设计院集团有限公司，为铁路的勘测设计建立了一支稳定的配套齐全、技术装备精良的专业技术队伍。

2. 统一了全国的铁路勘测设计标准

1949 年以后，我国制定实施了国家行业标准——《铁路线路设计规范》，制定了《铁路勘测设计文件组成与内容》，即现在的《铁路基本建设项目预可行性研究、可行性研究和设计文件编制办法》，规定了铁路勘测设计阶段和各阶段勘测设计工作应达到的深度与广度。此外，我国编制了大量的标准图、通用图和参考图，为加快设计进度、提高设计质量创造了条件。这些组织和技术上的有力保证，使得我国铁路勘测设计工作的面貌发生了根本的转变。

截至目前，全国铁路营业里程已接近 14 万千米，牵引动力和载运工具迈上了现代化新台阶，重载运输达到了世界领先水平，高速铁路已经成为中国一张靓丽的名片，取得了很好的社会和经济效益。这些成果凝聚了广大铁路勘测设计人员的心血和汗水。在这近 14 万千米的铁路中，有复杂地质险峻山区修建的宝成线、成昆线、襄渝线、侯月线、南昆线，也有通过腾格里沙漠地区的包兰线和穿过察尔汗盐湖地区的青藏线等。我国在占国土面积 70% 的山区和丘陵地区修路时遭遇到了崩塌、滑坡、泥石流、软土、膨胀土、高地应力、高瓦斯等一系列复杂的地质难题，但都在实践中得以解决，积累了许多宝贵的经验；同时也开发、研究、引进了一大批行之有效的铁路勘测设计新技术、新工艺和新设备，使铁路勘测设计手段发生了质的飞跃。

三、铁路勘测设计的新技术及其发展

测绘技术、勘察技术和信息技术的迅速发展，使我国铁路勘测设计工作面貌焕然一新。目前，已采用的勘测新技术有：① 航测与遥感技术；② 卫星定位技术；③ 全测站测绘技术；④ 先进地质勘探方法等。铁路选线设计新技术有：① 利用航测和其他测绘手段采集数据，建立数字化测图系统，建立适用于线路设计的带状数字地面模型；② 应用优化理论进行铁路线路纵断面优化和平面、纵断面整体优化；③ 新建单、双线铁路线路的计算机辅助设计；④ 线路大修及改建的计算机辅助设计；⑤ 铁路线路的三维可视化设计及行驶模拟；⑥ 铁路路基及支挡建筑物的计算机辅助设计；⑦ 铁路工程概预算编制的软件包等。

1. 铁路勘测设计一体化

20 世纪 90 年代以后，随着数据库和网络技术的发展，人们希望全部实现勘测设计信息化。外业与内业之间以及专业与专业之间的信息不再通过纸介质来传送，而是通过一个专用工程数据库来实现，计算机不仅参与勘测设计、计算绘图工作，而且还参与设计工作的管理、协调和质量控制等工作。在国外，交通设计部已实现了设计工作计算机化，我国设计部门也正逐渐实现这所谓的"勘测设计一体化"。要实现勘测设计一体化，必须解决的主要问题有：

（1）建立高效、快捷的工程数据库，这是关键和核心。该数据库（包括数值数据、文档数据、图形数据）应能接纳、保存并为勘测设计等工序提供所需的各项设计原始数据，且采用以磁介质为载体的信息交换。

（2）大力采用网络技术，使成千上万台独立的计算机连成一体，人们足不出户就可获取和发布各种信息，故网络技术是实现勘测设计一体化的又一关键。这些信息包括图片、声音、录像剪辑、动画以及普通的文字方式。铁路设计可利用网络技术更好地实现各专业之间或各专业与工程数据库之间的信息互换，可以远程进行设计方案的审查和修改。

（3）开发勘测设计一体化管理信息系统。勘测设计是一项多工种、多专业联合完成的工作，为了对这项工作实施有效的管理和质量进度的监控，必须开发勘测设计一体化管理系统。设计中各专业的设计进度、设计质量以及出现问题时的修改，都可通过这套系统加以管理。

（4）实现外业勘测资料信息化。外业勘测资料不再是纸介质的产品，而应是以磁盘或光盘为载体的产品。铁道工程的外业勘测资料主要是地形测绘资料和地质勘探资料。

（5）各专业设计软件的集成化。勘测设计一体化的特征是：各专业之间通过工程数据库实现信息互换和资源共享。原各专业设计软件多以文件方式实现信息的输入与输出，这不能适应以工程数据库为核心的勘测设计一体化的作业模式。为此，各专业设计软件必须进行集成化改造，开发与工程数据库相连接的接口软件。

2. 铁路勘测设计智能化

铁路选线设计是一项涉及面广、技术性强、关系到全局的总体性工作。其主要特点之一是选线设计为分阶段进行的，为了满足各勘测设计阶段不同的设计要求，在各阶段应使用相应精度的地形资料。铁路选线设计的另一个显著特点是选线设计是在一个狭长的地带内进行的，线路长度可达成百上千千米，这些工作如果能有人工智能技术的应用那必将事半功倍。

【技能训练】

【1-2-1】 查阅资料，列举一些目前我国在铁路选线设计过程中采用的新技术、新方法。

【1-2-2】 收集一些我国铁路选线设计的经典案例。

任务三
铁路选线总体设计认知

【任务描述】

　　铁路建设是一项复杂的工作过程，由决策、设计、施工和竣工验收等四个主要环节组成。其中设计阶段尤为复杂，必须在各个专业配合与总体协调下才能完成。本教学任务主要解决为什么要进行铁路选线设计、我国铁路的基本建设程序及什么是设计总体负责制等相关问题。

【任务分析】

具体任务	具体要求
● 知道铁路基本建设程序	➤ 知道各个基本建设程序的工作内容；
● 清楚铁路选线设计的基本任务	➤ 能说出选线设计的基本任务；
● 了解总体设计负责制	➤ 知道总体和专册的工作职责；
● 了解铁路选线设计应遵循的规程	➤ 知道并能查阅铁路选线设计相关规范标准。

【相关知识】

一、铁路基本建设程序

　　建设程序是指铁路建设项目从决策、设计、施工、竣工验收直到建成投产的全过程中，各个阶段、各个步骤、各个环节所必须遵循的顺序和制度，如图1-3-1所示，进行铁路基本建设必须遵循它。铁路基本建设程序一般可划分为七个阶段。

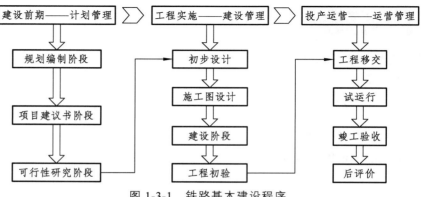

图 1-3-1　铁路基本建设程序

1. 预可行性研究阶段

铁路预可行性研究阶段是铁路建设项目立项的依据，应按铁路建设的长远规划，充分利用国家和行业资料，经调查踏勘后编制。它从宏观上论证项目的必要性，为编制项目建议书提供必要的基础资料。铁路建设项目建议书是业主单位向国家提出建设某一铁路建设项目的建议文件，是对该铁路建设项目的轮廓设想，是从拟建项目的必要性及宏观方面的可能性加以考虑的。在客观上，铁路建设项目要符合国民经济长远规划，符合铁路部门、其他行业和地区规划的要求。

2. 可行性研究阶段

铁路可行性研究阶段是为项目决策提供依据，应根据批准的项目建议书，从技术、经济上进行全面深入的论证，采用初测资料编制。设计任务书是在经批准的可行性研究报告基础上编制的，供设计单位使用，它与经批准后的可行性研究报告一起作为初步设计的依据，不得随意修改和变更。当线路基本走向方案、接轨点方案、建设规模、铁路主要技术标准和主要技术设备等方面有变动以及突破投资控制数时，应经原批准机关同意。

铁路设计工作阶段分为初步设计、施工图两个阶段。工程简单、设计原则明确的小型项目，经主管部门同意，可按一阶段设计，即施工图设计。原三阶段设计中，在初步设计和施工图阶段之间还有技术设计阶段。

3. 初步设计阶段

选线设计时，初步设计阶段是根据批准的可行性研究报告开展定测、现场调查，提出工程数量、主要设备和材料数量、拆迁数量、用地总量与分类及补偿费用，进行施工组织设计及工程总投资编制。

4. 施工图设计阶段

施工图是工程实施的依据，应根据审批的初步设计和补充定测资料编制，为施工提供必要的图表和必要的设计说明，详细说明施工时应注意的具体事项和要求，编制投资检算。

5. 工程施工和设备安装

依据批准的工程建设规模、技术标准、建设工期和投资，施工单位按照施工图和施工组织设计等文件组织工程施工和设备安装。

6. 验交投产

由建设单位会同设计、施工和有关单位组织验收；验收合格后，铁路交管理单位投入运营，基本建设阶段结束。

7. 后评估

在铁路运营若干年后，由建设单位会同有关部门对项目实施过程、结果及其影响进行调查研究和全面系统回顾，与项目决策时确定的目标以及技术、经济环境、社会指标进行对比，找出差别和变化，分析原因，总结经验，汲取教训，提出对策建议，通过信息反馈，改善投资管理和决策，以达到提高投资效益的目的。

二、铁路选线设计的基本任务

铁路选线设计的基本任务是提交质量可靠、经济、合理的设计文件，使得铁路能力能满足运量需求。其具体包括：

（1）根据国家政治、经济、国防的需要，结合线路经过地区的自然条件、资源分布、工农业发展等情况，规划线路的基本走向，如图 1-3-2 所示，选定设计线的主要技术标准。

（a）青藏线　　　　　　　　　　　　（b）京沪线

（c）包神朔黄线

图 1-3-2　铁路线路走向规划

（2）根据沿线的地形、地质、水文等自然条件和村镇、交通、农田、水利设施等具体情况，设计线路的空间位置（线路平面、纵断面），在保证行车安全的前提下，力争提高线路质量、降低工程造价，节约运营支出。

（3）与其他个体工程专业共同研究，布置线路上各种建筑物，如车站或交叉、桥梁、隧道、涵洞、路基、挡墙等，并确定其类型或大小，使其总体上互相配合，全局上经济合理，为进一步单项设计提供依据（图1-3-3）。

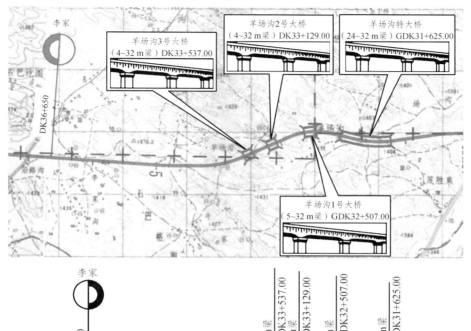

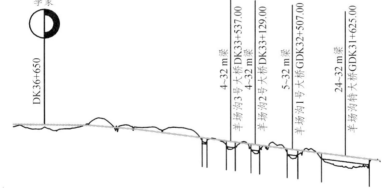

图 1-3-3 设计线路空间位置和布置线路上各种建筑物

铁路线路设计应贯彻绿色协调发展理念，落实现代综合交通运输发展要求，充分研究项目需求、铁路网规划和综合交通规划等相关因素，准确把握项目功能定位，科学论证建设方案，合理选定主要技术标准和线路走向，系统优化线路平面和纵断面。

铁路线路设计应坚持以人为本的设计理念，将安全设计、风险管理、保护自然生态和环境、节约土地、节约能源等贯穿于设计全过程。

铁路线路设计应注重系统优化，综合考虑相关专业技术接口，协调匹配固定设施与移动设备。

铁路线路设计应系统、经济、合理地确定站段（所）布局及规模，节约投资，降低运营成本，使综合效益最大化。

铁路线路设计还应符合环境、能源、土地及文物等法律、法规的相关规定。

三、总体设计负责制

铁路建设是国家基本建设的重要组成部分。按照设计程序，设计单位根据业主下达的任务，首先指派专人对建设项目进行调查研究，编制《预可行性研究报告》，作为业主编制建设项目计划任务书（或设计任务书）的基础资料。设计单位以下达的计划任务书为依据，任命总体设计负责人（简称"总体"）负责设计的总体性管理工作。同时，任命专册负责人（简称"专册"）负责本专业设计及管理工作。专册包括的专业有经济与运量、行车组织、地质、线路、路基及轨道、桥涵、隧道、站场、机务设备、车辆设备、给水排水、通信、信号、电力、房屋建筑、施工组织及概算等，其组织结构如图 1-3-4 所示。

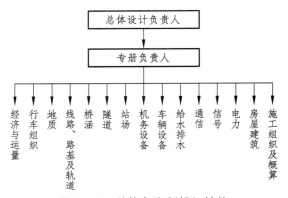

图 1-3-4　总体负责制组织结构

总体主要负责：编写《可行性研究报告》；进行勘测设计的准备工作，拟定必要的勘测设计阶段；对建设项目的主要技术标准、线路主要方案的比选、车站分布等技术问题直接负责，并对设计文件的总体性、完整性和统一性负责；施工阶段亲临现场，领导现场设计组配合施工，直到完工交付运营为止。专册负责人在勘测设计过程中，对专业设计方案、设计原则推荐的正确性、经济合理性以及专册文件的总体性、完整性和统一性负直接责任。

四、铁路选线设计中应遵循的规范

为了统一铁路线路设计技术标准，使铁路设计符合安全可靠、技术先进、经济适用的要求，铁路选线工作必须遵守相关的技术标准。在铁路设计过程中主要使用的规范标准有：《铁路技术管理规程》（TG/01—2014）（以下简称《技规》）、《铁路线路设计规范》（TB 10098—2017）（以下简称《线规》）、《高速铁路设计规范》（TB 10621—2014）、《城际铁路设计规范》（TB 10623—2014）、《重载铁路设计规范》（TB 10625—2017）、《铁路车站及枢纽设计规范》（TB 10099—2017）、《普速铁路线路修理规则》（TG/GW 102—2019）（以下简称《修规》）、《铁路工程制图标准》（TB/T 10058—2015）等。

知识拓展——
了解更多规范和
标准

此外，还有国家铁路局颁布的信号、桥梁、隧道、路基工程等一系列设计规范，以及《列车牵引计算　第1部分　机车牵引式列车》（TB/T 1407.1—2018）（以下简称《牵规》），在设计工作中均应遵守。

【技能训练】

【1-3-1】　收集并查阅有关铁路选线设计的规范标准。

【1-3-2】　选线设计的基本任务是什么？

项目二

铁路技术标准选定

 项目描述

铁路客货运量是评价铁路经济效益的基础，是影响线路方案取舍的重要因素，同时又是设计铁路能力的依据，决定着线路的主要技术标准。如果客货运量调查不准确，将进一步导致铁路技术标准选择不合理。而铁路技术标准一旦确定，在运营过程中将很难改变。因此，在新建铁路中，根据铁路的客货运量选定技术标准非常关键。

本项目主要介绍铁路客货运量如何调查和预测、运量参数如何计算、设计年度如何确定及如何选定铁路主要技术标准等问题。

 拟实现的教学目标

1. 能力目标
- 能进行简单的客货运量调查与预测；
- 能计算铁路设计中相关运量参数；
- 能初步选定铁路主要技术标准。

2. 知识目标
- 了解铁路客货运量调查及预测的意义和方法；
- 了解铁路设计相关运量参数的计算方法；
- 掌握铁路设计年度划分的依据；
- 掌握铁路主要技术标准的含义和影响因素。

3. 素质目标
- 具有严谨求实的工作作风；
- 具备团结协作精神；
- 具备安全环保和节约意识。

任务一
铁路运量调查与预测

【任务描述】

为了明确设计线在铁路网中的地位和作用，选定合理的技术标准，无论是新建还是改建铁路，设计前都必须进行铁路运量调查。本教学任务主要解决如何进行客货运量调查及铁路选线设计运量参数如何计算的问题。

【任务分析】

具体任务	具体要求
● 调查与预测客货运量 ● 计算运量参数 ● 铁路设计年度	➢ 了解客货运量调查的意义和调查与预测方法； ➢ 能根据客货运量调查资料计算运量参数； ➢ 掌握铁路设计年度划分的依据。

【相关知识】

一、客货运量调查与预测

（一）客货运量调查的意义

铁路客货运量调查的重要意义主要体现在以下几个方面：

（1）客货运量是设计铁路能力的依据。

客货运量是选定铁路主要技术标准的依据，而主要技术标准又决定着客货运输装备的能力，它不应小于调查或预测的客货运量，以满足国家近远期要求的运输任务。

（2）客货运量是评价铁路经济效益的基础。

客货运量决定铁路的运营收入、运输成本、投资偿还期等经济效益指标。客货运量大，则收入多、成本低、投资偿还期短。修建铁路要讲究经济效益，就应当十分重视客货运量的调查和预测。

（3）客货运量是影响线路方案取舍的重要因素。

铁路选线设计中会出现大量的线路方案和经济比较。若运量大，则投资大的方案中选的可能性增加；若运量小，则投资大的方案中选的可能性降低。可见，客货运量大小是决定线路方案取舍的重要因素。

阅读案例——
武广客运专线客运量
调查与预测

阅读案例——
南昆铁路因线路运量
饱和而改造

总之，客货运量在铁路设计中具有重要作用。若调查或预测的客货运量偏大，则铁路标准偏高，故投资较大的方案容易中选；但铁路运营后，若实际运量偏小，则铁路能力闲置，投资浪费，而运营收入偏少，铁路投资效益必然降低。若调查或预测的运量偏小，虽初期投资少，但铁路运营后，能力会很快饱和，引起铁路过早改建，追加投资增大，也不经济合理。因此，铁路设计必须重视客货运量的调查和预测工作。

（二）客货运量的调查和预测的方法

设计线客货运量的确定，首先要划定设计线的吸引范围，然后在吸引范围内进行经济调查，以确定近期的客货运量，并根据吸引范围的建设规划和经济统计资料，预测远期的客货运量。

1. 划定吸引范围

设计线的吸引范围是设计线吸引客货运量的区域界限。设计线客货运量的调查和预测，都是在吸引范围内进行的。吸引范围按运量性质划分为直通吸引范围和地方吸引范围两种。

（1）直通吸引范围。

直通吸引范围是路网中客货运量通过本设计线运送有利的区域范围。因为铁路运价是按里程计算的，所以直通吸引范围可按等距离的原则划定吸引范围，即在直通吸引范围内的运量，通过设计线运送要比其他运输线运程短。直通吸引范围需按上、下行分别勾画，如图 2-1-1 所示。

【案例 2-1-1】 确定直通吸引范围

在图 2-1-1 中分别确定上、下行直通吸引范围。

【解】

1. 计算上、下行环路各自的总里程

（1）上行环路 ABFDA 总里程 L_1 为：

$$L_1 = 600 + 100 + 150 + 350 + 390 + 80 = 1\,670（km）$$

（2）下行环路 BACEB 总里程 L_2 为：

$$L_2 = 600 + 290 + 320 + 350 + 200 = 1\,760（km）$$

2. 确定上行直通吸引范围

在左闭合环路中找出距 B 点为 $L_2/2$ 的点 C，在右闭合环路中找出距 B 点 $L_1/2$ 的点 D，则 CADB 即为上行直通吸引范围。

3. 确定下行直通吸引范围

在左闭合环路中找出距 A 点为 $L_2/2$ 的点 E，在右闭合环路中找出距 A 点 $L_1/2$ 的点 F，则即 EAFB 为下行直通吸引范围。

（2）地方吸引范围。

地方吸引范围是在设计线经行地区内，客货运量由设计线运送有利的区域范围，运量包括运出、运入和在本线装卸（上下）的货物（客流）。

　　地方吸引范围可按运量由设计线运送运价最低（运距最短）的原则来确定。可先作设计线经济据点（城市、工矿区等）与邻接铁路经济据点的连线，再连接各连线的中点，即可粗略画出吸引范围，然后再考虑公路、水运的布局与运价情况，山脉、河流等自然条件及行政区划等具体情况加以修正。若某线吸引范围边界附近的经济据点不能确定是否属于设计线吸引范围时，可根据货流方向计算不同径路的运价（包括公路、铁路运费与装卸费用），并考虑倒装次数、运送时间等利弊加以确定。图 2-1-2 中的阴影部分构成的闭环即为设计线 *AB* 的地方吸引范围示意图。

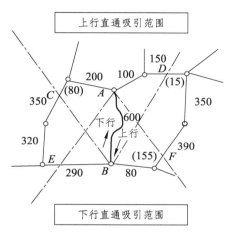

图 2-1-1　直通吸引范围

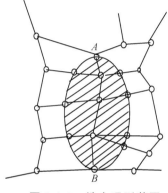

图 2-1-2　地方吸引范围

直通吸引范围

2. 货运量的调查和预测

　　直通货运量可根据国家计划部门制订的地区间物资交流规划，分析直通吸引范围内的物资供求情况，分上、下行汇总得到。

　　地方货运量可按产销运平衡法估算各运品的铁路运量。如粮食的运量，可根据播种面积乘平均亩产量得到产量。当地销售量为口粮、饲料粮、种子粮、酿造业、食品加工用粮和储备粮之和，总运量为产量与销售量之差（正值为运出量，负值为运入量）。再从总运量中扣除公路、水运等其他运输方式承担的运量，即可得到铁路的粮食运量。将各运品的运量汇总，即可得到铁路上、下行的货运量。

　　设计线远期运量的预测尚缺乏成熟经验，一般多比照条件接近的既有铁路，用曲线拟合办法或多元回归等办法，结合设计线近期的调查运量来预测远期运量。

　　通过调查和预测，将直通货运量和地方货运量汇总，可绘出货流图（图 2-1-3）。从货流图中可以看出各路段的货运品种、数量和流向，以及各大站的货物装卸量。

1990　　　　　　　　　　　→ 上行(×10⁴ t)

煤炭	100	200	10	190	15	175	10
钢铁		50	50	10	40	5	35	5
木材	20		80	5	75	10	65	15
其他		40	140		50	190		20	210		20

　　－ ＋　　　　－ ＋　　　　－ ＋　　　　－ ＋
　[A站]　　　[C站]　　　[D站]　　　[B站]
　　＋ －　　　　＋ －　　　　＋ －　　　　＋ －

	25	125	15	140	10	150	20	粮食
	10	45	10	55	5	60	10	石油
20	100	10	90	10	80	15		其他

下行(×10⁴ t) ←

图 2-1-3　货流示意

3. 客运量的调查和预测

直通客运量占客运总量的比重一般并不很大，可进行客流的典型调查，找出直通客流量和地方客流量的比值，根据地方客运量估算直通客运量。

地方客运量与吸引范围内的人口总数、工矿企业职工人数比重、人均收入、内迁工厂多少、早期移民数量、旅游点多少等因素有关，可用乘车率（每人每年的平均乘车次数）或多元回归法预测。

将客运量汇总后，可按每列车定员估算旅客列车对数；亦可比照和设计线条件相近的既有线拟定设计线的旅客列车对数。

二、铁路选线设计所需要的运量参数

1. 铁路运量

铁路运量包括货运量和客运量。

（1）货运量 C 是一年内单方向需要运输的货物吨数，应按设计线（或区段）分上、下行分别由下式计算：

$$C = \sum C_i \quad (10^1\,\text{t/a}) \tag{2-1-1}$$

式中　C_i——某种货物的年货运量（$10^4\,\text{t/a}$）。

（2）客运量 A_K 是一年内单方向需要运输的旅客人数，应按设计线（或区段）分上、下行采用客流量预测方式确定。

2. 周转量

货物周转量 C_{HZ} 是设计线（或区段）一年内所完成的货运工作量，可用单方向一年内各种货运量 C_i（$10^4\,\text{t/a}$）与相应的运输距离 L_i（km）按下式计算：

$$C_{HZ} = \sum (C_i \cdot L_i) \quad (10^4\,\text{t} \cdot \text{km/a}) \tag{2-1-2}$$

客运周转量 A_{KZ} 是设计线（或区段）一年（或者一天）内所完成的客运工作量，一般可用一年的客运量 A_{KZ}（10^4 人/a）与相应的运输距离 L_i（km）按下式计算：

$$A_{KZ} = \sum [(A_{KS} + A_{KX}) \cdot L_i] \; (10^4 \text{人} \cdot \text{km/a})$$

（2-1-3）

式中：A_{KS}、A_{KX} 分别为上、下行年客运量。

3. 货运密度

货运密度 C_M 是设计线（或区段）每千米的平均货物周转量。

$$C_M = \frac{C_{HZ}}{L} \; [10^4 \text{t} \cdot \text{km/(km} \cdot \text{a)}]$$

（2-1-4）

式中　L——设计线（或区段）的长度（km）。

4. 客运密度

客运密度 A_M 是设计线（或区段）每千米的平均旅客周转量。

$$A_M = \frac{A_{KZ}}{L} \; [10^4 \text{人} \cdot \text{km/(km} \cdot \text{a)}]$$

（2-1-5）

5. 货流比

设计线上、下行方向的货运量不均衡时，应区分为轻车方向和重车方向。货流比 λ 是轻车方向货运量 C_Q 与重车方向货运量 C_Z 的比值，即

$$\lambda = \frac{C_Q}{C_Z}$$

（2-1-6）

6. 货运波动系数

由于生产和消费具有季节性等，设计线的货运量在一年内各月份并不相等。一年内最大月的货运量和全年月平均货运量的比值称为货运波动的系数，以 β 表示。设计线必须完成运量最大月份的运输任务，所以在计算铁路能力时，应考虑货运波动系数的影响。

$$\beta = \frac{\text{一年内最大的月货运量}}{\text{全年月平均货运量}}$$

（2-1-7）

7. 客运波动系数

由于生产和消费具有季节性等，设计线的客运量在一年内各月份并不相等。一般以月客流波动系数 β_K 来衡量设计线客流波动情况。月客流波动系数可按下式计算：

$$\beta_K = \frac{\text{高峰日最大客流量}}{\text{平日平均客流量}}$$

（2-1-8）

8. 零担、摘挂、快运货物和旅客列车

零担列车是运送地方零散货物的列车，在中间站办理零担货物的装卸，一般运行于一个区段内。

摘挂列车是运送地方整车货物的列车，在中间站办理货车甩挂和到货场取送车作业，一般运行于一个区段内。

快运货物列车是运送鲜货或易腐货物的列车，为缩短旅途时间，这种列车很少停站，其他普通货物列车要停站待避，使其不停车通过。

旅客列车是运送旅客的列车。

这些列车的对数，应根据经济调查资料分析确定。

三、设计年度

设计线交付运营后，客货运量是随着国民经济的发展逐年增长的；设计线的能力必须与之适应。上述运量参数，也需分设计年度提供。铁路的设计年度一般分为近、远期，近、远期分别为交付运营后的第 10 年和第 20 年。必要时，也可增加初期，初期为运营交付后的第 5 年。各期运量均应通过经济调查确定。

铁路建筑物和设备，应根据设计年度的运量分期加强，使铁路设施的能力与运量增长相适应。这样，既能满足国民经济发展对铁路日益增长的运输要求，又可节约铁路建设的初期投资。对于可以逐步改、扩建的建筑物和设备，应按初、近期运量和运输性质确定，并考虑预留远期发展的条件；对于不易改、扩建的建筑物和设备，应按远期运量和运输性质确定。

【技能训练】

【2-1-1】 铁路选线设计中所需的运量参数有哪些？各自的含义是什么？

【2-1-2】 查阅资料获取不同设计年度大秦铁路的运量参数。

任务二
铁路主要技术标准的选定

【任务描述】

铁路技术标准是确定铁路能力大小的决定因素。一条铁路的能力设计，实质上是选定主要技术标准的过程。本教学任务就是解决铁路主要技术标准如何选定的问题。

【任务分析】

具体任务	具体要求
● 确定铁路主要技术标准	➤ 掌握各技术标准的意义。

【相关知识】

铁路技术标准对设计线的工程造价和运营质量有重大影响，并且是确定设计线一系列工程标准和设备类型的依据。

选定铁路主要技术标准是设计铁路的基本决策，应根据国家要求的年输送能力和确定的铁路等级，考虑沿线资源分布、国家科技发展规划和技术政策，并结合设计线的地形、地质、气象等自然条件，经过论证比选，慎重确定。

铁路主要技术标准见表 2-2-1。

阅读案例——
武广客运专线
主要技术标准

表 2-2-1　各种铁路技术标准

高速铁路、城际铁路	客货共线铁路	重载铁路
——铁路等级	——铁路等级	——铁路等级
——设计速度	——旅客列车设计速度	——货物列车设计速度
——正线数目	——正线数目	——正线数目
——正线线间距	——最小曲线半径	——设计轴重
——最小曲线半径	——限制坡度	——最小曲线半径
——最大坡度	——牵引种类	——限制坡度
——动车组编组辆数（城际铁路）	——机车类型	——机车类型
——到发线有效长度	——牵引质量	——牵引质量
——列车运行控制方式	——到发线有效长度	——到发线有效长度
——调度指挥方式	——闭塞类型	——闭塞类型
——最小行车间隔		

一、铁路等级

1. 铁路等级划分的重要性

我国疆域辽阔、地形复杂、人口和资源分布很不平衡，工农业生产布局也不均衡，各地区经济、文化发展水平差异甚大。铁路的经济、文化、国防意义不同，其在运输系统中的地位与作用不同，所负担的运输任务、安全与旅客舒适要求也不同，有必要将铁路划分成不同等级，有区别地规划各级铁路的能力，制定建筑物和设备的技术标准。

可见，铁路等级是铁路的基本标准。设计铁路时需先确定铁路等级，然后选定其他主要技术标准和各种运输装备的类型。

2. 影响铁路等级划分的主要因素

影响铁路等级划分的因素主要有客货运量和设计线的性质与作用。

（1）客货运量。

铁路修建的目的是满足旅客和货物运输的需求，修建铁路的经济效益也直接反映在客货运量上，没有运量就没有效益。运量越大的铁路，铁路等级相应越高。

（2）设计线的性质与作用。

具有路网性质、起骨干作用的铁路，意义重大，且一般运量也较大，运输质量（安全、舒适度）要求高，铁路等级应越高。但仅依靠运量来划分铁路等级欠妥。如经济欠发达的西部地区，单纯按运量划分铁路等级易使等级偏低，与铁路性质、作用不相称，因能力不足引起过早改建时，在经济上也不利，故以上两种因素应综合考虑，妥善确定铁路等级。

3. 我国铁路等级划分的规定

我国铁路按运输性质可分为客运专线铁路、客货共线铁路和重载铁路三种类型。

（1）客运专线铁路。

客运专线铁路是专供旅客列车行驶的铁路，根据线路作用和设计速度又分为高速铁路和城际铁路。

高速铁路是设计速度在 250 km/h（含预留）及以上、运行动车组列车、初期运营速度不小于 200 km/h 的客运专线铁路。

城际铁路是专门服务于相邻城市间或城市群、设计速度在 200 km/h 及以下的快速、便捷、高密度的客运专线铁路。

（2）客货共线铁路。

客货共线铁路是指旅客列车与货物列车共线运营、旅客列车设计速度在 200 km/h 及以下的铁路。新建和改建客货共线铁路（或区段），根据其在铁路网中的作用性质、旅客列车速度和运量又分为下列四个等级。

① Ⅰ级铁路：在铁路网中起骨干作用的铁路，或近期年客货运量大于或等于 20 Mt 者。

② Ⅱ级铁路：铁路网中起联络、辅助作用的铁路，或近期年客货运量小于 20 Mt 且大于或等于 10 Mt 者。

③ Ⅲ级铁路：为某一地区或企业服务的铁路，近期年客货运量小于 10 Mt 且大于或等于 5 Mt 者。

④ Ⅳ级铁路：为某一地区或企业服务的铁路，近期年客货运量小于 5 Mt 者。

以上年客货运量为重车方向的货运量与客车对数折算的货运量之和。1 对 /d 旅客列车按 1.0 Mt 年货运量折算。

铁路的等级可以全线一致，也可以按区段确定。如线路较长，经行地区的自然、经济及运量差别很大时，便可按区段确定等级。但应避免同条线上等级过多或同一等级的长度过短，使线路技术标准频繁变更。

（3）重载铁路。

重载铁路是指满足列车牵引质量在 8 000 t 及以上、轴重为 270 kN 及以上、在至少 150 km 路区段上年运量大于 4 000 万吨三项条件中满足两项的铁路。

二、设计速度

设计速度是铁路运输质量的重要标志之一，关系到铁路的运输能力、动车组和机车车辆运用等一系列运营指标，也关系到工程投资、机车车辆购置费、客货在途损失、列车能时消耗、运输成本、投资效益等一系列经济指标。行车速度受车、机、工、电、辆等各种设备标准影响。不同类型铁路的设计速度应根据运输需求、工程条件等因素进行综合技术经济比选确定，按表 2-2-2 规定的数值选用。

表 2-2-2　不同类型铁路设计速度值　　　　　　　　单位：km/h

铁路等级	高速铁路	城际铁路	客货共线Ⅰ级	客货共线Ⅱ级	重载铁路
设计速度	350、300、250	200、160、120	200、160、120	120、100、80	100、80

三、正线数目

正线数目是指连接并贯穿铁路车站的线路数目。按正线数目来分，铁路可分为单线、双线和多线三种类型，如图 2-2-1 所示。

（a）单线铁路　　　　　　　　　（b）双线铁路

（c）多线铁路

图 2-2-1　不同铁路的正线数目

在建设铁路时，一般可按照下列原则确定正线数目：

（1）高速铁路、城际铁路应按双线设计。

（2）客货共线铁路的旅客列车设计速度为 200 km/h 时，应一次修建双线；平原、丘陵地区和山区近期年客货运量分别大于或等于 35 Mt 和 30 Mt 时，宜一次修建双线；远期年客货运量达到上述标准时，宜按双线设计，分期实施。

（3）重载铁路近期年运量大于或等于 60 Mt 时，宜一次修建双线；远期年运量达到上述标准时，宜按双线设计，分期实施。

单线和双线铁路的通过能力悬殊。单线半自动闭塞铁路的通过能力一般为 42～48 对／d，双线自动闭塞则为 144～180 对／d。双线的通过能力远远超过两条单线的通过能力，而双线的投资比两条平行单线之和少约 30%，双线旅行速度比单线高约 30%，运输费用低约 20%。可见，运量大的线路修建双线是经济的。

四、最小曲线半径

最小曲线半径是设计线所采用的曲线半径最小值。最小曲线半径不仅影响行车安全、旅客舒适度等行车质量指标，而且影响行车速度、运行时间等运营技术指标和工程投资、运营支出、经济效益等经济指标。最小曲线半径应根据铁路等级、路段旅客列车设计行车速度和工程条件比选确定，且不得小于《线规》规定值。

五、最大坡度（限制坡度）

限制坡度是设计线单机牵引时限制列车牵引质量的最大坡度。限制坡度不仅影响线路定向、线路长度和车站分布，而且直接影响行车安全、运输能力、工程投资、运营支出和经济效益，是铁路全局性技术标准。

设计线（或区段）的限制坡度应根据铁路等级、地形类别、牵引种类和运输需求比选确定，并应考虑与邻接线路的牵引定数相协调，且不得大于《线规》规定的数值。

六、到发线有效长

到发线有效长是车站到发线能停放货物列车而不影响相邻股道作业的最大长度，如图 2-2-2 所示。它对货物列车长度（即牵引质量）起限制作用，从而影响列车对数、运能和运行指标，对工程投资、运输成本等经济指标也有一定影响。

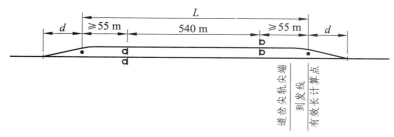

图 2-2-2　到发线有效长示意

知识拓展——
到发线有效长
选择的一般规定

七、牵引种类

牵引种类是机车牵引动力的类别，有蒸汽、电力和内燃三种牵引类型，其中蒸汽牵引目前正线已不再使用，如图 2-2-3 所示。牵引种类应根据路网与牵引动力规划、线路特征和沿线自然条件以及动力资源分布情况，结合机车或动车组类型合理选定。高速铁路、城际铁路应按电气化铁路设计。运量大的主要干线，大坡度、长隧道或隧道毗连的客货共线铁路、重载铁路应优先采用电力牵引。

（a）蒸汽机车　（b）内燃机车　（c）电力机车

图 2-2-3　牵引种类

八、机车类型

机车（动车组）类型是指同一牵引种类中机车或动车组的不同型号。机车（动车组）类型应根据牵引种类、运输需求以及与线路平、纵断面技术标准相协调的原则，结合车站分布和区域的牵引质量，经技术经济比选确定。

最高设计速度在 140 km/h 以上的铁路，应分别选择货物列车机型和旅客列车机型。速度为 200 km/h 的旅客列车应优先选用动车组。

知识拓展——
常见机车
（动车组）
主要技术参数

九、牵引质量

牵引质量是指客货共线铁路、重载铁路的牵引质量，应根据运输需求、限制坡度及机车类型等因素，经技术经济比选确定，并宜与相邻线牵引质量相协调。

十、闭塞类型

铁路为了保证行车安全、提高运输效率，利用信号设备等来管理列车在区间运行的方法，称为闭塞方式。闭塞方式决定车站作业间隔时分，从而影响通过能力。我国目前采用的闭塞方式主要有半自动闭塞、自动站间闭塞和全自动闭塞，在次要支线和地方铁路有的还采用电气路签。当闭塞设备不能正常使用时还可采用电话闭塞临时应急。

十一、设计轴重

轴重是机车车辆在载重状况下，每条轮轴分担的载重量。重载铁路设计轴重应根据货物种类和流向、运输组织方案、相邻线路条件、工程经济性等因素，经技术经济比选后确定。

十二、动车组编组辆数（城际铁路）

列车编组数量是客运专线铁路设计的主要参数之一，由此可匹配车站长度、供电和通风设备的容量、系统运输能力以及检修车库的长度等。编组的数量是由客流量、列车运行密度、单车载客量决定的。目前，我国使用的 CRH 系列动车组，8 辆编组平均定员为 600 人/列。城际铁路的高峰小时客流量在 12 000 人次以下，8 辆编组能够满足城际线路客流输送的需求。因此，动车组编组辆数应根据各年度预测的客流量、结合车辆选型、列车组织方案，经技术经济比选后确定，编组数不宜大于 8 辆。

十三、列车运行控制方式

列车运行控制方式是指对列车速度及制动方式等状态进行监督、控制和调整的技术手段。列车运行控制系统装备等级宜根据铁路等级、设计速度选用。一般按下列原则配置：

（1）高速铁路旅客列车设计速度在 300 km/h 及以上时应采用 CTCS-3 级列控系统，250 km/h 时宜采用 CTCS-3 级列控系统，如图 2-2-4 所示。

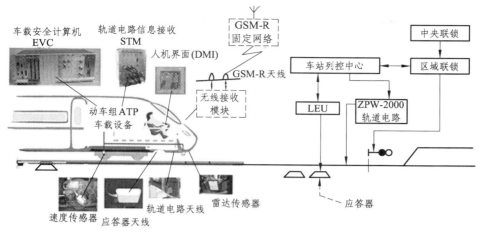

图 2-2-4　CTCS-3 级列控系统

（2）城际铁路旅客列车设计速度为 200 km/h 时应采用 CTCS-2 级列控系统，等于或小于 160 km/h 时采用 CTCS-2 或 CTCS-0/1 级列控系统。

（3）客货共线铁路旅客列车设计速度为 200 km/h 时应采用 CTCS-2 级列控系统，并满足以地面信号为行车凭证的列车运行控制；旅客列车设计速度为 160 km/h 及以下时宜采用 CTCS-0/1 级列控系统。

十四、调度指挥方式

调度指挥系统是通过各级运输调度对列车运行实行透明指挥、实时调整、集中控制的信息化系统。图 2-2-5 所示为我国常用的调度集中系统平台。

图 2-2-5　调度集中系统

调度集中系统是指行车调度员在调度中心集中控制和监视所管辖区段内各车站信号设备，统一调度和指挥列车运行的通控、通信系统，它将计算机、通信控制技术融为一体，依靠指挥行车控制信息和有关行车表示信息的正确、实时传送，统一调度和指挥列车安全、有效地运行。

《线规》规定：高速铁路、城际铁路、客货共线铁路旅客列车设计速度为200 km/h 及以上的线路，行车指挥方式应采用调度集中系统。客货共线铁路旅客列车设计速度为 160 km/h 及以下的线路和重载铁路，行车指挥方式宜采用调度集中系统。

十五、最小行车间隔

缩短最小行车间隔时间有利于提高服务质量，增大对乘客的吸引力，也有利于提高通过能力和输送能力。最小行车间隔时间受到行车指挥方式、列车控制系统、列车运行速度、折返能力、停站时间等诸多因素的制约。高速铁路城际铁路的最小行车间隔按照运输需求研究确定，宜采用 3 min。

【技能训练】

【2-2-1】 查阅规范标准和技术资料，尝试为我国京津城际铁路初选技术标准。

【2-2-2】 按下列影响因素对技术标准进行分类。

影响因素	技术标准
牵引质量	
通过能力	
行车速度	

项目三

牵引与铁路能力计算

 项目描述

　　牵引计算是研究列车在各种外力作用下，一系列与行车有关的实际问题，包括列车运行速度和时间、牵引质量、机车（动车）能耗、列车制动距离等问题的计算与解算。这些指标在铁路新线设计及既有线改建中，是计算铁路通过能力、输送能力、车站分布、线路纵断面坡段、机车交路、运营支出的基本资料，也是评价各设计方案优劣的主要依据。

　　本项目主要介绍机车牵引力、列车运行阻力和列车制动力计算方法、牵引质量的计算与检算方法以及铁路区间通过能力和输送能力的计算方法。

 拟实现的教学目标

1. 能力目标

- 能使用公式及规范计算牵引力、列车运行阻力和制动力；
- 能进行列车运行分析；
- 能使用公式及规范计算并检算牵引质量；
- 能识读简单的列车运行图；
- 能使用公式及规范计算铁路通过能力与输送能力。

2. 知识目标

- 理解牵引力、运行阻力及制动力的原理；
- 掌握列车牵引质量计算和检算的方法；
- 掌握牵引辆数、牵引净载及列车长度的计算方法；
- 掌握通过能力与输送能力的计算方法。

3. 素质目标

- 具有严谨求实的工作作风；
- 具备团结协作精神；
- 具备安全环保意识；
- 具有创新意识。

任务一
作用于列车上力的计算

【任务描述】

　　作用于列车上的力有机车牵引力、列车运行阻力及列车制动力，这些力是影响牵引质量的重要因素。本教学任务的主要目标就是解决如何进行机车牵引力、列车运行阻力及列车制动力计算的问题，为牵引质量计算打下基础。

【任务分析】

具体任务	具体要求
● 机车牵引力计算	➢ 了解牵引力的概念并能查表或计算确定牵引力；
● 列车运行阻力计算	➢ 能使用相关公式及技术标准计算列车运行阻力；
● 列车制动力计算	➢ 能使用相关公式及技术标准计算列车制动力。

【相关知识】

一、机车牵引力计算

　　牵引力是与列车运行方向相同并可由司机根据需要调节的外力。

（一）牵引力的形成与黏着限制

1. 牵引力的形成

　　如图 3-1-1 所示，由于轮轨间黏着关系，钢轨作用于动轮轮周上的切向外力之和称之为轮周牵引力，简称牵引力。

机车牵引力的形成

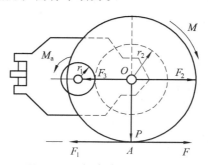

图 3-1-1　机车牵引力的形成

《牵规》规定：牵引力以轮周牵引力为计算标准，即以轮周牵引力来衡量和表示牵引力的大小。车钩牵引力是指机车（动车）用来牵引列车的牵引力，其值等于轮周牵引力减去机车（动车）全部运行阻力。

2. 轮轨黏着与黏着牵引力的限制

根据图 3-1-1 分析可知，转矩 M 越大，轮周牵引力越大，当轮周牵引力过大时就会导致动轮空转，破坏了轮轨间的黏着作用。从而导致牵引力降低，所以《牵规》规定机车（动车）的轮周牵引力不能大于机车（动车）所能产生的黏着牵引力。这种关系称之为黏着牵引力限制。黏着牵引力可用下式计算：

$$F_\mu = 1\,000 \times P_\mu \times g \times \mu_j \, (\text{N}) \tag{3-1-1}$$

式中　F_μ——机车（动车组）黏着牵引力（N）；

　　　P_μ——机车（动车组）黏着质量（t），常见机车（动车组）黏着质量见表 3-1-1 或表 3-1-2；

　　　g——重力加速度（取 9.81 m/s² 或近似取 10 m/s²）；

　　　μ_j——机车（动车组）计算黏着系数，见公式（3-1-2）。

表 3-1-1　电力机车牵引性能参数表

机型	轴重/t	v_c/(km/h)	F_c/kN	F_q/kN	P、P_μ/t	v_g/(km/h)	L_j/m
SS_1	23	43.0	301.2	487.3	138	95	20.4
SS_3	23	48.0	317.8	470	138	100	21.4
SS_4	23	51.5	431.6	649.8	2×92	100	32.8
SS_7	23	48.0	353.3	487.3	138	100	22.0
SS_8	22	99.7	127.0	230.0	88	177	17.5
SS_9	21	99	169.0	286.0	126	170	22.2
HX_{D1}	23	70.0	493.7	700.0	2×92	120	35.2
HX_{D1}	25	65.0	531.7	760.0	2×100	120	35.2
HX_{D2}	25	62.4	554.0	760.0	200	120	38.2
HX_{D3}	23	70.0	370.3	520.0	138	120	20.8
HX_{D3}	25	65.0	398.8	570.0	150	120	20.8
DF_4（货）	22.5	20.0	302.1	401.7	135	100	21.1
DF_4（客）	22.5	24.0	251.6	346.3	135	120	21.1
DF_8	23	31.2	307.3	432.6	135	100	22.0
DF_{8B}（高原）	23	22.3	339.0	442.2	138	100	22.0
DF_{11}	23	65.6	160.0	258.0	138	170	21.3
NJ_2	23	20.4	427.0	533.9	138	170	20.9

注：表中 v_c 是持续速度，F_c 是持续牵引力，F_q 是计算启动牵引力，P 和 P_μ 是机车质量和机车黏着质量，v_g 是构造速度，L_j 是机车长度。

表 3-1-2　CRH 高速动车组牵引性能参数表

参数		v_s/（km/h）	F_s/kN	F_q/kN	P/t		v_m/（km/h）	车长/m	
					动车	拖车		头车	中车
机型	CRH$_1$	200	87	325	≤16	≤16	250	26.96	26.60
	CRH$_2$	200/300	132/83	237	≤14	≤14	250/330	25.70	25.00
	CRH$_3$	200/350	160/92	300	≤14	≤14	250/380	25.70	25.00
	CRH$_5$	200	95	300	≤17	≤16	250	27.60	25.00

注：v_s 为最高运营速度，F_s 为对应于最高运营速度时的牵引力。

机车（动车组）黏着系数大小受气候、钢轨材质、列车速度等多方面影响，目前尚无准确的理论计算公式。可按下列试验公式计算：

$$
\left.
\begin{aligned}
&韶山型电力机车\ \mu_j = 0.24 + \frac{12}{100 + 8v} \\
&国产各种电传动内燃机车\ \mu_j = 0.248 + \frac{5.9}{75 + 20v} \\
&动车组（干轨）\ \mu_j = 0.0624 + \frac{45.6}{260 + v} \\
&动车组（湿轨）\ \mu_j = 0.0405 + \frac{13.5}{120 + v}
\end{aligned}
\right\}
\tag{3-1-2}
$$

式中　v——行车速度（km/h）。

（二）牵引特性曲线

牵引特性曲线是表示轮周牵引力与运行速度相互关系的曲线，通常由试验得到。牵引特性曲线因牵引种类而异，牵引种类相同时，多种机车（动车）类型的牵引特性曲线大同小异。

知识拓展——
牵引特性曲线

二、列车运行阻力计算

（一）基本概念

列车运行时，作用在列车上阻止列车运行且不能由司机控制的外力，称为列车运行阻力，简称列车阻力，一般用 W 表示。列车阻力 W 是机车阻力 W' 和车辆阻力 W'' 之和。

单位阻力 w，即单位机车或车辆质量所受的阻力，单位为 N/kN；它乘以机车或车辆质量（t）和重力加速度 g，即得机车或车辆所受总阻力（N）。

列车在运行过程中产生的阻力包括：

（1）基本阻力，列车在空旷地段沿平直轨道运行时遇到的阻力，该力在列车运行中总是存在的。基本阻力方向与列车运行方向相反。

（2）附加阻力，列车在线路上运行时受到的额外阻力，如坡道阻力、曲线阻力、隧道阻力等。附加阻力的种类随列车运行的线路平、纵断面情况而定。

（3）起动阻力，列车起动时的阻力。

（二）基本阻力

1. 构成基本阻力的因素

基本阻力由轴颈与轴承间的摩擦阻力、车轮与钢轨的滚动摩擦阻力、车轮在钢轨上的滑动摩擦阻力、轨道不平顺与车轮踏面擦伤等引起的冲击和振动阻力以及空气阻力构成。影响基本阻力的因素复杂，难以用纯理论公式求算，只能用通过大量试验综合得出的试验公式来计算。试验公式都用单位阻力 w_0 的形式表达，其形式为：

$$w_0 = a + bv + cv^2 \quad (\text{N/kN})$$

式中：v 为列车运行速度（km/h）；a、b、c 是根据试验确定的常数。

试验条件：我国的基本阻力公式是在运行速度不小于 10 km/h、外温不低于 $-10\ ^\circ\text{C}$、风速不大于 5 m/s 的条件下试验得出的。

2. 机车单位基本阻力

我国常用机车的单位基本阻力 w_0' 试验公式如下：

（1）电力机车。

韶山 1、韶山 3、韶山 4

$$w_0' = 2.25 + 0.019\,0\,v + 0.000\,320\,v^2 \quad (\text{N/kN})$$

韶山 7　$w_0' = 1.40 + 0.003\,8\,v + 0.000\,348\,v^2 \quad (\text{N/kN})$

韶山 8　$w_0' = 1.02 + 0.003\,5\,v + 0.000\,426\,v^2 \quad (\text{N/kN})$

（2）内燃机车。

东风 4（客、货）、东风 4B（客、货）、东风 4C（货）、东风 7D 等型

$$w_0' = 2.28 + 0.029\,3\,v + 0.000\,178\,v^2 \quad (\text{N/kN})$$

东风 8　$w_0' = 2.40 + 0.002\,2\,v + 0.000\,391\,v^2 \quad (\text{N/kN})$

东风 11　$w_0' = 0.86 + 0.005\,4\,v + 0.000\,218\,v^2 \quad (\text{N/kN})$ （3-1-3）

3. 车辆单位基本阻力

（1）客车单位基本阻力计算公式。

客车在运用中载重质量变化不太大，所以客车不需要分空车、重车；而且中国铁路干线客车已全部是滚动轴承，其基本阻力与列车速度相关。客车单位基本阻力公式如下：

$v \leqslant 120$ km/h 时，21、22 型　　　$w_0'' = 1.66 + 0.007\,5\,v + 0.000\,155\,v^2$　（N/kN）

$v \leqslant 140$ km/h 时，25B、25G 型　　$w_0'' = 1.82 + 0.010\,v + 0.000\,145\,v^2$　（N/kN）

$v \leqslant 160$ km/h 时，快速单层客车　$w_0'' = 1.61 + 0.004\,v + 0.000\,158\,7\,v^2$　（N/kN）

　　　　　　　　　快速双层客车　$w_0'' = 1.24 + 0.003\,5\,v + 0.000\,157\,v^2$　（N/kN）

（2）货车单位基本阻力计算公式。

重车：滚动轴承　　$w_0'' = 0.92 + 0.004\,8\,v + 0.000\,125\,v^2$　（N/kN）

　　　　滑动轴承　　$w_0'' = 1.07 + 0.001\,1\,v + 0.000\,236\,v^2$　（N/kN）

空车：　　　　　　$w_0'' = 2.23 + 0.005\,3\,v + 0.000\,675\,v^2$　（N/kN）

4. 高速动车组单位基本阻力计算公式

CRH 系列动车组的单位基本阻力可按下列公式计算：

$$\left.\begin{array}{llll}
\text{CRH}_1 & w_0'' = 1.12 + 0.005\,42\,v + 0.000\,146\,v^2 & （\text{N/kN}） \\
\text{CRH}_2 & w_0'' = 0.88 + 0.007\,44\,v + 0.000\,114\,v^2 & （\text{N/kN}） \\
\text{CRH}_3 & w_0'' = 0.66 + 0.002\,45\,v + 0.000\,132\,v^2 & （\text{N/kN}） \\
\text{CRH}_5 & w_0'' = 0.69 + 0.006\,3\,v + 0.000\,15\,v^2 & （\text{N/kN}）
\end{array}\right\} \qquad （3\text{-}1\text{-}4）$$

5. 列车基本阻力与列车平均单位基本阻力

（1）普通列车。

列车基本阻力 W_0 为机车基本阻力 W_0' 与车辆基本阻力 W_0'' 之和，即

$$W_0 = W_0' + W_0'' = (Pw_0' + Gw_0'') \times g \quad (\text{N}) \qquad （3\text{-}1\text{-}5）$$

式中　P、G——机车质量和牵引质量（t）

　　　列车平均单位基本阻力 w_0 是列车基本阻力 W_0 与列车重量 $(P+G)\,g$ 或动车组重量 Mg 之比值，即单位列车质量的列车基本阻力，按下式计算：

$$w_0 = \frac{W_0}{(P+G) \times g} = \frac{P \times w_0' + G \times w_0''}{P+G} \quad (\text{N/kN}) \qquad （3\text{-}1\text{-}6）$$

（2）动车组。

$$W_0 = M \times w_0'' \times g \quad (\text{N}) \qquad （3\text{-}1\text{-}7）$$

式中　M——动车组质量（t）。

　　　列车平均单位基本阻力等于车辆单位阻力，即 $w_0 = w_0''$（N/kN）。

【案例 3-1-1】　计算机车车辆平均单位阻力

SS$_3$ 型电力机车，牵引滑动轴承货车，牵引质量 3 600 t，计算列车平均单位基本阻力。

【解】

（1）查表 3-1-1 获取相关参数。

$$v = 48 \text{ km/h}, \ F = 317.8 \text{ kN}, \ P = 138 \text{ t}$$

（2）计算机车单位基本阻力 w_0'。

$$w_0' = 2.25 + 0.019\,0v + 0.000\,320\,v^2 = 3.899 \text{ (N/kN)}$$

（3）计算货车车辆单位基本阻力 w_0''。

$$w_0'' = 1.07 + 0.001\,1v + 0.000\,236v^2 = 1.667 \text{ (N/kN)}$$

（4）计算列车平均单位基本阻力 w_0。

$$w_0 = \frac{w_0}{(P+G) \times g} = \frac{p \times w_0' + G \times w_0''}{P+G}$$

$$= \frac{138\,000 \times 3.899 + 3\,600\,000 \times 1.667}{138\,000 + 3\,600\,000} = 1.749 \text{ (N/kN)}$$

（三）附加阻力

附加阻力取决于线路情况（坡道、曲线、隧道）及气候条件（大风、严寒等）。气候条件引起的附加阻力目前尚无可靠计算方法。因此，附加阻力仅计算坡道附加阻力、曲线附加阻力、隧道空气附加阻力。

1. 坡道附加阻力

列车在坡道上运行时，其重力产生垂直于轨道和平行于轨道的两个分力，垂直于轨道的分力被轨道的反力平衡，平行于轨道的分力即为列车坡道附加阻力。列车上坡时，坡道附加阻力方向与列车运行方向相反，阻力是正值；列车下坡时，坡道附加阻力方向与列车运行方向相同，阻力是负值。坡道附加阻力计算公式推导如下。

在图 3-1-2 中，设列车的质量为 M（t），则其在坡道上运行时的重力为 $M \times g$（kN），平行于轨道的分力 F_2 即为坡道附加阻力

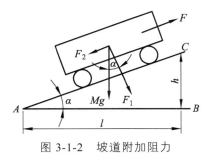

图 3-1-2　坡道附加阻力

坡道附加阻力

$$F_2 = M \times g \times \sin\alpha \text{（kN）}$$

因为 α 角一般都很小，可令 $\sin\alpha \approx \tan\alpha$，并考虑列车质量 M 的单位换算，于是得

$$F_2 = 1\,000\,M \times g \times \tan\alpha \text{（N）}$$

线路坡度 i 用千分率表示，$i = (h/l) \times 1\,000‰ = 1\,000 \times \tan \alpha (‰)$，即 $\tan \alpha = i/1\,000$，故

$$F_2 = M \times g \times i \text{（N）}$$

因单位阻力的定义为单位质量阻力，故单位坡道附加阻力 w_i 为：

$$w_i = \frac{M \times g \times i}{M \times g} = i \text{ (N/kN)} \qquad (3\text{-}1\text{-}8)$$

式中：i 为坡度值（‰），上坡为正值，下坡为负值。

可见，单位坡道附加阻力等于坡度的千分率。例如，列车在 6‰ 的上坡道上运行时，其单位坡道阻力为 6N/kN；若为下坡，则单位坡道附加阻力为 –6 N/kN。

2. 曲线附加阻力

（1）引起曲线附加阻力的因素。

列车在曲线上运行比在直线上运行的阻力大，增大的部分称为曲线附加阻力。引起曲线附加阻力的因素主要是：机车、车辆在曲线上运行时，轮轨间的纵向和横向滑动、轮缘与钢轨内侧面的摩擦增加；同时由于侧向力的作用，上、下心盘之间以及轴承有关部分摩擦加剧。由这些原因增加的阻力与曲线半径、列车运行速度、外轨超高、轨距加宽量、机车车辆的固定轴距和轴荷载等诸多因素有关，故难以用理论公式计算，通常采用试验方法，得出以曲线半径 R 为函数的试验公式。

（2）货物列车平均单位曲线附加阻力。

① 货物列车长 $L_L \leqslant$ 曲线长 L_y 时，列车全长均受到曲线附加阻力的作用：

$$w_r = \frac{600}{R} \text{（N/kN）} \quad 或 \quad w_r = \frac{10.5\alpha}{L_y} \text{（N/kN）} \qquad (3\text{-}1\text{-}9)$$

式中 R、α、L_y——曲线半径（m）、曲线转角（°）、曲线长度（m）。

② 货物列车长 $L_L >$ 曲线长 L_y 时，列车仅有 L_y 长的一部分受到曲线附加阻力的作用，所以

$$w_r = \frac{600}{R} \times \frac{L_y}{L_L} \text{（N/kN）} \quad 或 \quad w_r = \frac{10.5\alpha}{L_L} \text{（N/kN）} \qquad (3\text{-}1\text{-}10)$$

③ 如果列车同时位于多条曲线上，且列车全长范围内的曲线转角总和为 $\sum \alpha$，则列车平均单位曲线附加阻力 w_r 为

$$w_r = \frac{10.5 \sum \alpha}{L_L} \text{（N/kN）} \qquad (3\text{-}1\text{-}11)$$

【课堂训练 3-1-1】 计算曲线附加阻力

某曲线半径为 1 000 m，转角为 30°。曲线长 558.51 m，货物列车长 650 m。试计算附加阻力。

3. 隧道空气附加阻力

列车在隧道内运行时，由于空气受隧道约束，不能向四周扩散，形成活塞现象，造成头部正压与尾部负压的压力差，产生阻碍列车运动的阻力。同时，由于车辆外形结构的原因，隧道内的空气产生紊流，造成空气与列车表面及隧道表面的摩擦，也对列车产生阻力。因此，列车在隧道中运行时，作用于列车上的空气阻力远较空旷地段大，增加的空气阻力称为隧道空气附加阻力。

隧道空气附加阻力与行车速度、列车长度、列车迎风面积和列车外形、隧道长度、隧道横截面积、隧道表面粗糙度等因素有关，难于推导出理论计算公式，一般采用试验方法得出经验公式。《牵规》建议采用下列公式来计算隧道内单位空气附加阻力 w_s：

隧道内有限制坡道时 $w_s = L_s \times v_s^2 / 10^7$ (N/kN)　　　　（3-1-12）

隧道内无限制坡道时 $w_s = 0.000\,13 \times L_s$ (N/kN)　　　　（3-1-13）

式中　L_s——隧道长度（m）；

v_s——列车通过隧道的运行速度（km/h）。

4. 附加阻力换算坡度及加算坡度

（1）附加阻力换算坡度。

根据单位坡道附加阻力的计算公式（3-1-8），若将曲线附加阻力和隧道空气附加阻力分别视为由坡度 i_r 和 i_s 产生的阻力，即令

$$w_r = i_r \,(\text{N/kN})，\quad w_s = i_s \,(\text{N/kN})$$

则我们把 i_r、i_s 分别称为曲线、隧道附加阻力换算坡度，或称为曲线、隧道当量坡度。

（2）加算坡度。

加算坡度 i_j 是指线路纵断面上坡段的坡度 i（上坡）与该坡道上的曲线、隧道等附加阻力换算坡度之和，即

$$i_j = i + i_r + i_s \,(‰)$$　　　　（3-1-14）

对应的单位加算阻力为：

$$w_j = w_i + w_r + w_s \,(\text{N/kN})$$　　　　（3-1-15）

（四）起动阻力

根据我国试验结果，列车的起动阻力计算采用如下公式，其中已包括了起动时的基本阻力及起动附加阻力。

1. 机车单位起动阻力 w_q'

内燃和电力机车 $w_q' = 5$（N/kN） （3-1-16）

2. 货车单位起动阻力 w_q''

$$\left.\begin{array}{l} \text{滚动轴承货车} \quad w_q'' = 3.5 \text{（N/kN）} \\ \text{滑动轴承货车} \quad w_q'' = 3 + 0.4i_q \text{（N/kN）} \end{array}\right\} \quad \text{（3-1-17）}$$

式中：i_q 为起动地段的加算坡度值（‰）。

滑动轴承货车当 w_q'' 的计算结果小于 5 N/kN 时，按 5 N/kN 计算。

三、列车制动力

制动力是由司机操纵制动装置产生的与列车运行方向相反的力。根据制动时列车动能的转移方式和制动力的形成方式来划分，可将其分为空气制动和机车动力制动两种形式。

（一）空气制动力计算

知识拓展——
列车制动类型

如图 3-1-3 所示，空气制动力主要是闸瓦压紧车轮产生摩擦后，在轮轨接触面处产生阻碍车轮前进的反作用力，因此，制动力大小是由闸瓦压力及闸瓦与轮箍间的摩擦系数决定的，并受到轮轨间黏着力的限制。如果闸瓦压力过大，制动力大于黏着允许的最大值时，车轮将被闸瓦抱死，车辆将沿轨道滑行，引起轮轨巨大磨耗和擦伤。故制动力不能大于轮轨间黏着力。

自动制动机
工作原理

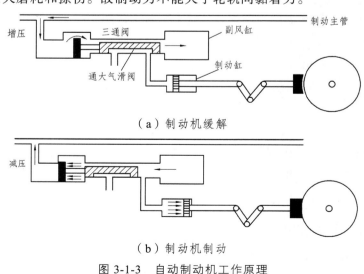

（a）制动机缓解

（b）制动机制动

图 3-1-3　自动制动机工作原理

列车制动时，单位制动力 b，在新线设计时可按下式计算：

$$b = 1\,000\phi_h\vartheta_h \quad (\text{N/kN}) \tag{3-1-18}$$

式中　　ϕ_h——闸瓦与轮箍间的换算摩擦系数（因闸瓦材质而异，解算中磷、高磷及低摩合成闸瓦混编列车的运行时间时，可采用中磷闸瓦的换算摩擦系数）。

　　　　ϑ_h——列车换算制动率，指平均分配到每千牛列车重力上的闸瓦压力，货物列车取 2.8，普通旅客列车取 5.8，快速列车取 3.2。紧急制动时，列车换算制动率 ϑ_h 应取全值；而在解算列车进站时，ϑ_h 一般取全值的 0.5；计算固定信号机的距离时，取全值的 0.8。

铸铁闸瓦　$\phi_h = 0.372 \times (17v+60)/(60v+100) + 0.001\,2(120-v_0)$

机车低摩合成闸瓦　$\phi_h = 0.202 \times \dfrac{4v+100}{10v+100} + 0.000\,6(100-v_0)$

$$\left.\vphantom{\begin{matrix}a\\b\end{matrix}}\right\} \tag{3-1-19}$$

其中：v 和 v_0 分别为列车速度、制动初始速度（km/h）。

（二）电制动力计算

如果采用电制动控制，即按某一限制速度恒速下坡，则根据列车运行分析（见本项目任务二）合力为 0 的条件，可以计算出电制动力 $B_{d(x)}$。

由 $[(P+G) \times i_j - P \times w_0' - G \times w_0''] \times g - B_{d(x)} = 0$，可得

$$B_{d(x)} = [(P+G) \times i_j - P \times w_0' - G \times w_0''] \times g \tag{3-1-20}$$

计算出电制动力 $B_{d(x)}$ 后，可按机车类型查相应的电制动特性曲线图（图 3-1-4），若 $B_{d(x)}$ 在图中的使用范围内，则说明可以用电阻制动控制列车按限速保持恒速下坡；若超出使用范围，则说明除采用电制动力外还得辅助使用空气制动，使列车不超限速运行。

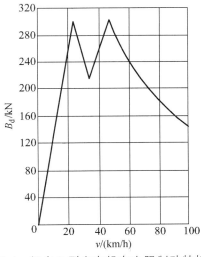

图 3-1-4　韶山 3 型电力机车电阻制动特性曲线

【案例 3-1-2】 制动力计算

客货共线铁路，韶山 3 型电力机车，机车质量 $P = 138$ t，牵引质量 $G = 2\,620$ t，牵引滚动轴承货车；在坡度为 9‰ 的下坡道上运行，限速为 77 km/h，试求采用电阻制动能否控制列车按限速保持恒速下坡。

【解】

$$w_0' = 2.25 + 0.019 \times 77 + 0.000\,32 \times 77^2 = 5.610 \text{（N/kN）}$$

$$w_0'' = 0.92 + 0.004\,8 \times 77 + 0.000\,125 \times 77^2 = 2.031 \text{（N/kN）}$$

$$B_{d(x)} = [(138 + 2\,620) \times 9 - 138 \times 5.610 - 2\,620 \times 2.031] \times 9.81 = 183\,707.9 \text{（N）}$$

查图 3-1-4 知：$v = 77$ km/h 时，最大能提供 188 000 N 的电阻制动力，$B_{d(x)}$ 在使用范围内，故仅用电阻制动即可控制列车不超限速运行。

【技能训练】

【3-1-1】 某列车采用韶山 3 型电力机车牵引，机车质量 $P = 138$ t，列车牵引质量 $G = 3\,620$ t；车辆均采用滑动轴承；若列车长度为 730 m，当牵引运行速度为 50 km/h 时，计算下列情况下的列车平均单位阻力。

（1）列车在平直道上运行。

（2）列车在纵断面为 3‰ 的下坡道，平面为直线的路段上运行。

（3）列车在长度为 1 200 m、坡度为 4‰ 的上坡道上行驶，该坡道上有一个曲线，列车未完全驶出曲线，还有 100 m 车身位于曲线中。

任务二
牵引质量的计算与检算

【任务描述】

　　牵引质量就是机车牵引的列车质量，也称牵引吨数。在新线设计以及运营线上，一般情况下均是按列车在限制上坡道上，以机车的计算速度作等速运行为条件来确定牵引质量。本教学任务主要解决牵引质量如何计算和检算的问题。

【任务分析】

具体任务	具体要求
● 列车运行分析	➤ 掌握牵引运行、惰力运行和制动运行三种情况下的合力公式；
● 牵引质量计算与检算	➤ 能计算并检算牵引质量；
● 牵引辆数、牵引净载及列车长度计算	➤ 能使用相关公式及规范标准计算牵引辆数、牵引净载及列车长度。

【相关知识】

一、列车运行分析

　　列车运行状态（加速、等速、减速）取决于作用在列车上的合力，合力大小与机车工况及线路平、纵断面条件有关。机车有三种工况：

　　（1）牵引运行。此时作用于列车上的力为牵引力 F 和运行阻力 W，其合力 $C（c）$ 为：

$$C = F - W（\text{N}）\text{ 或 } c = \frac{F - W}{P + G} = f - w（\text{N/kN}） \tag{3-2-1}$$

　　（2）惰力运行。此时作用于列车上的力仅有运行阻力 W，故合力 $C（c）$ 为：

$$C = -W（\text{N}）\text{ 或 } c = \frac{-W}{P + G} = -w（\text{N/kN}） \tag{3-2-2}$$

　　（3）制动运行。此时作用于列车上的力为运行阻力 W 和制动力 B，故合力 $C（c）$ 为：

$$C = -(W + B)\ (\text{N})\ \text{或}\ c = \frac{-(W + B)}{P + G} = -(w + \beta_b b)\ (\text{N/kN}) \qquad (3\text{-}2\text{-}3)$$

式中　β_b——单位列车制动力取值系数，紧急制动时取 1.0，进站制动时取 0.5。

因 F、W、B 均随速度而变化，故合力 C 也随速度变化。当 $C(c) > 0$ 时，列车加速运行；当 $C(c) = 0$ 时，列车等速运行；当 $C(c) < 0$ 时，列车减速运行。

二、牵引质量计算与检算

（一）牵引质量计算

根据列车运行分析，列车作等速运行时合力为零，即 $F - W = 0$ 或 $F = W$。

设机车计算速度为 v_j，对应的计算牵引力为 F_j，则列车在限制坡道 i_x 上的合力 C 为 0 的条件为：

$$F_j - P(w_0' + i_x) \times g - G(w_0'' + i_x) \times g = 0$$

考虑预留一定的牵引力储备 λ_y：

$$\lambda_y F_j - P(w_0' + i_x) \times g - G(w_0'' + i_x) \times g = 0$$

得　　　　$$G = \frac{\lambda_y F_j - P(w_0' + i_x) \times g}{(w_0'' + i_x) \times g}\ (\text{t}) \qquad (3\text{-}2\text{-}4)$$

当多机牵引或补机推送时

$$G_{JL} = \frac{(1 + \sum \lambda_k)\lambda_y F_{jk} - \sum P_k(w_0' + i_{JL}) \times g}{(w_0'' + i_{JL}) \times g}\ (\text{t}) \qquad (3\text{-}2\text{-}5)$$

式中　G、G_{JL}——单机和加力牵引质量（t）；

　　　　λ_y——机车牵引力使用系数，取 0.9；

　　　　λ_k——第 k 台机车的牵引力取值系数，重联牵引线操纵时取 1，分别操纵时取 0.98，推送补机取 0.95。

　　　　P、P_k——机车计算质量，第 k 台机车的计算质量（t）；

　　　　F_j、F_{jk}——机车持续牵引力、第 k 台机车的持续牵引力（N），可查表 3-1-1 和 3-1-2；

　　　　i_x、i_{JL}——限制坡度、加力牵引坡度（‰）；

　　　　w_0'、w_0''、w_{0k}''——计算速度 v_j 下的机车、车辆单位基本阻力（N/kN）和第 k 台机车的机车单位基本阻力(N/kN)。

计算所得的牵引质量以吨为单位并舍取整为 10t 的整数倍。

【案例 3-2-1】　牵引质量计算

客货共线铁路，韶山 3 型电力机车，牵引滑动轴承货车，求线路限制坡度 $i_x = 6‰$ 时的单机牵引质量。

【解】

（1）查表 3-1-1 获取相关参数。

$$v = 48 \text{ km/h}, F = 317.8 \text{ kN}, P = 138 \text{ t}$$

（2）计算机车单位基本阻力 w_0'。

$$w_0' = 2.25 + 0.019\,0v + 0.000\,320v^2 = 3.899 \text{（N/kN）}$$

（3）计算车辆单位基本阻力 w_0''。

$$w_0'' = 1.07 + 0.001\,1v + 0.000\,236v^2 = 1.667 \text{（N/kN）}$$

（4）计算牵引质量 G。

$$G = \frac{\lambda_y F_j - P(w_0' + i_x) \times g}{(w_0'' + i_x) \times g} = \frac{0.9 \times 317\,800 - 138 \times (3.899 + 6) \times 9.81}{(1.667 + 6) \times 9.81} = 3\,624.6\text{（t）},$$

取 3 620 t。

（二）牵引质量检算

牵引质量的大小受起动条件、车站到发线有效长和车钩强度等因素限制。是否符合要求应分别进行检算：

1. 起动检算

受起动条件限制的牵引质量 G_q，可按机车计算起动牵引力 F_q 等于列车起动时总阻力 W_q 的条件求出，即由

$$\lambda_y F_q = P(w_q' + i_q)g + G_q(w_q'' + i_q)g$$

得

$$G_q = \frac{\lambda_y F_q - P(w_q' + i_q)g}{(w_q'' + i_q)g} \text{（t）} \tag{3-2-6}$$

式中　F_q——机车计算启动牵引力（N）；

　　　w_q'——机车单位启动阻力（N/kN）；

　　　w_q''——货车单位启动阻力（N/kN）。

当 $G_q \geqslant G$ 时，列车可以起动；当 $G_q < G$ 时，列车不能起动，应根据具体情况降低牵引质量 G，或减小站坪设计坡度。

【案例 3-2-2】　起动检算

根据案例 3-2-1 的计算结果，牵引定数 $G = 3\,620$ t，起动地段加算坡度 $i_q = 1.83‰$，试检算列车在该站能否起动？

【解】

查表 3-1-1 得计算起动牵引力 $F_q = 470\,000$ N。

根据起动阻力计算公式（3-1-16）和（3-1-17）得：

$$w_q' = 5.0 \text{（N/kN）}, \quad w_q'' = 3.5 \text{（N/kN）}$$

由式（3-2-9）得 $G_q = \dfrac{0.9 \times 470\,000 - 138 \times (5.0 + 1.83) \times 9.81}{(3.5 + 1.83) \times 9.81} = 7\,913.08\,(\text{t})$

因 $G_q > G$，故列车在该站能起动。

2. 车站到发线有效长检算

已知车站到发线有效长度为 L_{yx}，则可按下式检算到发线长度允许的牵引质量 G_{yx}：

$$G_{yx} = (L_{yx} - L_a - N_j L_j) \times q \quad (\text{t}) \tag{3-2-7}$$

式中　L_a——安全距离（m），一般取 30 m；

　　　N_j——列车中机车的数量；

　　　L_j——机车长度（m）；

　　　q——列车每延米质量（t/m），可取 5.677（t/m）。

如果 $G_{yx} \geqslant G$，则牵引质量不受到发线有效长度限制。

【课堂训练 3-2-1】

根据案例 3-2-1 的计算结果，牵引定数 $G = 3\,620$ t，已知车站到发线有效长为 750 m，检算牵引质量是否受到发线有效长限制？

3. 车钩强度检算

在加力牵引的上坡段上，如果机车用重联方式牵引，则第一位车辆的车钩所受拉力可能超过车钩允许强度。车钩强度限制的牵引质量 G_c 可按下式计算：

$$G_c = \dfrac{F_c}{(w_0'' + i_{JL})g} \quad (\text{t}) \tag{3-2-8}$$

式中　F_c——车钩允许拉力（kN）；

　　　其他符合含义与前相同。

【课堂训练 3-2-2】

根据案例 3-2-1 计算结果，牵引定数 $G = 3\,620$ t，$w_0'' = 1.667$ N/kN，车钩的允许拉力 F_c 为 562 500 N。检算在 $i_{JL} = 12.8$‰ 的双机坡度上能否重联牵引？

三、牵引辆数、牵引净载及列车长度计算

在确定了列车牵引质量后,可进一步计算牵引辆数、牵引净载和列车长度。

(一)一般计算方法

1. 货物列车牵引辆数 n

$$n = \frac{G}{q_p} \text{(辆)} \tag{3-2-9}$$

式中 G——牵引质量(t);

       q_p——每辆货车平均总质量(t),取 78.998 t。

2. 货物列车牵引净载 G_J

$$G_J = n \times q_J \text{(t)} \tag{3-2-10}$$

式中 q_J——每辆货车平均净载(t),取 56.865 t。

3. 货物列车长度 L_L

$$L_L = L_J + n \times L_p \text{(m)} \tag{3-2-11}$$

式中 L_J——机车长度(m),见表 3-1-1 或表 3-1-2;

       L_p——每辆货车平均长度(m),取 13.914 m。

(二)新线设计中的简化计算

货物列车牵引净载

$$G_J = K_J \cdot G \text{(t)} \tag{3-2-12}$$

式中 K_J——货车净载系数,取 0.72。

货物列车长度

$$L_L = L_J + \frac{G}{q} \text{(m)} \tag{3-2-13}$$

【技能训练】

【3-2-1】   某设计线为单线铁路,$i_x = 6‰$,韶山 3 型电力机车牵引,车辆采用滚动轴承货车;到发线有效长度为 750 m,站坪最大加算坡度为 $i_q = 2.5‰$。

(1)计算牵引质量,取 10 t 的整倍数。

(2)进行起动与到发线有效长度检查。

(3)计算牵引净载和列车长度。(按一般计算法)

任务三
铁路能力计算

【任务描述】

铁路能力包括通过能力和输送能力，受正线数目、牵引类型、平纵断面、到发线有效长、运输组织模式等技术指标和因素影响。本教学任务主要解决铁路区间通过能力和铁路输送能力如何计算的问题。

【任务分析】

具体任务	具体要求
● 识读列车运行图	➤ 能从运行图中获取列车经停车站时分及运行行别；
● 理解列车运行速度	➤ 掌握路段设计速度、走行速度、技术速度和旅行速度的概念；
● 计算通过能力	➤ 会计算单线和双线区间铁路通过能力；
● 计算输送能力	➤ 会计算铁路输送能力。

【相关知识】

一、列车运行图

列车运行图是表示列车运行情况的示意图，它是组织铁路各部门共同完成国家运输任务的基础。

列车运行图（图 3-3-1、图 3-3-2），横轴表示时间，每 10 min 画一条竖线；纵轴表示距离，每一车站中心画一条横线。两站的斜线为列车在该区间的运行线，斜率越大，说明列车走行速度越高，走行时分越短。斜线与相邻两横线的交点分别表示列车发车和到达时间，斜线与相邻两横线交点间的时段表示列车在该区间的走行时分。

【案例 3-3-1】　识读列车运行图

读图 3-3-1，获取 1248 次列车通过 C 站、B 站的时分和在 B 站的停站时长。

【解】

图 3-3-1 中的 1248 次列车通过 C 站的时间是 0 时 06 分，到达 B 站的时间是 0 时 20 分，其间走行时分为 14 分。离开 B 站的时间是 0 时 27 分，共停站 7 min。

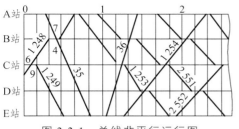

图 3-3-1　单线非平行运行图

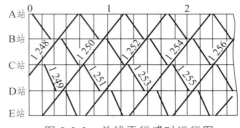

图 3-3-2　单线平行成对运行图

在运行图中，列车沿进京方向或是由支线开往干线、由干线开往枢纽则称为上行方向，车次为偶数；反之，为下行，车次为奇数。

由于铁路线路上开行的旅客列车、直通货物列车、摘挂列车和零担列车的速度各不相同，所以在运行图上各种列车在同区间的运行线互不平行，因此在铁路实际运营中，一般采用的是非平行运行图，如图 3-3-1 所示。在铁路设计通过能力计算时一般采用的是平行成对运行图（图 3-3-2），这种运行图假定在线路上所有运行的同一方向列车运行速度相同，故其运行线相互平行，便于直接计算通过能力。

【课堂训练 3-3-1】

某些列车在运行途中会因为线路上下行的改变而改变车次。如 K228/225、K226/227 次是运行在兰州到广州区间内的不同车次，请在图 3-3-3 中标注出列车运行轨迹和上下行分别对应的车次并说明理由。

图 3-3-3　广州—兰州列车运行线路示意

二、列车运行速度

1. 路段设计速度

路段设计速度是根据设计路段的运输需求、铁路等级、地形条件、机车类型、线路平纵断面与轨道标准、通信信号水平、运输调度、行车组织并考虑远期发展条件等因素所确定的列车行车速度。高速铁路、城际铁路、客货共线铁路的路段设计速度为旅客列车设计速度，重载铁路的路段设计速度为货物列车设计速度。

2. 走行速度

走行速度是指普通货物（旅客）列车在区段内运行，按所有中间车站不停车通过所计算的区段平均速度，可由牵引计算得到。

3. 技术速度

技术速度指普通货物（旅客）列车在区段内运行，计入中间车站停车的起停附加时分所计算的区段平均速度，也可由牵引计算得到。

4. 旅行（区段）速度

普通货物（旅客）列车在区段内运行，计入中间车站停车的起停附加时分和中间车站停车时分所计算的区段平均速度（图 3-3-4）。

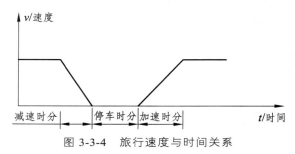

图 3-3-4　旅行速度与时间关系

三、区间通过能力计算

阅读案例——
武广通道通过
能力与输送能力

通过能力是指在一定的机车车辆类型和一定行车组织方法的条件下，每昼夜可以通过的列车对数（单线铁路）或列数（双线铁路）。通过能力也可以用车辆数或货物吨数来表示，客运专线还可以用旅客人数来表示。

列车占用区间的总时间，称为该种运行图的周期，以 T_Z 表示，如图 3-3-5 所示。

平行成对运行图周期

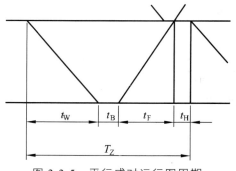

图 3-3-5　平行成对运行图周期

运行图周期值最大的站间，通过能力最小，全线（或区段）的通过能力要受到它的控制，该站间称为控制站间。全线（或区段）的通过能力，应按控制站间的运行图周期计算。

（一）单线铁路通过能力计算

单线铁路通过能力按平行成对运行图考虑时，用一对普通货物列车占用区间的总时分来计算。它包括一对列车在区间的往、返走行时分 t_W、t_F，以及两端车站接发列车的车站作业间隔时分 t_B、t_H。单线平行成对运行图的通过能力 N 可用下式计算：

$$N = \frac{1\,440 - T_T}{T_Z} = \frac{1\,440 - T_T}{t_W + t_F + t_B + t_H} \quad （对/d） \qquad （3\text{-}3\text{-}1）$$

式中　1 440——每一昼夜的分钟数（min）；

　　　T_T——日均综合维修"天窗"时间（min），《普速铁路工务安全规则》（以下简称《安规》）规定单线不少于 90 min；

　　　t_W、t_F——站（区）间往、返走行时分（min），与站间距离、平纵断面情况、牵引质量以及机车类型和制动条件等因素有关；

　　　t_B——对向列车不同时到达的间隔时分（min），即一列车到达车站中心起到对向列车到达或通过车站中心的最小间隔时分，可查表 3-3-1 获得；

　　　t_H——车站会车间隔时分（min），即一列车到达或通过车站中心起到该车站向原区间发出另一列车时的最小间隔时分，可查表 3-3-1 获得。

表 3-3-1　车站作业不同时到达和会车间隔时分　　　单位：min

闭塞方式	电气路签	半自动闭塞	自动闭塞	自动闭塞与调度集中
t_B	5～6	4～6	3～5	3～5
t_H	3～4	2～3	1～2	0.5～1.0

（二）双线铁路通过能力计算

双线铁路通过能力按平行运行图考虑，因上、下行的列车分线单向运行，所以通过能力应分方向计算。

1. 半自动闭塞

采用半自动闭塞时，同向列车可连发运行，如图 3-3-6（a）所示，通过能力 N 为

$$N = \frac{1\,440 - T_T}{T_Z} = \frac{1\,440 - T_T}{t + t_L} \quad （列/d） \qquad （3\text{-}3\text{-}2）$$

式中　T_T——日均综合维修"天窗"时间（min），《安规》规定双线铁路不少于 120 min；

t——普通货物列车站间单方向走行时分（min）；

t_L——同向列车连发间隔时分（min）：若前后列车都通过前方邻接车站，则 $t_L = 4 \sim 6\ \text{min}$；若前一列车通过后一列车停站，则 $t_L = 2 \sim 3\ \text{min}$。

2. 自动闭塞

采用自动闭塞时，同向列车可追踪运行，如图 3-3-6（b）所示，通过能力 N 为

$$N = \frac{1\,440 - T_T}{T_Z} = \frac{1\,440 - T_T}{I} \quad （\text{列/d}） \tag{3-3-3}$$

式中 I——同向列车追踪间隔时分，其数值根据运营条件决定，一般采用 $I = 8 \sim 10\ \text{min}$。

T_T——意义及取值同公式（3-3-2）。

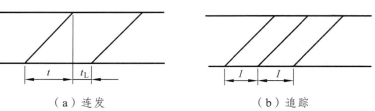

（a）连发　　　　　　　　　（b）追踪

图 3-3-6　双线平行运行图

通过能力 N 计算取值到小数点后一位。单线铁路以对数表示时，不足 0.5 时舍去，大于等于 0.5 时取 0.5，双线铁路以列数表示时舍去小数取整。

四、铁路输送能力计算

铁路输送能力是铁路单方向每年能运送的货物吨数。设计线各设计年度的输送能力不应小于经济调查得到的相应年度的货运量。

输送能力 C 可用下式计算：

$$C = \frac{365 N_H \times G_j}{10^6 \beta} \quad （\text{Mt/a}） \tag{3-3-4}$$

式中 N_H——折算的普通货物列车对数（对/d），按公式（3-3-5）计算；

G_j——普通货物列车净载（t）；

β——货运波动系数，由经济调查确定，通常取 1.15。

$$N_H = \frac{N}{1+\alpha} - [N_K \times \varepsilon_K + (\varepsilon_{KH} - \mu_{KH}) N_{KH} + (\varepsilon_L - \mu_L) N_L + (\varepsilon_Z - \mu_Z) N_Z] \quad （\text{对/d}）$$

$$\tag{3-3-5}$$

双线平行运行图

· 054 ·

式中　N——通过能力（对/d）。

　　　　α——通过能力储备系数。其作用为：保证国民经济各部门及军列的特殊运输需要；保证列车晚点和车站堵塞时及时调整运行图，恢复正常运行秩序；保证线路经常维修与大中修工作不干扰列车正常运行的需要。其数值：单线 $\alpha = 0.20$，双线 $\alpha = 0.15$。

　　　　N_K、N_{KH}、N_L、N_Z——旅客、快货、零担、摘挂列车对数（对/d）。

　　　　ε_K、ε_{KH}、ε_L、ε_Z——旅客、快货、零担、摘挂列车的扣除系数。扣除系数是开行 1 对（或 1 列）旅客、快货、零担、摘挂列车，在平行运行图上占用的时间与 1 对（或 1 列）普通货物列车占用时间的比值。一般采用表 3-3-2 所列数值。

　　　　μ_{KH}、μ_L、μ_Z——快运货物、零担、摘挂列车的货物质量与普通货物列车的货物质量的比值，称为满轴系数，其值可根据设计线的具体情况拟定，一般取 $\mu_{KH} = 0.75$，$\mu_L = 0.5$，$\mu_Z = 0.75$。

表 3-3-2　列车扣除系数

正线	闭塞方式		旅客列车	快货列车	零担列车	摘挂列车	附 注
单线	自动		1.0	1.0	1.5 ~ 2.0	1.3 ~ 1.5	追踪系数取 0.5
	半自动		1.1 ~ 1.3	1.2	1.5 ~ 2.0	1.3 ~ 1.5	$N_Z > 3$，取 1.3
双线	自动	$I = 10$ min	2.0 ~ 2.3	2.0	3.0 ~ 4.0	2.0 ~ 3.0	$N_Z > 3$，取相应的低限值
		$I = 8$ min	2.3 ~ 2.5	2.3	3.5 ~ 4.5	2.5 ~ 3.5	
	半自动		1.3 ~ 1.5	1.4	2.0 ~ 3.0	1.5 ~ 2.0	

注：其他闭塞方法，可参照半自动闭塞的扣除系数取值。

【案例 3-3-2】　计算铁路输送能力

　　某单线铁路，采用半自动闭塞，控制区间往返行车时分为 25 min，货运波动系数为 1.16，货物列车牵引定数为 3 260 t，每天旅客列车 4 对，快运货物列车 2 对，零担列车 1 对，摘挂列车 2 对，年需要输送能力为 18 Mt，试检算设计线是否满足运输任务要求。t_B、t_H 取表 3-3-2 中的较小值，扣除系数取表 3-3-3 中的较大值。

【解】

（1）通过能力计算。

查表 3-3-2 得：$t_B = 4$ min，$t_H = 2$ min。

$$N = \frac{1\,440 - T_T}{T_Z} = \frac{1\,440 - T_T}{t_W + t_F + t_B + t_H} = \frac{1\,440 - 90}{25 + 4 + 2} = 43.5 \ （对/d）$$

（2）输送能力计算。

查表 3-3-3 得：$\varepsilon_K = 1.3$，$\varepsilon_{KH} = 1.2$，$\varepsilon_L = 2.0$，$\varepsilon_Z = 1.5$。

$$N_{\mathrm{H}} = \frac{N}{1+\alpha} - [N_{\mathrm{K}} \times \varepsilon_{\mathrm{K}} + (\varepsilon_{\mathrm{KH}} - \mu_{\mathrm{KH}})N_{\mathrm{KH}} + (\varepsilon_{\mathrm{L}} - \mu_{\mathrm{L}})N_{\mathrm{L}} + (\varepsilon_{\mathrm{Z}} - \mu_{\mathrm{Z}})N_{\mathrm{Z}}]$$

$$= \frac{43.5}{1+0.2} - [4 \times 1.3 + (1.2 - 0.75) \times 2 + (2.0 - 0.5) \times 1 + (1.5 - 0.75) \times 2]$$

$$= 27.15 \,(\text{对}/\mathrm{d})\,, \quad \text{取 27 对}/\mathrm{d}$$

$$C = \frac{365 N_{\mathrm{H}} \times G_{\mathrm{j}}}{10^6 \beta} = \frac{365 \times 27 \times 0.72 \times 3\,260}{10^6 \times 1.16} = 19.94 \,(\mathrm{Mt/a})$$

因计算输送能力 19.94 Mt 大于需要输送能力 18 Mt，故设计线能满足运输任务。

【技能训练】

【3-3-1】 某设计线为单线铁路，采用韶山 4 型电力机车牵引，$i_{\mathrm{x}} = 6‰$，牵引定数 $G = 2\,700$ t，国家对该线要求完成的输送能力为 12 Mt，全线有 11 个区间，各区间的往返走行时分见表 3-3-3。特种车辆资料如下：$N_{\mathrm{K}} = 4$ 对/d，$N_{\mathrm{Z}} = 2$ 对/d，$N_{\mathrm{L}} = 1$ 对/d，$N_{\mathrm{KH}} = 1$ 对/d。试检算该线的输送能力是否满足要求。

表 3-3-3　某铁路各区间往返走行时分　　　　　单位：min

A	B	C	D	E	F	G	H	I	J	K
29	31	32	31	30	29	31	30	32	31	30

项目四

铁路线路平纵断面设计

 项目描述

　　铁路线路是一个三维的带状实体，是机车车辆和动车组运行的基础，是由路基、桥隧建筑物和轨道组成的一个整体工程结构。线路平纵断面设计的实质就是综合考虑工程和运营的要求，通过方案比较，选定安全、舒适、环保、节约的线路空间位置。

　　本项目就是解决如何根据规范标准选择和确定平纵断面相关指标，以及如何绘制与识读平纵断面图纸及相关设计资料的问题。

 拟实现的教学目标

1. 能力目标

● 能根据技术规范选定铁路线路平面、纵断面和横断面技术指标；
● 能绘制简单的铁路线路平纵横断面图纸；
● 能识读铁路线路平纵断面设计资料，并能获取相关工程信息。

2. 知识目标

● 掌握铁路线路平面曲线要素、夹直线长度、线路里程推算、线间距的计算方法；
● 掌握坡度、坡段长度、竖曲线要素及坡度折减的确定方法；
● 掌握桥涵、隧道、路基、站坪地段平纵断面设计的要求；
● 掌握区间铁路线路平纵断面设计资料的编写与识读方法。

3. 素质目标

● 具有严谨求实、精益求精的工作作风和精神；
● 具备团结协作精神；
● 具备安全、环保、节约和质量意识。

任务一
线路平纵断面图认知

图纸是工程师的眼睛，在施工时，工程师们确定线路的空间位置都要依据线路平纵断面设计图纸。本任务主要解决什么是线路平纵断面图，如何从图中获取简单的工程基本信息和了解铁路线路平纵断面设计的基本原则等问题。

【任务分析】

具体任务	具体要求
● 认识线路平纵断面	➤ 掌握线路中线、平纵断面图概念，能从平纵断面中获取简单的工程信息；
● 了解线路平纵断面设计原则	➤ 了解平纵断面设计的原则。

【相关知识】

一、认识平纵断面

（一）线路中心线

线路中心线是距外轨半个轨距的铅垂线 *AB* 与路肩水平线 *CD* 交点 *O* 的纵向连线，如图 4-1-1 所示，简称线路中线。线路的空间位置就是由它的平面和纵断面决定的。我们平时提到的曲线半径、曲线长都是指线路中心线的半径和长度。

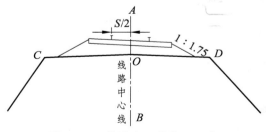

图 4-1-1 线路中心线位置示意

（二）线路平纵断面图

线路平面图是线路中心线在水平面上的投影，表示线路平面位置，如图 4-1-2（a）和 4-1-3（a）所示。线路纵断面是沿线路中心线所作的铅垂剖面在纵向展直后的立面投影，如图 4-1-2（b）和 4-1-3（b）所示，表示线路中心线经过区域的地面起伏变化情况。

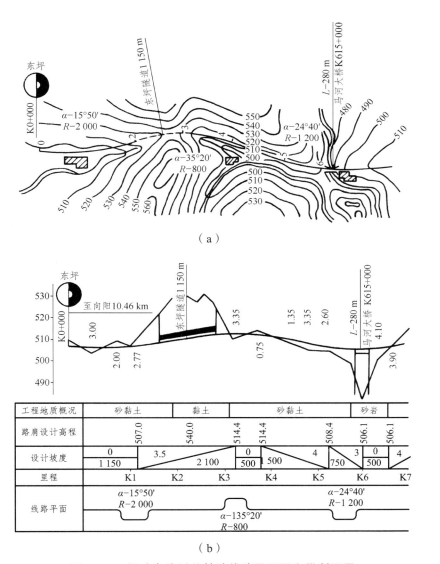

图 4-1-2　概略定线时的铁路线路平面图和纵断面图

各设计阶段的定线要求不同，编制的线路平面图和纵断面图详细程度也各有区别。图 4-1-2 为新建铁路概略定线时的平面图和纵断面图。图 4-1-3 为可行性研究阶段的平纵断面缩图。

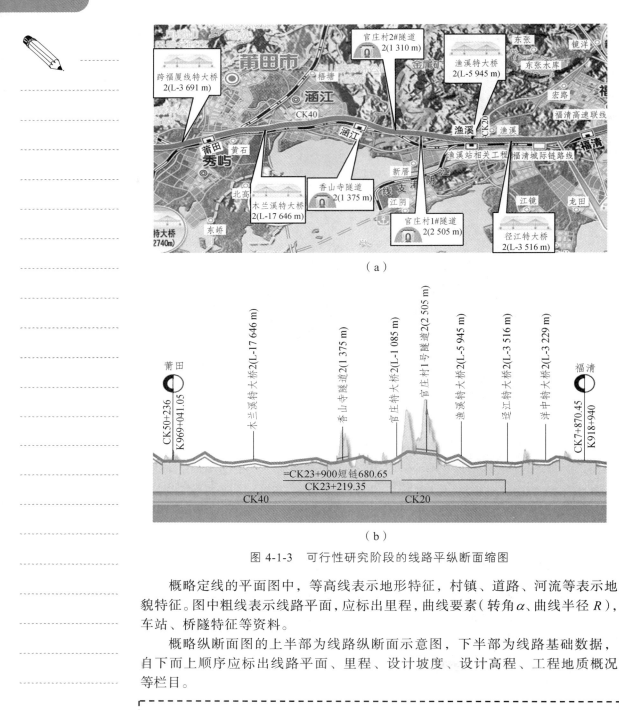

（a）

（b）

图 4-1-3　可行性研究阶段的线路平纵断面缩图

概略定线的平面图中，等高线表示地形特征，村镇、道路、河流等表示地貌特征。图中粗线表示线路平面，应标出里程，曲线要素（转角α、曲线半径 R），车站、桥隧特征等资料。

概略纵断面图的上半部为线路纵断面示意图，下半部为线路基础数据，自下而上顺序应标出线路平面、里程、设计坡度、设计高程、工程地质概况等栏目。

【课堂训练 4–1–1】　识读概略定线时的线路平纵断面图

你能从图 4-1-2 中获取哪些信息？

二、线路平纵断面设计原则

线路平面和纵断面设计，必须保证线路平顺和行车安全，主要指列车在运行过程中不脱钩、不断钩、不脱轨、不途停、不运缓与旅客乘车舒适等，这些要求都反映在《线规》规定的技术标准中。

平面与纵断面设计也应当力争节约资金。既要考虑减少工程数量、降低工程造价；又要考虑为施工、运营、维修提供有利条件，节约运营开支。从降低工程造价考虑，线路最好顺地面爬行，但因起伏太大，给运营造成困难；从节约运营开支考虑，线路最好又平又直，但势必又会增大工程数量，提高工程造价。因此设计时，必须根据设计线的特点，分析设计路段的具体情况，综合考虑工程和运营的要求，通过方案比选，正确处理两者之间的矛盾。

铁路上要修建车站、桥涵、隧道、路基、道口、支挡和防护等大量建筑物。线路平面和纵断面设计不但关系到这些建筑物的类型选择和工程数量，并且影响其安全稳定和运营条件。设计时，既要考虑到各类建筑物的技术要求，还要考虑到它们之间的协调配合、总体布置合理。

【技能训练】

【4-1-1】 识读图4-1-4，你能从平纵断面图中获取哪些信息？

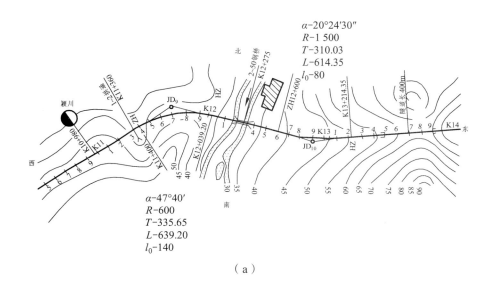

（a）

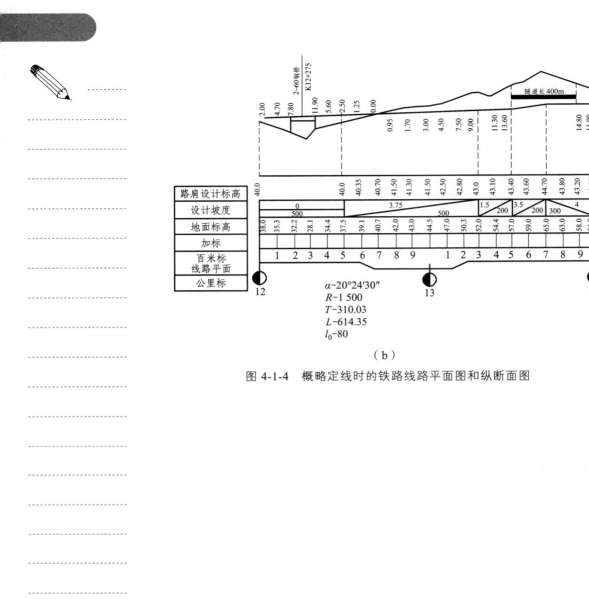

（b）

图 4-1-4　概略定线时的铁路线路平面图和纵断面图

任务二
区间线路平面设计

【任务描述】

铁路线路平面表示铁路线路在空间中的平面位置，区间线路平面设计的主要任务就是正确合理地利用平面技术标准，对线形组成要素进行合理的取值与组合，使设计达到最优的目标。本教学任务的主要目标就是解决平面图中曲线要素、夹直线、线间距如何确定和线路里程如何推算等问题。

【任务分析】

具体任务	具体要求
● 选择和计算曲线要素	➤ 能结合相应的规范标准选择合理的曲线偏角 α、半径 R、缓和曲线长 l_0，并能使用公式对切线长 T、外矢距 E 和曲线长 L 进行计算；
● 判断夹直线长度	➤ 能根据相应的技术标准判断夹直线长度是否满足要求；
● 推算线路里程	➤ 能进行里程推算并能在图纸上规范标注；
● 确定线间距和限界	➤ 能根据相应的规范选用或计算线间距和限界。

【相关知识】

铁路的建设是为了解决旅客出行和货物周转运输的问题，铁路在追求安全、高速、舒适、准点、人性化的同时也要追求效益。从个人出行的角度思考，从自己的出发点和终到点之间铁路线路能成为一条直线最好，这样两点之间直线最短，可以节约出行时间；但铁路是为沿线所有地区服务的，要满足绝大部分人出行和货物运输方便，同时也受地理环境、社会环境的影响，这样两点之间直接用直线连接是显然不可行的，必然存在曲线。如图 4-2-1 所示。

阅读案例——
郑西客运专线
平面设计概要

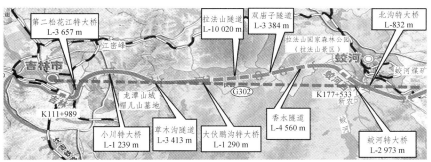

图 4-2-1　长珲城际吉图段平面示意

从图 4-2-1 和图 4-2-2（a）可以看出，铁路线路平面由直线（曲率为 0）和曲线组成，铁路曲线由中间的圆曲线（曲率为常数）和两端缓和曲线（曲率为变数）构成。线路曲率变化如图 4-2-2（b）所示。

曲率连续的
线路平面

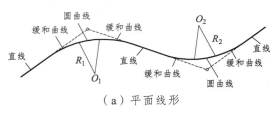

（a）平面线形

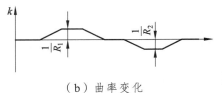

（b）曲率变化

图 4-2-2　曲率连续的线路平面

一、曲线及其要素

在铁路线路平面图中，曲线要素主要包括偏角 α、半径 R、缓和曲线长 l_0、切线长 T 和曲线长 L。在施工图中有时还会标出交点的 X、Y 坐标，如图 4-2-3 所示。其中：偏角 α 是由线路走向确定的，在平面图上可以量得；圆曲线半径 R 和缓和曲线长 l_0 由选配得出；切线长和曲线长等要素按公式计算。

线路平面图中的
曲线

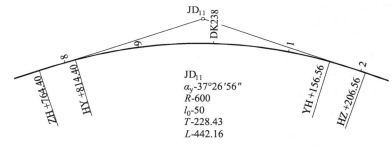

图 4-2-3　线路平面图中的曲线及曲线要素

（一）半径 R 的确定

曲线半径大小是限制列车运行速度的一个重要影响因素，正线曲线半径应结合工程条件、设计速度以及减少维修等因素，因地制宜，由大到小合理选用。

1. 最小曲线半径

1）最小曲线半径的影响因素

最小曲线半径是一条铁路干线或某区段允许采用的曲线半径最小值。它是铁路的主要技术标准之一，应根据铁路等级、速度目标值、铁路运输模式、旅客乘坐舒适性和运行平稳度等因素比选确定。

（1）设计线的运输性质。

客运专线主要追求旅客舒适度，重载运输线路重视轮轨磨耗均等，客货共线铁路则需两者兼顾，所以不同的运输性质对曲线半径的大小有不同的要求。

（2）运行安全。

为了保证机车车辆在曲线上运行安全，保证轮轨间的正常接触，车辆上所受的力应保持在安全范围内。最小曲线半径应保证车辆通过曲线的安全性、稳定性及客车平稳性的评价指标，符合《铁道车辆动力学性能评定和试验鉴定规范》（GB 5599—85）的相关规定。

（3）设计速度目标值。

列车运行速度受曲线半径的大小影响。一条线路的设计速度越高，与之对应的最小曲线半径就应越大。设计速度目标值不同，选取的最小曲线半径也不同。

（4）地形条件。

① 平原微丘地区，曲线半径的大小通常对工程量影响不大，为创造良好的运营条件和节省运营费用，应选定较大的最小曲线半径。

② 山岳地区，地形复杂，曲线半径的大小对工程量影响很大，为适应地形，减少工程量，需要选定较小的最小曲线半径。

③ 客货共线铁路用足最大坡度地段，若选定 600 m 或 500 m 为最小曲线半径，则会因黏着系数降低、黏降坡度减缓而引起线路额外展长，从而增大工程费用。

④ 高速客运专线铁路引入大城市和枢纽区段，为绕避障碍物、减少拆迁，可根据行车速度选择限速地段的最小曲线半径。

综上所述，设计线的最小曲线半径可根据具体情况分路段拟定。必要时，可初步拟定两个以上的最小曲线半径，选取设计线的某些代表性地段，分别进行平面和纵断面设计，通过技术经济比较，并结合上述因素分析评价，确定采用的最小曲线半径。

2）最小曲线半径确定方法

最小曲线半径主要受外轨超高设置、未被平衡的欠超高和过超高、允许的欠超高与过超高之和等因素的影响，一般按旅客列车最高行车速度要求和高、低速列车共线运行条件来计算确定。

根据计算结果并结合我国铁路工程和运营实践及科研成果，得到各级铁路不同路段设计速度的最小曲线半径值，如表 4-2-1 所示。

表 4-2-1　各级铁路不同路段设计速度的最小曲线半径

（a）高速铁路平面最小曲线半径　　　　　　　　　单位：m

设计速度/（km/h）			350	300	250
工程条件	有砟轨道	一般	7 000	5 000	3 500
		困难	6 000	4 500	3 000
	无砟轨道	一般	7 000	5 000	3 200
		困难	5 500	4 000	2 800

知识拓展——
铁路设计速度
目标值

知识拓展——
最小曲线半径
确定方法

（b）高速铁路限速地段平面最小曲线半径　　　　　单位：m

设计速度/（km/h）		200	160	120	80
工程条件	一般	2 200	1 600	1 000	600
	困难	2 000	1 400	800	400

（c）城际铁路平面最小曲线半径　　　　　单位：m

设计速度/（km/h）		200	160	120
工程条件	一般	2 200	1 500	900
	困难	2 000	1 300	800

（d）城际铁路限速地段平面最小曲线半径　　　　　单位：m

设计速度/（km/h）		100	80	60
工程条件	一般	600	500	400
	困难	500	400	300

（e）客货共线铁路最小曲线半径　　　　　单位：m

最高设计速度/（km/h）		200	160	140	120	100	80
工程条件	一　般	3 500	2 000	1 600	1 200	800	600
	（特殊）困难	2 800	1 600	1 200	800	600	500

注：1. 困难情况下，最小值应进行技术经济比选。
　　2. 车站两端减、加速地段的最小曲线半径应结合行车速度合理选用。
　　3. 动车组走行线设计速度不大于 120 km/h 时，最小曲线半径一般不宜小于 800 m，困难条件下不应小于 300 m。
　　4. 铁路最小曲线半径不应小于 800 m，困难条件下不应小于 600 m，特别困难情况下经技术经济比选确定。

2. 最大曲线半径

最大曲线半径关系到线路的铺设、养护、维修能否达到要求的精度，进而影响轨道的平顺状态，间接成为限制列车运行速度，甚至是不安全的因素。

当曲线半径大到一定程度后，正矢值将很小，测设和检测精度均难于保证。根据目前轨检车的发展情况，对 12 000 m 左右的曲线，其方向和曲率是可以准确检测的；但更大半径的曲线，由于曲率太小，外界干扰信号可能大于测试信号，将无法准确测量，同样采用 20 m 弦人工测量时，也因为矢度太小无法准确测量。综合考虑线路测设精度和轨道检测精度，《线规》规定铁路平面圆曲线半径最大值取 12 000 m。

3. 曲线半径对行车速度和工程及运营的影响

1）曲线半径对行车速度的影响

当旅客列车在曲线上运行时，必然会产生离心加速度，虽然设置曲线外轨超高可以平衡或抵消离心加速度，但超高是按加权平均速度来计算和设置的。

这样就必然存在欠超高和过超高，也就意味着会有一部分离心力未被平衡，这部分未被平衡的离心力不能超过旅客舒适度允许的限度。

根据旅客列车以较高速度通过曲线时，所产生的欠超高不超过旅客舒适度要求的允许值，可推导出标准轨距铁路列车通过曲线时运行速度、曲线半径、曲线超高及允许欠超高的关系如下：

$$v_{R} \leqslant \sqrt{\frac{h+h_{qy}}{11.8} \times R} \quad (\text{km/h}) \qquad (4\text{-}2\text{-}1)$$

式中　v_{R}——旅客列车通过曲线的允许速度（km/h）；

　　　　h_{qy}——允许欠超高最大值（mm）；

　　　　R——曲线半径（m）。

对于设计速度目标值为 350 km/h、近期采用 300 km/h 或 250 km/h 匹配模式共线运行的高速客运专线及最高设计速度不大于 160 km/h 的客货共线铁路和重载铁路，列车在曲线上运行时，其运行速度应满足表 4-2-2 的限速要求。

表 4-2-2　曲线限速条件

| 铁路类型 | 高速铁路 | | 城际铁路 | 客货共线铁路 | | 重载铁路 |
工程条件	有砟	无砟		单线	双线	
曲线限速条件	$4.6\sqrt{R}$	$4.7\sqrt{R}$	$4.5\sqrt{R}$	$4.1\sqrt{R}$	$4.3\sqrt{R}$	$3.9\sqrt{R}$

注：超高、欠超高按一般情况下取值计算，具体取值见知识拓展——最小曲线半径确定方法。

2）曲线半径对工程的影响

在地形困难地段，采用较小的曲线半径一般能更好地适应地形变化，减少路基、桥涵、隧道、挡墙的工程数量，对降低工程造价有显著效果，但也会由于下列原因引起工程费用增大。

（1）增加线路长度。

对单个曲线来说，当曲线偏角一定时，小半径曲线的线路长度较采用大半径曲线增加，如图 4-2-4（a）所示，其增加的线路长度为：

$$\Delta L = 2\left(T_{1}-T_{2}\right)+L_{2}-L_{1}\left(\text{m}\right) \qquad (4\text{-}2\text{-}2)$$

对一段线路来说，在困难地段采用多个小半径曲线，便于随地形曲折定线，从而增加曲线数目和增大曲线偏角，使线路增长，如图 4-2-4（b）所示。

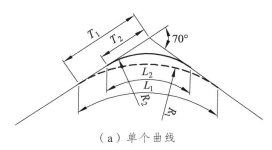

（a）单个曲线

（b）多个曲线

图 4-2-4 小半径曲线延长线路长度

（2）降低黏着系数。

机车在小半径曲线上运行时，车轮在钢轨上的纵向和横向滑动加剧，引起轮轨间黏着系数降低。根据试验，小半径曲线上的黏着系数 μ_r 随曲线半径 R 减小而降低，但轮轨磨耗随之增大，半径越小，影响越大。

（3）轨道需要加强。

在小半径曲线上，车轮对钢轨的横向冲击力加大。为了防止钢轨被挤动而引起轨距扩大，方向变化，以及整个轨道的横向移动，轨道需要通过安装轨撑和轨距杆、加密轨枕、增加曲线外侧道床宽度、增铺道砟等措施予以加强，如图 4-2-5 所示，从而引起工程投资加大。

（a）增设轨距拉杆　　　　（b）增设轨撑　　　　（c）道床加宽

图 4-2-5 曲线地段轨道加强措施

（4）增加接触网导线支柱的数量。

电力牵引时，接触网导线对受电弓中心的最大容许偏移量为 500 mm。曲线地段，若接触网导线支柱的间距不变，则曲线半径越小，中心弧线与接触网导线的矢度越大。为防止受电弓与接触网导线脱离，接触网导线支柱的间距应随曲线半径的减小而缩短，从而增加了导线支柱的数量，接触网导线支柱的最大间距如表 4-2-3 所示。

表 4-2-3　接触网导线支柱的最大间距

曲线半径 R/m	300	400	500	600	800	≥1 000	∞
导线支柱最大间距/m	42	47	52	57	62	65	65

3）曲线半径对运营的影响

（1）增加轮轨磨耗。

列车行经曲线时，轮轨间产生纵横向滑动和横向挤压，使轮轨磨耗增加。曲线半径越小，磨耗增加越大。

钢轨磨耗用磨耗指数（每通过 10^6 t 总质量产生的平方毫米磨耗量）表示。运营部门实测的磨耗指数与曲线半径的关系曲线如图 4-2-6 所示。显见：当曲线半径 $R<400$ m 时，钢轨磨耗急剧加大；当 $R>800$ m 时，磨耗显著减轻；当 $R>1\,200$ m 时，磨耗与直线接近。车轮轮箍的磨耗，大致和钢轨磨耗规律相近，也是随曲线半径的减小而增大。

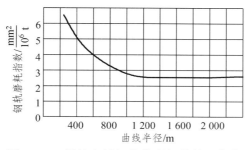

图 4-2-6　钢轨磨耗与曲线半径的关系曲线

另外，曲线路段的钢轨磨耗，还与坡度大小、机车类型有关。曲线位于平缓坡度上时，因速度较高、牵引力不大，且一般不需要制动，故轮轨间的相互作用力较小，磨耗相应减轻；曲线位于陡峻坡度上时，因上坡时牵引力大，下坡时往往需要制动，轮轨间的相互作用力大，磨耗因而加剧。

为了减少钢轨磨耗，我国很多工务部门已在小半径曲线上铺设耐磨钢轨，或在钢轨头部内侧涂油；有的机车上还装有自动涂油装置，可在通过小半径曲线时，自动向钢轨轨头内侧涂油。这些措施可有效地减轻轮轨磨耗。

国外铁路，除在小半径曲线上铺设耐磨钢轨或采用化学处理轨面等措施外，有些国家还在货车转向架上加装径向臂，使车辆通过曲线时自动转向，减少冲击角和横向推力，使轮轨磨耗降低。国外高速列车多装有径向轴，客车通过曲线时，可使轮轴保持径向，既可降低磨耗，又可提高曲线限速。

（2）维修工作量加大。

小半径曲线地段，轨距、方向容易错动，电力牵引时轨面更易出现波浪形磨耗，需要打磨轨面，倒轨、换轨。这样，必将增加维修工作量和维修费用。

（3）行车费用增高。

列车通过小半径曲线时，在曲线前方先要制动减速，然后限速通过曲线地段，通过曲线后又要加速，如图 4-2-7 所示。这样，必然使机车额外做功，且增加运行时分和行车费用。

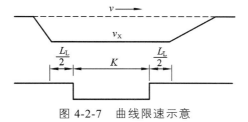

图 4-2-7　曲线限速示意

另外，采用小半径曲线，因线路加长、总转角增大，使要克服的曲线阻力加大，也会增加行车费用。

综合以上分析，小半径曲线在困难地段，能大量节省工程费用，但不利于运营，特别是曲线限制行车速度时，影响更为突出。因此必须根据设计线的具体情况，综合工程与运营的利弊，选定设计线合理的最小曲线半径。

4. 曲线半径的选用

曲线半径不仅影响行车安全、旅客乘坐舒适度等行车质量指标，而且影响行车速度、运行时间等技术指标和工程费、运营费等经济指标，故各级铁路曲线半径的选用应结合铁路运输模式、速度目标值、旅客乘坐舒适度等有关因素，因地制宜、合理选用，以使曲线半径既能适应地形、地质等条件，减少工程量，又能利于养护维修，满足行车速度要求。

1）符合选用习惯

为了测设、施工和养护的方便，根据铁路工程实践和设计选用的习惯，曲线半径宜采用以下序列值：12 000 m、10 000 m、8 000 m、7 000 m、6 000 m、5 000 m、4 500 m、4 000 m、3 500 m、3 000 m、2 800 m、2 500 m、2 000 m、1 800 m、1 600 m、1 400 m、1 200 m、1 000 m、800 m、700 m、600 m、550 m、500 m、450 m、400 m。特殊困难条件下，可采用上列半径间 10 m 整倍数的曲线半径。

有条件时宜优先选用表 4-2-4 所列的推荐曲线半径值。

表 4-2-4　推荐曲线半径值

铁路类型	高速客运专线			客货共线铁路				
设计速度/（km/h）	350	300	250	200	160	120	100	80
推荐曲线半径/m	8 000～10 000	6 000～8 000	4 500～7 000	4 500～8 000	2 500～5 000	1 600～3 000	1 200～2 500	800～2 000

2）因地制宜由大到小合理选用

小半径曲线的缺点较多，故选配曲线半径时，应遵循由大到小、宁大勿小的原则进行。各个曲线选用的曲线半径值不得小于设计线选定的最小曲线半径。

3）结合线路纵断面特点合理选用

曲线半径的选用应与线路纵断面设计配合。如曲线位于平缓坡段、双方向行车速度较高，则应采用较大的半径；如曲线位于停车站的站外引线上，由于行车速度较低，为减少工程，可选用与实际速度相适应的较小半径。

4）慎用最小曲线半径

当地形特殊困难，不得不选用限制行车速度的小半径曲线时，这些小半径曲线宜集中设置。因分散设置要多次限速，使列车频繁减速、加速，增加能量消耗，不便于司机操纵机车，且为运营中提速、改建增加困难。

（二）缓和曲线长度确定

为了使线路平顺，保证列车能安全地由直线过渡到圆曲线或由圆曲线过渡到直线，以避免离心力的突然产生和消除，需要在直线与圆曲线之间设置一个曲率半径变化的曲线，这个曲线称为缓和曲线。我国铁路通常采用三次抛物线形缓和曲线。

缓和曲线长度影响行车安全和旅客舒适，拟定标准时，一要保证超高顺坡不致使车轮脱轨，二要保证超高时变率不致使旅客不适，三要保证未被平衡的离心加速度时变率不致影响旅客舒适。

线路设计时，应根据铁路类型、曲线半径、旅客列车的路段设计速度和地形条件选择缓和曲线长度。《线规》中规定了高速铁路、城际铁路和客货共线铁路及重载铁路缓和曲线的最小值，表 4-2-5 为客货共线与重载铁路选择缓和曲线长度的最小值。

知识拓展——
缓和曲线长度
计算

表 4-2-5　缓和曲线长度　　　　　　单位：m

路段旅客列车设计行车速度/（km/h）		200		160		120		100		80	
工程条件		一般	困难	一般	困难	一般	困难	一般	困难	一般	困难
	12 000	40	40	40	40	20	20	20	20	20	20
	10 000	50	50	50	40	20	20	20	20	20	20
	8 000	70	60	60	50	30	20	20	20	20	20
	7 000	80	70	70	50	30	20	20	20	20	20
	6 000	90	80	70	50	30	20	20	20	20	20
	5 000	90	80	70	60	40	30	20	20	20	20
	4 500	100	90	70	60	40	30	30	20	20	20
	4 000	120	110	80	70	50	30	30	20	20	20
	3 500	140	130	90	70	50	40	40	20	20	20
	3 000	170	150	90	80	50	40	40	20	20	20
曲线半径/m	2 800	180	170	100	90	50	40	40	30	20	20
	2 500	—	—	110	100	60	40	40	30	30	20
	2 000	—	—	140	120	60	50	50	40	30	20
	1 800	—	—	160	140	70	60	50	40	30	20
	1 600	—	—	170	160	70	60	50	40	40	20
	1 400	—	—	—	—	80	70	60	40	40	20
	1 200	—	—	—	—	90	80	60	50	40	30
	1 000	—	—	—	—	120	100	70	60	40	30
	800	—	—	—	—	150	130	80	70	50	40
	700	—	—	—	—	100	90	50	40
	600	—	—	—	—	—	—	120	100	60	50
	550	—	—	—	—	—	—	130	110	60	50
	500	—	—	—	—	—	—	—	—	60	60

注：当采用表列数值间的曲线半径时，其相应的缓和曲线长度可采用线性内插值，并进整至 10 m。

（三）曲线转角（交点）

曲线转角大小由线路走向、绕避障碍物的需求等因素确定。在设计时，应力求减小交点转角的度数。因为转角度数越大，线路转弯越急，线路总长越长；同时列车行经曲线时所要克服的阻力功增大，运营支出也相应加大。

在设计时，设置每个交点都要有充分的理由，交点的位置要合理。当线路不受地形地质条件控制，只受地物条件控制时（如平原地区），线路走向要绕开障碍物，交点设在障碍物附近，可以减少曲线数量，线路顺直，长度也短。不要对着障碍物定线，不要走到障碍物附近走不通时才加曲线绕避。如图 4-2-8 所示，方案二是在离障碍物很近的地方才开始绕避，导致线路转弯急，线形差。

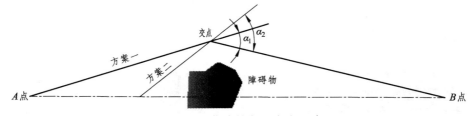

图 4-2-8　曲线转角及交点示意

（四）其他要素计算

1. 无缓和曲线时[图 4-2-9（a）]

$$T_c = R \times \tan\frac{\alpha}{2} \quad （\text{m}） \tag{4-2-3}$$

$$L_c = \frac{\pi \times \alpha \times R}{180°} \quad （\text{m}） \tag{4-2-4}$$

$$E_c = R \times \left(\sec\frac{\alpha}{2} - 1 \right) \quad （\text{m}） \tag{4-2-5}$$

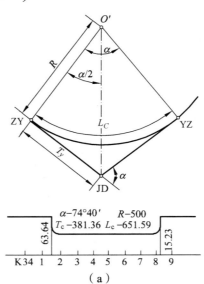

（a）

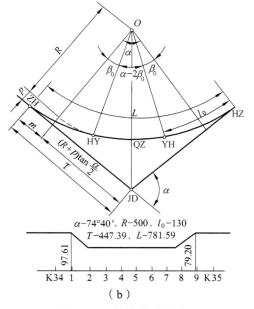

$$\alpha-74°40',\ R-500,\ l_0-130$$
$$T-447.39,\ L-781.59$$

97.61   79.20

K34 1 2 3 4 5 6 7 8 9 K35

（b）

图 4-2-9　铁路曲线要素

2. 有缓和曲线时[图 4-2-9（b）]

$$T = (R + p) \times \tan\frac{\alpha}{2} + m \quad （\text{m}） \tag{4-2-6}$$

$$L = \frac{\pi(\alpha - 2\beta_0)R}{180°} + 2l_0 = \frac{\pi \times \alpha \times R}{180°} + l_0 \quad （\text{m}） \tag{4-2-7}$$

$$E = (R + p) \times \sec\frac{\alpha}{2} - R \quad （\text{m}） \tag{4-2-8}$$

式中　p——内移距，$p = \dfrac{l_0^2}{24R} - \dfrac{l_0^4}{2\,688R^3}$　（m）；

　　　m——切垂距，$m = \dfrac{l_0}{2} - \dfrac{l_0^3}{240R^2}$　（m）；

　　　β_0——缓和曲线角，$\beta_0 = \dfrac{90l_0}{\pi R}$　（°）。

【案例 4-2-1】　计算曲线要素

如图 4-2-4（a）所示，$R_1 = 500$ m，$R_2 = 300$ m，若采用较大半径 R_1 后线路可缩短多少？

【解】

（1）分别计算大小半径下的曲线要素。

$$T_1 = R_1 \times \tan\frac{\alpha}{2} = 500 \times \tan35° = 350.104 \quad （\text{m}）$$

$$L_1 = \frac{\pi \times \alpha \times R_1}{180°} = \frac{\pi \times 70 \times 500}{180°} = 610.865 \quad （\text{m}）$$

$$T_2 = R_2 \times \tan\frac{\alpha}{2} = 300 \times \tan 35° = 210.062 \ (\text{m})$$

$$L_2 = \frac{\pi \times \alpha \times R_2}{180°} = \frac{\pi \times 70 \times 300}{180°} = 366.519 \ (\text{m})$$

（2）计算线路缩短量。

$$\Delta L_r = 2(T_1 - T_2) + L_1 - L_2 = 2 \times (350.104 - 210.062) + 366.519 - 610.865$$
$$= 35.738 \,(\text{m})$$

由此可见，采用大半径曲线会缩短线路长度。

二、直线（夹直线）

直线作为平面线形的组成要素之一，具有短捷、直达、列车行驶受力简单和测设方便等特点，在设计时，应力争设置较长的直线，但过长的直线难以与地形相协调，也不利于城镇地区既有设施的绕避。因此，在选线设计中，应综合考虑工程和运营两方面的因素，合理选用直线线形。平面图中直线设计如图4-2-10所示。

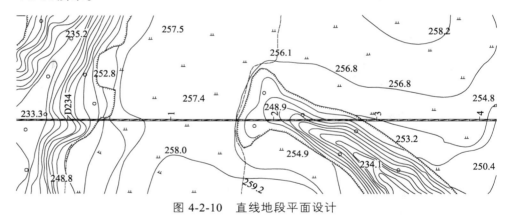

图 4-2-10　直线地段平面设计

（一）直线的设置原则

（1）设计线路平面时，相邻两直线的位置不同，其间曲线位置也相应改变，如图4-2-11所示。因此，在选定直线位置时，要根据地形、地物条件使直线与曲线相互协调，使线路所处位置最为合理。

图 4-2-11　曲线位置随直线位置变化

（2）设计线路平面应力争设置较长的直线段，减少交点个数，以缩短线路长度、改善运营条件。只有因遇到地形、地质或地物等局部障碍而引起较大工程时，才设置交点绕避障碍物。

（二）夹直线

在地形困难、曲线毗连地段，两相邻曲线间的直线段，即前一曲线终点（HZ_1）与后一曲线起点（ZH_2）间的直线，称为夹直线，如图 4-2-12 所示。两相邻曲线，转向相同者称为同向曲线，转向相反者称为反向曲线。

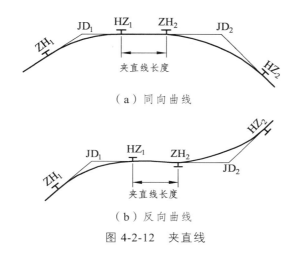

（a）同向曲线

（b）反向曲线

图 4-2-12　夹直线

条件允许时，夹直线长度应力争长一些，因为对行车和运营维修有利。但为了适应地形、节省工程，需要设置较短的夹直线时，其最小长度受下列条件控制。

1. 线路养护要求

夹直线太短，特别是反向曲线路段，列车通过时，因频繁转换方向，车轮对钢轨的横向推力加大，夹直线的正确位置不易保持。维修实践证明：夹直线长度不宜短于 2～3 节钢轨长度，即 50～75 m；地形困难时，至少应不小于一节钢轨长度，即 25 m。

2. 行车平稳要求

旅客列车在从前一曲线通过夹直线进入后一曲线的运行过程中，因外轨超高和曲线半径不同，未被平衡的横向加速度频繁变化，引起车辆左右摇摆，反向曲线地段更为严重。为了保证行车平稳、旅客舒适，夹直线长度不宜短于 2～3 节客车长度。我国 25 型客车全长为 25.5 m，故夹直线长度不宜短于 51.0 m～76.5 m。

3. 车辆振动不影响旅客舒适度

车辆通过圆曲线或夹直线两端缓和曲线时，为避免车辆后轴在缓和曲线终

夹直线

点（指缓圆点或缓直点）产生的振动，与车辆前轴在另一缓和曲线起点（指圆缓点或直缓点）产生的振动相叠加，以保证列车运行的平稳性和旅客舒适度，圆曲线或夹直线长度 L_j 应满足：

$$L_j \geqslant \frac{nTv_{max}}{3.6} + L_q \qquad (4\text{-}2\text{-}9)$$

式中 L_j——圆曲线或夹直线长度（m）；

       n——振动消失所经历的振动周期数（次）；

       T——车辆振动周期（s），根据我国既有车辆特性，一般取 1.0s；

       v_{max}——旅客列车路段设计速度（km/h）；

       L_q——客车全轴距（m）。

考虑到车辆并非刚体，可取 $L_q = 0$，则公式（4-2-9）可简化为 $L_j = K \cdot v_{max}$。系数 K 取值见表 4-2-6。

表 4-2-6   不同类型铁路系数 K 取值

线路类型		高速铁路	城际铁路	客货共线及重载铁路
工程条件	一般	0.8	0.6	$v > 120$ km/h：0.8；$v \leqslant 120$ km/h：0.6
	困难	0.6	0.4	$v > 120$ km/h：0.5；$v \leqslant 120$ km/h：0.4

通过理论计算，结合工程实践经验，我国不同类型铁路的夹直线和圆曲线最小长度不应小于表 4-2-7 所规定的数值。

表 4-2-7   夹直线及圆曲线最小长度   单位：m

线路类型		高速铁路			城际铁路			客货共线及重载铁路				
设计速度/（km/h）		350	300	250	200	160	120	200	160	120	100	80
工程条件	一般/m	280	240	200	120	100	80	160	130	80	60	50
	困难/m	210	180	150	80	70	50	120	80	50	40	30

注：动车组走行线不宜小于 50 m，困难情况下不宜小于 25 m。

在进行线路平面设计时，为保证列车运营安全平稳，两缓和曲线间圆曲线应有足够的长度。圆曲线最小长度 $L_{y min}$ 和曲线偏角 α、曲线半径 R、缓和曲线长度 l_0 三者间的关系应满足下式：

$$\frac{\pi \times \alpha \times R}{180°} - l_0 \geqslant L_{y min} \quad (\text{m}) \qquad (4\text{-}2\text{-}10)$$

在概略定线时，通常仅绘出圆曲线，相邻两圆曲线端点（YZ_1 与 ZY_2）间直线段的长度不应小于 $l_{01}/2 + L_{j min} + l_{02}/2$（m），才能保证夹直线的最小长度。

夹直线长度不够时，应修改线路平面，如减小曲线半径或选用较短的缓和曲线长度，如图 4-2-13（a）所示；或改移夹直线的位置，以延长两端点间的直线长度和减小曲线偏角，如图 4-2-13（b）所示。当同向曲线间夹直线长度不够时，可采用一个较长的单曲线代替两个同向曲线，如图 4-2-13（c）所示。

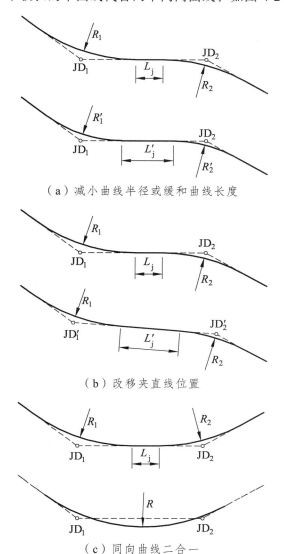

（a）减小曲线半径或缓和曲线长度

（b）改移夹直线位置

（c）同向曲线二合一

图 4-2-13　夹直线长度不够的修正设计

三、里程推算

如图 4-2-14 所示，首先由起点和交点坐标计算出两点间的距离 D，然后再计算各个曲线要素，再由切线长 T 确定出曲线起点（ZH 或 ZY）点的位置，最后根据起点里程推算 ZH 或 ZY 点里程。即：ZH（ZY）点里程 = QD 里程 + D（起点和交点见距离）－ T（曲线切线长）。

确定了 ZH 或 ZY 点里程后，可按下列公式计算其他各主点里程。

1. 无缓和曲线时

$$YZ \text{ 里程} = ZY \text{ 里程} + L \qquad (4\text{-}2\text{-}11)$$

$$QZ \text{ 里程} = ZY \text{ 里程} + L/2 \qquad (4\text{-}2\text{-}12)$$

2. 有缓和曲线时

$$HZ \text{ 里程} = ZH \text{ 里程} + L \qquad (4\text{-}2\text{-}13)$$

$$HY \text{ 里程} = ZH \text{ 里程} + l_0 \qquad (4\text{-}2\text{-}14)$$

$$YH \text{ 里程} = HZ \text{ 里程} - l_0 \qquad (4\text{-}2\text{-}15)$$

$$QZ \text{ 里程} = ZH \text{ 里程} + L/2 \qquad (4\text{-}2\text{-}16)$$

注：L 为曲线全长。

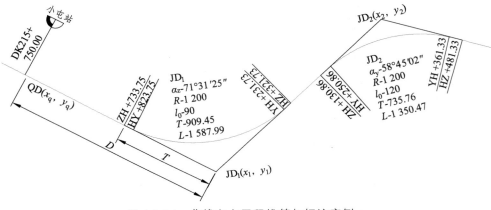

图 4-2-14　曲线主点里程推算与标注实例

【**案例 4-2-2**】　曲线要素计算与里程推算

某小半径试验线铁路线路平面图如图 4-2-15 所示，从图上量的 1# 曲线 ZY 点距 15# 道岔岔心的距离是 41.965 m。1# 和 2# 小半径曲线间的夹直线长度为 18 m。请补全 1#~2# 曲线的要素和试验线铁路的里程。

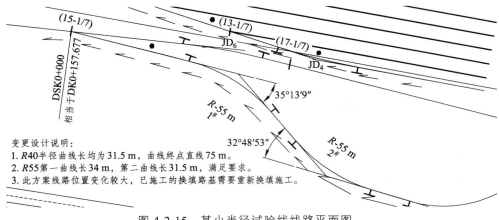

图 4-2-15　某小半径试验线线路平面图

【解】

（1）曲线要素计算。

$T_1 =$

$E_1 =$

$L_1 =$

$T_2 =$

$E_2 =$

$L_2 =$

（2）里程推算。

$ZY_1 =$

$YZ_1 =$

$ZY_2 =$

$YZ_2 =$

（3）将计算所得的里程标注到平面图 4-2-15 中。

四、线间距

线间距是指相邻两线路中心线间的最小距离，如图 4-2-16 所示。

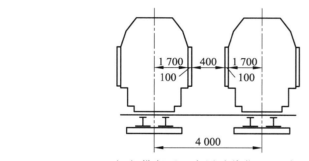

（a）横断面示意图（单位：mm）

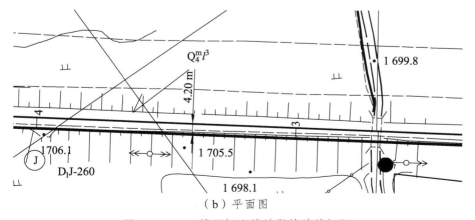

（b）平面图

图 4-2-16　双线区间直线地段线路线间距

（一）直线间线间距

直线间线间距的最小距离由两列车的机车车辆半宽 B 加安全净距 Y 而定，可按下式计算：

$$D_{min} = Y + (B_1 + B_2) \tag{4-2-17}$$

式中　D_{min}——相邻线间最小线间距（mm）；

　　　　B_1、B_2——两交会列车的机车车辆半宽（mm），普通列车为机车车辆限界半宽 + 列车信号超出机车车辆限界的宽度即 1 700 mm + 100 mm = 1 800（mm），高铁 CRH 系列动车组的最大半宽为 1 700（mm）；

　　　　Y——区间两线交会列车机车车辆间的安全净距（mm），其大小与行车速度、车辆结构和状态及允许的会车压力波等因素有关，可按表 4-2-8 取值。

表 4-2-8　不同速度等级下铁路安全净距　　　　单位：mm

线路类型	客货共线铁路			高速铁路			
速度等级 /(km/h)	$v \leq$ 120	120<$v \leq$ 160	160<$v \leq$ 200	160<$v \leq$ 200	200<$v \leq$ 250	250<$v \leq$ 300	300<$v \leq$ 350
安全净距	400	600	900	1 000	1 200	1 400	1 600

【案例 4-2-3】　直线地段线间距计算

如图 4-2-16（b）所示，计算设计速度为 160 km/h 的铁路正线间最小的线间距。

【解】

查表 4-2-8 得：Y = 600 mm。

$$D_{min} = Y + (B_1 + B_2) = 600 + 2 \times (1\ 700 + 100)\ (mm) = 4\ 200\ （mm）$$

所以，当区间列车运行速度为 160 km/h 时，双线区间直线地段最小线路间距为 4 200 mm。

为了节省用地，无论是区间正线还是站线经常都按最小线间距设计。通过理论计算和多年工程经验，《技规》对铁路区间两相邻线路间最小线间距作了规定，见表 4-2-9。

（二）曲线间线间距

1. 两端直线地段按最小线间距设置时

运营实践表明，高速铁路正线和联络线、动车组走行线、200 km/h 及以上的城际铁路并行地段的线间距，按表 4-2-9 设置时，曲线地段可不加宽。

表 4-2-9　区间线路间距

序号	名　　称		线间最小距离/mm
1	客货共线铁路	$v \leqslant 120$ km/h	4 000
		120 km/h$<v \leqslant 160$ km/h	4 200
		160 km/h$<v \leqslant 200$ km/h	4 400
2	三线及四线区间的第二线与第三线		5 300
3	高速铁路	$v = 160$ km/h	4 200
		160 km/h$<v \leqslant 200$ km/h	4 400
		200 km/h$<v \leqslant 250$ km/h	4 600
		250 km/h$<v \leqslant 300$ km/h	4 800
		300 km/h$<v \leqslant 350$ km/h	5 000
4	城际铁路	$v \leqslant 160$ km/h	4 000
		$v = 200$ km/h	4 200
5	动车组走行线		4 000

　　小于等于 160 km/h 的城际铁路、客货共线铁路和重载铁路曲线两端直线地段线间距按表 4-2-9 最小线间距设计时，曲线地段外侧线路上的车体中部向内侧偏移，内侧线路上的车体向曲线外侧偏移，如图 4-2-17（a）所示，相邻曲线的外轨超高高度不同，内外侧车体向内侧的偏移量也不相同，如图 4-2-17（b）所示。若相邻两曲线线间距与直线地段的线间距相同，将会使处于曲线地段两列车间的净空较直线地段小，影响列车运行安全。所以曲线地段与直线地段相比，线间距应予以加宽。

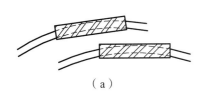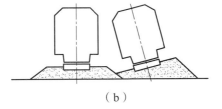

（a）　　　　　　　　　　　　　（b）

图 4-2-17　车体间净空减小

　　线间距的加宽量除了考虑外侧曲线平面内侧加宽、内侧曲线平面外侧加宽外，还要考虑外侧曲线上的超高是否大于内侧曲线超高，若外侧曲线上的超高大于内侧曲线超高，外侧曲线上的列车内倾的程度大于内侧曲线上的列车，需要将两者在突出部位的倾斜差作为增加的加宽量。曲线地段线间距加宽为：

知识拓展——
限界及限界加宽

（1）外侧线超高大于内侧线超高时：

$$W = W_{外平内} + W_{内平外} + \Delta$$

$$= \frac{40\ 500}{R_外} + \frac{44\ 000}{R_内} + \frac{H}{1\ 500}(h_外 - h_内)\ (\text{mm}) \tag{4-2-18}$$

式中　W——两端直线地段按最小线间距设置时的曲线线间距加宽值（mm）；

　　　$W_{外平内}$——外侧曲线平面内侧加宽（mm）；

　　　$W_{内平外}$——内侧曲线平面外侧加宽（mm）；

　　　H——自轨面到机车车辆限界计算点（最突出位置）的高度（mm），取 3 850 mm；

　　　$R_内$、$R_外$——内、外侧曲线半径（m）；

　　　$h_内$、$h_外$——内、外侧曲线设置超高值（mm）；

　　　Δ——左右两线因外轨超高不同而产生的倾斜差（mm）。

（2）外侧线超高小于等于内侧线超高时：

$$W = W_{外平内} + W_{内平外} = \frac{40\ 500}{R_外} + \frac{44\ 000}{R_内}\ (\text{mm}) \tag{4-2-19}$$

区间线路直线地段采用最小线间距时,设计速度为 160 km/h 及以下的城际铁路曲线地段限界加宽值可在表 4-2-10 中查得,客货共线铁路可在表 4-2-11 中查得。

表 4-2-10　设计速度为 160 km/h 及以下情况的城际铁路曲线地段限界加宽值

曲线半径/m	加宽值/mm	曲线半径/m	加宽值/mm
12 000～3 500	0	1 200	70
3 000	30	1 000	85
2 500	35	900	95
2 200	40	800	110
2 000	45	700	125
1 800	50	600	145
1 600	55	500	170
1 500	60	400	215
1 400	60	300	285
1 300	65	—	—

注：① 当外侧线路曲线超高大于内侧线路曲线超高时，线间距加宽值应另行计算。

　　② 当线间有其他建（构）筑物时，加宽值应按相关要求计算确定。

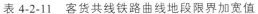

表 4-2-11 客货共线铁路曲线地段限界加宽值

线间	第一、二线间						第二、三线间				
曲线超高设置情况	$h_{外} > h_{内}$					$h_{外} < h_{内}$					
路段设计速度/(km/h)	200	160	120	100	80	≤200	200	160	120	100	80
曲线半径/m 12 000	85	50	35	20	15	10	90	60	40	30	20
10 000	85	60	35	20	15	10	100	70	40	30	20
8 000	90	80	40	25	15	15	105	95	55	30	20
7 000	90	85	50	30	20	15	110	100	65	45	35
6 000	95	90	65	35	25	15	115	105	75	45	35
5 000	95	95	70	40	35	20	130	115	90	55	45
4 500	100	95	80	45	40	20	140	120	100	60	50
4 000	100	100	95	55	40	25	145	130	110	70	50
3 500	135	105	95	65	50	25	195	145	115	85	65
3 000	145	110	95	80	65	30	210	150	125	100	80
2 800	155	120	100	85	65	35	220	160	130	115	85
2 500	—	130	110	100	70	35	—	185	145	125	95
2 000	—	165	120	105	95	45	—	235	160	140	110
1 800	—	175	130	110	100	50	—	250	175	145	125
1 600	—	195	145	125	115	55	—	275	195	165	145
1 400	—	—	160	135	125	65	—	—	215	180	160
1 200	—	—	175	155	135	75	—	—	230	200	170
1 000	—	—	220	175	155	85	—	—	300	225	195
800	—	—	265	210	190	110	—	—	355	265	235
700	—	—	—	260	210	125	—	—	—	340	260
600	—	—	—	295	235	145	—	—	—	380	290
550	—	—	—	—	255	155	—	—	—	—	315
500	—	—	—	—	280	170	—	—	—	—	340
400	—	—	—	—	—	—	—	—	—	—	—
300	—	—	—	—	—	—	—	—	—	—	—

注：① 采用表列数值间的曲线半径时，曲线线间加宽值可采用线性内插值，并进整至 5 mm。
② 两单线铁路曲线线间距加宽值应根据装设信号机和通行超限货物列车情况确定。

2. 曲线两端直线间线间距大于最小线间距设置时

曲线两端直线地段线间距大于表 4-2-9 最小线间距数值时，曲线线间距加宽值为：

$$W' = (D_{\min} \times 10^3 + W) - D \times 10^3 \quad (\text{mm}) \tag{4-2-20}$$

式中　W'——曲线线间距加宽值（mm）；

　　　$D_{\min}$——直线地段最小线间距（m）；

　　　D——曲线两端直线地段线间距（m）；

　　　W——两端直线地段按最小线间距设置时的曲线线间距加宽值（mm）。

3. 加宽方法

1）曲线两端直线地段线间距等于最小线间距

新建双线并行地段曲线两端线距为 4.0 m 时，内外侧两曲线按同心圆设计，曲线线间距加宽应采用加长内侧曲线的缓和曲线长度，使曲线向圆心方向移动，如图 4-2-18（a）所示。外侧曲线内移距离为：$P_w = \dfrac{l_w^2}{24R_w}$。

若线间距离最小加宽值为 W'，则内侧曲线加设缓和曲线后的内移距离应为：

$$P_n = P_w + W' \times 10^{-3} \quad (\text{m}) \tag{4-2-21}$$

由 $P_n = \dfrac{l_n^2}{24R_n}$，得内侧缓和曲线长度为：

$$l_n = \sqrt{24R_n(P_w + W')} \quad (\text{m}) \tag{4-2-22}$$

式中　l_n、l_w——内外侧缓和曲线长（m），进取整 10 m；

　　　R_n、R_w——内外侧曲线半径（m）；

　　　W'——线间距最小加宽值（mm）。

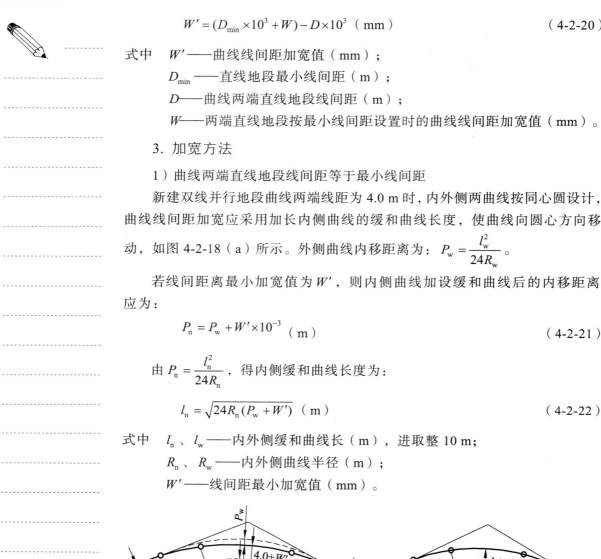

（a）加长内侧缓和曲线长度　　　　　　（b）加宽两端直线线间距

图 4-2-18　曲线地段线间距加宽（以 $D_{\min} = 4.0$ m 为例）

2）加宽曲线两端直线地段线间距

曲线毗连地段，如果夹直线长度较短，或者曲线转角过小，不能过多地加长内侧线的缓和曲线长度时，内侧线可采用相同的缓和曲线长度，而加宽曲线两端夹直线段的线间距，使其满足曲线加宽要求，如图 4-2-18（b）所示。

【4-2-1】 某客货共线 I 级电气化铁路，设计速度 $v_{max} = 120$ km/h，JD_1 和 JD_2 间的距离为 2 244.85 m，$1^{\#}$ 曲线设计半径 R_1 为 1 600 m，缓和曲线 l_{01} 为 120 m，$2^{\#}$ 曲线设计半径 R_2 为 2 000 m，缓和曲线 l_{02} 为 140 m，请检查两曲线间夹直线是否满足要求？如不满足，请进行修改并在图 4-2-19 中进行曲线要素计算和里程标注。（已知 ZH_1 的里程为 DK24 + 320）

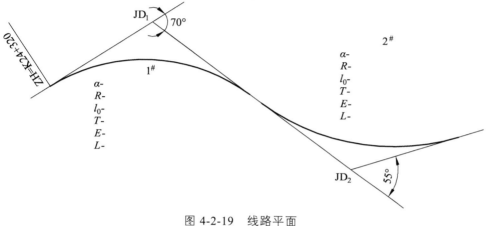

图 4-2-19　线路平面

任务三
区间线路纵断面设计

　　铁路线路纵断面表示线路中线所经过地区地面起伏变化情况，线路上除平坡外还有上坡和下坡。线路的纵断面设计就是解决这些坡段的坡度、坡段长度如何确定以及相邻两坡段间如何连接的问题。除此之外，本教学任务还解决在曲线、隧道等地段如何进行坡度折减的问题。

【任务分析】

具体任务	具体要求
● 确定线路坡度	➢ 理解最大坡度（限制坡度）的内涵并能结合规范选择合理的线路坡度；
● 合理设置竖曲线	➢ 能根据规范选择和计算竖曲线要素，能判断竖曲线设置是否合理；
● 选择坡段长度	➢ 能根据规范选择合理的坡段长度；
● 计算坡度折减值	➢ 理解坡度折减的原因并能使用公式计算曲线（小半径曲线）地段、隧道地段的坡度折减值。

【相关知识】

　　线路纵断面是由长度不同、陡缓各异的坡段组成的。坡段的特征用坡段长度和坡度值表示，如图 4-3-1 所示。坡段长度 L_i 为坡段两端变坡点间的水平距离（m）。坡度值 i 为该坡段两端变坡点的高差 H_i（m）与坡段长度 L_i（m）的比值，以千分数表示，即 $i = H_i / L_i \times 1\,000$（‰）。上坡取正值，下坡取负值，平坡为 0。如坡度为 1‰，即表示每千米高差为 1 m。在纵断面设计图中坡度一般保留 1 位小数。

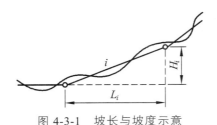

图 4-3-1　坡长与坡度示意

如图 4-3-2 所示，列车从 A 点到 B 点共克服了多少高程？如 A 点高程为 100 m，则 B 点高程为多少？

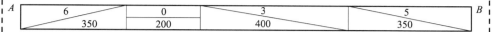

图 4-3-2　线路纵断面坡度设计栏

阅读案例——
郑西客运专线
纵断面设计
概要说明

一、确定线路最大坡度

新建铁路的最大坡度是纵断面设计采用的设计坡度最大值。高速铁路、城际铁路采用大功率、轻型动车组，牵引和制动性能优良，能适应大坡度运行，一般情况下最大坡度不受牵引质量的限制，而应根据工程和运营两方面的技术经济条件，确定设计线的最大坡度。客货共线运行的铁路，线路的设计最大坡度是由货物列车牵引质量要求决定的，在单机牵引路段称限制坡度，在两台及以上机车牵引路段称加力牵引坡度，其中最常见的为双机牵引，称双机牵引坡度。

（一）高速铁路、城际铁路最大坡度

高速铁路、城际铁路的线路最大坡度，应根据动车组总功率、地形条件、列车平均走行速度以及列车编组辆数等因素，经比选后确定。新建客运专线一般选用较大的最大坡度，以利于适应地形，降低线路高度，减少桥隧建筑物数量，并可取直线路和缩短高速铁路与公路、既有铁路立交和桥梁引线的长度，从而节省工程量和工程造价。

《线规》规定高速铁路、城际铁路的区间正线最大坡度不宜大于 20‰，困难条件下不应大于 30‰。动车组走行线的正线坡度最大不宜大于 30‰，困难条件下不应大于 35‰。

（二）限制坡度

1. 影响限制坡度选择的因素

限制坡度的选择是涉及铁路全局的重要工作，应根据铁路等级、地形类别、牵引种类和运输需求，并应考虑与邻接铁路的牵引定数相协调，经过全面分析、技术经济比选，慎重确定。

1）铁路等级

铁路等级越高，则设计线的意义、作用和客货运量越大，更需要有良好的运营条件和较低的运输成本，因此宜采用较小的限制坡度。

各种限制坡度的
输送能力

2）运输需求和机车类型

铁路的输送能力必须能完成运输任务。输送能力与货物列车牵引质量有关，而牵引质量是由限制坡度值与机车类型决定的。在其他条件相同时，客货运量大的线路要求较小的限制坡度。所以限制坡度的选择，应根据运输任务，结合机车类型一并考虑，力争选定的限制坡度与平均自然纵坡相适应，不引起额外展线，同时选择恰当的机车类型，满足运输要求。

电力牵引比内燃牵引的计算牵引力大，计算速度高，牵引定数大，满足相同运能要求时的限制坡度比内燃牵引的大。大功率机车的牵引力大、牵引定数大，满足相同运能要求的限制坡度比小功率机车的大。

设计线的客货运量是逐年增长的。选择限制坡度时，应尽量采用节约初期投资、逐期加强的方案，如初期采用内燃牵引、远期采用电力牵引，或初期采用小功率机车、远期更换大功率机车。这样，就有可能采用适应地形条件的较大限坡而又能满足运输要求，达到节省初期投资的目的。在同一条线上，可能采用不同类型的机车牵引，所以选择限制坡度时还应考虑机车类型的兼容性。

3）地形条件

地形条件是选择限制坡度的重要因素，限制坡度要和地形相适应。既不能选择过小的限制坡度，引起大量人工展线；又不能选择过大的限制坡度，使该限坡得不到充分利用，节省工程投资的效果不显著，反而给运营带来不良影响。

一条长大干线应力争选定同一限坡，以利直通列车的开行。但若各区段地形条件差别很大，亦不宜强求统一限坡。可根据各区段地形特点，分区段选定限制坡度，各区段采用不同的机车类型，统一全线的牵引定数。

4）邻线的牵引定数

当设计线与邻接铁路的直通货流量很大，或者设计线在路网中联络分流的作用很显著时，选择限制坡度应考虑与邻线牵引定数相协调，尽量使其统一。这样，直通货物列车可避免在接轨站的甩挂作业，加速货物运送，降低运输成本。

我国既有铁路干线的限制坡度，4‰者约占 1/4，6‰者约占 1/2，12‰者约占 1/4，少数干线为 9‰或 10‰，全国路网基本形成了 4‰、6‰与 12‰的限制坡度系统。

2. 限制坡度

客货共线铁路限制坡度是单机牵引普通货物列车，在持续上坡道上，最终以机车计算速度等速运行的坡度，它是限制坡度区段的最大坡度，据此计算货物列车的牵引质量。对于给定的牵引质量标准，限制坡度最大值不应大于下式计算的值：

$$i_x = \frac{\lambda_y F_j - (P \times w_0' + G_x \times w_0'') \times g}{(P + G_x) \times g} \quad (‰) \qquad (4\text{-}3\text{-}1)$$

式中　G_x——设计线拟定的牵引质量标准（t）；

　　　w_0'——计算速度下机车的单位基本阻力（N/kN）；

　　　w_0''——计算速度下货车的单位基本阻力（N/kN）；

其余符号意义同前。

【案例 4-3-1】 计算限制坡度

客货共线铁路，韶山 3 型电力机车，牵引滚动轴承货车，求牵引质量为 3 500 t 时，设计线的最大限制坡度值。

【解】

（1）查表 2-1-1 有：$v_j = 48$ km/h，$F_j = 317\,800$ N，$P = 138$ t。

（2）根据公式（3-1-3）和（3-1-4）计算机车、车辆单位基本阻力：

$$w_0' = 2.25 + 0.019 \times 48 + 0.000\,32 \times 48^2 = 3.899 \text{（N/kN）}$$

$$w_0'' = 0.92 + 0.004\,8 \times 48 + 0.000\,125 \times 48^2 = 1.438\,4 \text{（N/kN）}$$

（3）根据公式（4-3-1）计算限制坡度：

$$i_x = \frac{0.9 \times 317\,800 - (138 \times 3.899 + 3\,500 \times 1.438\,4) \times 9.81}{(138 + 3\,500) \times 9.81} = 6.48 \text{（‰）}，取 i_x = 6‰。$$

根据运行实践和理论计算，客货共线铁路选定的限制坡度，不应大于表 4-3-1 所列数值。

表 4-3-1　客货共线铁路限制坡度最大值（‰）

铁路等级		Ⅰ 级			Ⅱ 级		
地形地貌		平原	丘陵	山区	平原	丘陵	山区
牵引种类	电力	6.0	12.0	15.0	6.0	15.0	20.0
	内燃	6.0	9.0	12.0	6.0	9.0	15.0

限制坡度的最小值《线规》中未作明确规定，但受启动条件和到发线有效长等因素制约通常不小于 4‰。

3. 分方向选择限制坡度

一般情况下，一条线路双方向的限制坡度是相同的，即双方向最大持续上坡道坡度值是相同的。但有些线路具备一定条件，可以在重车方向设置较缓的限制坡度，在轻车方向设置较陡的限制坡度，称为分方向选择限制坡度。

（三）加力牵引坡度

加力牵引坡度（简称加力坡度）是两台及以上机车牵引规定牵引吨数的普通货物列车，在持续上坡道上，最后以机车计算速度等速运行的坡度，它是客货共线铁路加力坡度路段的最大坡度。

一条干线的某些越岭地段，平均自然纵坡很陡，若按限制坡度设计，会引起线路大量展长或出现较长的越岭隧道，使工程量加大、工期延长。在这种地段，可采用加力牵引，保持在限制坡度上单机牵引的牵引定数不变，从而可采用较陡坡度定线，以减少展线，降低造价。

采用加力坡度可以缩短线路长度，大量减少工程量，有利于降低造价和缩短工期，是在长大越岭地段克服巨大高差的一种行之有效的设计决策。当然采用加力坡度，也必然增加机车台数和能量消耗，在加力牵引的起讫站要增加补

知识拓展——
分方向选择限制
坡度的规定

机摘挂作业时分，并要增建补机的整备设备。加力坡度太大时，对下坡行车也将产生不利影响。因此，是否采用加力坡度，应从设计线意义、地形条件以及工程量和运营等方面全面分析，比选确定。

加力坡度的最大值取决于货物列车在陡坡上的运营条件，包括下坡的制动安全和闸瓦磨耗、上坡的能量消耗以及车站技术作业对通过能力的影响等。电力、内燃机车都可用电阻制动控制下坡速度，但因电力机车的电阻制动较内燃机车的大，因而要分别规定其最大的加力牵引坡度。

客货共线Ⅰ、Ⅱ级铁路，内燃牵引的最大加力牵引坡度为25‰，电力牵引的最大加力坡度为30‰。客货共线铁路采用相同类型的机车加力牵引时，各种限制坡度相应的加力牵引坡度如表4-3-2所示。表中内燃牵引加力坡度未进行海拔与气温修正。

表4-3-2　客货共线铁路电力和内燃牵引的加力牵引坡度（‰）

限制坡度	双机牵引坡度		三机牵引坡度	
	电力	内燃	电力	内燃
4.0	9.0	8.5	14.0	13.0
5.0	11.0	10.5	16.5	15.5
6.0	13.0	12.5	19.0	18.5
7.0	14.5	14.5	21.5	21.0
8.0	16.5	16.0	24.0	23.5
9.0	18.5	18.0	26.5	
10.0	20.0	20.0	29.0	
11.0	22.0	21.5		25.0
12.0	24.0	23.5	30.0	
13.0	25.5			
14.0	27.5	25.0		
15.0	29.0			
16.0	30.0			

重载铁路的限制坡度、加力坡度应根据地形条件、牵引种类、机车类型、牵引质量和运输量需求比选确定。

（四）最大坡度对工程和运营的影响

限制坡度与设计线的输送能力、工程数量和运营质量有密切关系，有时甚至影响线路走向。

1. 输送能力

客货共线铁路，输送能力取决于通过能力和牵引质量。在机车类型选定后，牵引质量即由限制坡度值决定。限制坡度大，牵引质量小，输送能力低；限制坡度小，牵引质量大，输送能力高。

客运专线铁路的输送能力取决于通过能力和动车组编组辆数。当动车组总功率一定时，为了提高运行速度，增大人均功率数，坡度越大，动车组编组辆数越少，相应的旅客输送能力减小。

2. 对工程数量的影响

平原地区，最大坡度值对工程数量一般影响不大，但在铁路跨过河流时，因桥下要保证必要的净空而使桥梁抬高，若采用较大的最大坡度，可以使桥梁两端引线减少，填方数量减少。

丘陵地区，采用较大的限制坡度，可使线路高程升降较快，能更好地适应地形起伏，从而避免较大的填挖方、减小桥梁高度、缩短隧道长度，使工程数量减少，工程造价降低，如图 4-3-3 所示。

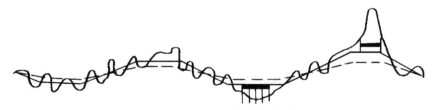

图 4-3-3 不同最大坡度的纵断面

在自然纵坡陡峻的越岭地段，若限制坡度小于自然纵坡，则线路需要迂回展长，才能达到控制点预定高程，工程数量和造价急剧增加。图 4-3-4 所示为宝成线宝鸡秦岭间展线示意。宝鸡与秦岭间直线距离 25 km，高差 810 m。图中实线为 30‰中选方案，线路长 44.3 km；图中虚线为 20‰比较方案，线路长 61.9 km。土建工程的造价前者仅为后者的 56%。

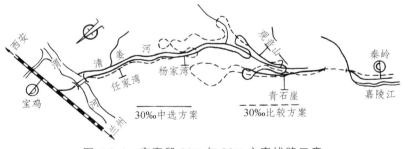

宝秦段 20‰与
30‰方案
线路示意

图 4-3-4 宝秦段 20‰与 30‰方案线路示意

在越岭地段，若使限制坡度大于平均自然纵坡 1‰～3‰（自然纵坡越陡、地形越复杂，其值越大），就可避免额外的展长线路。这种方案通常是经济合理的。

线路翻越高大的分水岭时，采用不同的限制坡度，可能改变越岭垭口，从而影响线路的局部走向。

高速铁路线路所经地区经济发达，人口稠密，居民点星罗棋布，公路交通发达，这些地区地形虽然平坦，但线路要通过居民区，跨公路，与其他建筑物干扰，因而立交结构很多，采用全封闭式的高架结构，即使在地形比较平坦的地区，也应该尽可能选择较大的纵断面最大坡度。

3. 对运营费用的影响

在完成相同运输任务的前提下，采用的限制坡度越大，则货物列车的牵引质量越小，需要开行的货物列车对数越多，机车台数增多，机车乘务组、燃料消耗、修理费用等加大，区间距离缩短，车站数目加多，管理人员和日常开支增加，列车区段速度降低，旅途时间加长，相应开支加大。

在平均自然纵坡陡峻地区，采用与自然纵坡相适应的限制坡度，可以缩短展线长度，使工程投资大量降低。同时，因线路缩短，机车台数、车站数目、旅途时间等也相应减少，虽然列车数目增多，运营开支总和也不致增加很多。所以在平均自然纵坡陡峻地区，应采用与其相适应的较大的限制坡度，力争不额外展长线路。

二、坡段连接

（一）相邻坡段坡度差

纵断面的坡段有上坡、下坡和平坡。相邻坡段坡度差的大小，应以代数差的绝对值Δi表示。如前一坡段的坡度i_1为4‰下坡，后一坡段的坡度i_2为2‰上坡，则坡度差Δi为：

$$\Delta i = \left| i_1 - i_2 \right| = \left| (-4‰) - (+2‰) \right| = 6‰$$

【课堂训练4-3-2】 计算坡度代数差
计算图4-3-5中各个变坡点的坡度代数差。

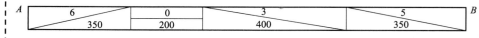

图 4-3-5　纵断面图中的设计坡度栏

（二）坡度代数差的最大值

高速铁路及城际铁路车体重量轻，采用密接式车钩，相邻坡段代数差不受限制。客货共线铁路和重载铁路相邻坡段的坡度差，是以保证列车不断钩条件来确定的。这是因为列车通过变坡点时受力产生如下变化：

（1）两相邻坡段为凸形纵断面时，列车纵向拉力增大，压力减小；为凹形纵断面时，列车纵向拉力减小，压力增大。

（2）列车纵向力随坡度差值的增大有所增大。

（3）列车通过变坡点附近的纵向力与列车跨越变坡点的个数无关，而主要与纵断面的形式及其相应的操纵工况以及列车的牵引质量紧密相关。

铁科院以列车通过变坡点时产生的纵向力不大于车钩强度即保证列车不断钩，进行计算，最大坡度差可以达到 2 倍限制坡度值。但考虑到远期列车牵引质量可能增大，最大坡度差应留有适当余量，故以远期到发线有效长度作为拟定坡度差的参数。《线规》对最大坡度差的规定如表 4-3-3 所示。

表 4-3-3　最大坡度差表

远期到发线有效长度/m		1 050 及以上	850	750	650
最大坡度差/‰	一般	8	10	12	15
	困难	10	12	15	18

为保证行车安全，司机通视距离应不小于紧急制动距离。在凸形纵断面的坡顶，若坡度差过大，则司机的通视距离缩短，必要时应加以检算。

（三）竖曲线

在线路纵断面变坡点处，为了保证行车安全平顺而设置的竖向曲线称为竖曲线。竖曲线分为圆曲线形竖曲线和抛物线形竖曲线。抛物线形竖曲线是用一定变坡率的 20 m 短坡段连接起来的折线，圆曲线形竖曲线采用圆弧线与两端坡段直线相连。由于测设和养护方便，目前国内外均大量采用圆曲线形竖曲线。

1. 竖曲线半径与设置条件

竖曲线半径受旅客舒适度、车轮不脱轨、列车不脱钩及养护维修方便等因素影响。在线路纵断面上，若各坡段直接连接成折线，则：当列车通过变坡点时，产生的车辆振动和局部加速度增大，乘车舒适度降低；当机车车辆重心未达变坡点时，将使前转向架的车轮悬空，如图 4-3-6 所示，当悬空高度大于轮缘高度时，将导致脱轨；当相邻车辆的连接处位于变坡点附近时，车钩上下错动加剧（图 4-3-7），其值超过允许的限定值时将会引起脱钩。所以必须在变坡点处用竖曲线把折线断面平顺地连接起来，以保证行车的安全和平顺。参考国内外经验，我国在主要考虑旅客舒适度条件的基础上确定了竖曲线半径的最小值及设置条件，如表 4-3-4 和表 4-3-5 所示。考虑到施工养护时的具体情况，竖曲线半径的最大值不应超过 30 000 m。

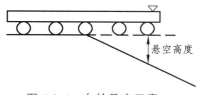

图 4-3-6　车轮悬空示意

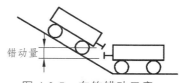

图 4-3-7　车钩错动示意

表 4-3-4 竖曲线半径的最小值及设置条件

铁路类型	高速铁路		动车组走行线	城际铁路				客货共线与重载铁路	
设计速度/（km/h）	300，350	250	200	200	160	120	<120	≥160	<160
设置条件 $\Delta i/‰$	≥1	≥1	>3	≥1	≥1	>3	>3	>1	>3
R_{SH}/m 一般	25 000	20 000	5 000	15 000	15 000	10 000	8 000	15 000	10 000
R_{SH}/m 困难	25 000	20 000	3 000	10 000	8 000	5 000	3 000		

表 4-3-5 高速铁路限速地段最小竖曲线半径

设计速度/（km/h）	200	160	120	80
R_{SH}/m	15 000	15 000	10 000	5 000

高速铁路和城际铁路动车组走行线，相邻坡段坡度差大于 3‰时设置圆曲线形竖曲线，竖曲线半径不得小于 5 000 m，困难情况下不得小于 3 000 m。

2. 竖曲线要素

1）竖曲线切线长 T_{SH}

由图 4-3-8 知：

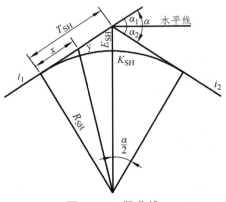

图 4-3-8 竖曲线

$$T_{SH} = R_{SH} \cdot \tan\frac{\alpha}{2} \approx \frac{R_{SH}}{2}\tan\alpha = \frac{R_{SH}}{2} \cdot \tan|\alpha_1 - \alpha_2|$$

$$= \frac{R_{SH}}{2}\left|\frac{\tan\alpha_1 - \tan\alpha_2}{1 + \tan\alpha_1 \cdot \tan\alpha_2}\right| \approx \frac{R_{SH}}{2}|\tan\alpha_1 - \tan\alpha_2| \tag{4-3-2}$$

$$= \frac{R_{SH}}{2}\left|\frac{i_1}{1\,000} - \frac{i_2}{1\,000}\right|$$

$$= \frac{R_{SH} \cdot \Delta i}{2\,000} \,(m)$$

式中 R_{SH}——竖曲线半径（m）；

α——竖曲线转角（°）；

α_1、α_2——前、后坡段与水平线的夹角（°），上坡为正值，下坡为负值；

i_1、i_2——前、后坡段的坡度（‰），上坡为正值，下坡为负值；

Δi——坡度代数差的绝对值（‰）。

在客货共线铁路及重载铁路中，当竖曲线半径 R_{SH} 取 10 000 m 或 15 000 m 时，相应的竖曲线切线长 $T_{SH} = 5\Delta i$（m）或 $T_{SH} = 7.5\Delta i$（m）。

2）竖曲线长度 K_{SH}

由于竖曲线半径较大，切曲差较小，故：

$$K_{SH} \approx 2T_{SH} \text{（m）} \qquad (4\text{-}3\text{-}3)$$

考虑施工及养护维修方便，高速铁路和城际铁路最小竖曲线长度一般不小于一个车辆定距长度要求，如 CRH$_3$ 型动车组转向架中心距为 17 375 mm、车体最大长度为 25.5 m，CRH$_2$ 型动车组转向架中心距为 17 500 mm、车体最大长度为 25.7 m，因此竖曲线最小长度不应小于 25 m。

3）竖曲线纵距 y

因为

$$(R_{SH} + y)^2 = R_{SH}^2 + x^2$$

$$2R_{SH} \cdot y = x^2 - y^2 \text{（}y^2\text{ 值很小，略去不计）}$$

所以 $$y = \frac{x^2}{2R_{SH}} \text{（m）} \qquad (4\text{-}3\text{-}4)$$

式中 x——切线上计算点至竖曲线起点（切点）的距离（m）。

变坡点处的纵距称为竖曲线的外矢距 E_{SH}，计算式为：

$$E_{SH} = \frac{T_{SH}^2}{2R_{SH}} \text{（m）} \qquad (4\text{-}3\text{-}5)$$

变坡点处的线路设计高程，应根据变坡点的计算高程，减去（凸形竖曲线）或加上（凹形竖曲线）外矢距的高度；路基填挖高度应根据设计高程计算。

分析公式（4-3-5）可知，当变坡点处的坡度差 Δi 不大时，竖曲线的外矢距值 E_{SH} 很小；如速度小于 160 km/h 的客货共线铁路，$\Delta i = 3$‰时，$E_{SH} = 11.5$ mm。施工中，路基面不易作出竖曲线线型，故变坡点处的设计高程可按折线断面计算，不需计入外矢距的调整值。铺轨时，变坡点处的轨面能自然形成竖曲线，并不影响行车的安全和平稳。至于变坡点的道砟厚度，仅需较标准厚度增减 10～11.5 mm，也不会影响轨道强度。所以《线规》规定相邻坡段的坡度差大于 3‰时，才设置竖曲线，即在路基面上作出竖曲线线型。

【案例 4-3-2】 计算圆曲线形竖曲线要素

某 Ⅰ 级铁路，设计最大行车速度 120 km/h，凸形变坡点 A 点的里程为 DK20＋340，地面高程为 476.50 m，变坡点计算高程为 472.36 m，相邻坡段坡

度为 $i_1 = 6‰$，$i_2 = -2‰$，求 A 点及竖曲线上每 20 m 点的设计高程和 A 点的挖方高度。

【解】

A 点的坡度差 $\Delta i = |6 - (-2)| = 8$（‰）

A 点的竖曲线切线长 $T_{SH} = 5 \cdot \Delta i = 40$（m）

A 点的竖曲线外矢距 $E_{SH} = \dfrac{T_{SH}^2}{2R_{SH}} = \dfrac{40^2}{2 \times 10\,000} = 0.08$（m）

A 点的线路设计高程为 $472.36 - 0.08 = 472.28$（m）

A 点的挖方高度为 $476.50 - 472.28 = 4.22$（m）

A 点及竖曲线上每 20 m 点的坡度线计算高程、纵距和设计高程计算见表 4-3-6。

表 4-3-6　竖曲线纵距及设计标高计算表

里程	横距 x/m	坡度线计算标高 h/m	纵距 y/m	设计标高 H/m
K20+300	0	$472.36 - 0.006 \times 40 = 472.12$	0	472.12
+320	20	$472.36 - 0.006 \times 20 = 472.24$	$20^2/20\,000 = 0.02$	472.22
+340	40	472.36	0.08	472.28
+360	20	$472.36 - 0.002 \times 20 = 472.32$	$20^2/20\,000 = 0.02$	472.30
+380	0	$472.36 - 0.002 \times 40 = 472.28$	0	472.28

抛物线形竖曲线主要在既有线改建纵断面设计中应用，故在项目七任务三中介绍。

4）设置竖曲线的限制条件

（1）竖曲线不应与缓和曲线重叠。

在竖曲线范围内，轨面高程以一定的曲率变化。在缓和曲线范围内，外轨高程以一定的超高顺坡率变化。如两者重叠，一方面，在轨道铺设和养护时，外轨高程不易控制；另一方面，外轨的直线形超高顺坡和圆曲线形竖曲线，都要改变形状，影响行车的平稳。

为了保证竖曲线不与缓和曲线重叠，纵断面设计时，变坡点离开缓和曲线起终点的距离，不应小于竖曲线的切线长，如图 4-3-9 所示。

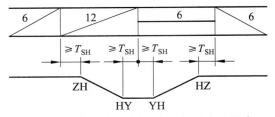

图 4-3-9　变坡点距缓和曲线起终点的距离

高速铁路和城际铁路，为了保证列车通过变坡点时产生的激振不叠加，竖曲线起终点与平面曲线起终点的距离一般不宜小于 20 m。

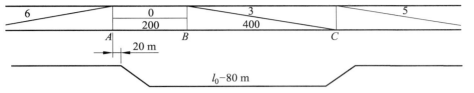
（2）竖曲线不应设在明桥面上。

明桥面上不应设置变坡点，竖曲线也不应伸入明桥面。明桥面上如有竖曲线时，其曲率需要用木楔调整，每根木枕厚度都不一样，且需特制，并要固定位置顺序铺设，给施工养护带来困难。故明桥面桥应将全桥设在一个坡度上，所以在纵断面设计时，应使变坡点距明桥面桥两端的距离不小于竖曲线切线长，如图 4-3-11 所示。

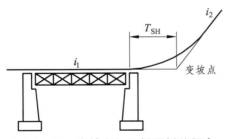

图 4-3-11 变坡点距明桥面桥的距离

（3）竖曲线不应与正线道岔重叠。

道岔的尖轨和辙叉应位于同一平面上，如将其设在竖曲线的曲面上，则道岔的铺设与转换都有困难；同时道岔的导曲线和竖曲线重合，列车通过道岔的平稳性降低。为了保证竖曲线不与道岔重叠，变坡点与车站站坪端点的距离，不应小于竖曲线的切线长。

（4）高速铁路竖曲线不宜与圆曲线重叠。

由于竖曲线与圆曲线重合时的空间线形比较复杂，增加了施工及运营维护的难度，因此高速铁路竖曲线不宜与圆曲线重叠。困难情况下重叠设置时，最小曲线半径应符合表 4-3-7 的规定。

表 4-3-7　高速铁路竖曲线与圆曲线重合时设置的最小曲线半径和竖曲线半径　单位：m

设计速度/（km/h）		350	300	250
工程条件	一般	7 000	5 000	3 500
	困难	6 000	4 500	3 000
最小竖曲线半径		25 000	25 000	20 000

（5）竖曲线与钢轨伸缩调节器不应重叠设置。

竖曲线与钢轨伸缩调节器如重叠则将影响钢轨伸缩调节器的正常使用，也会导致养护维修困难，所以竖曲线与钢轨伸缩调节器不应重叠设置。

（6）竖曲线与竖曲线不应重叠设置。

竖曲线与竖曲线重叠设置时要保证各自竖曲线的形状是很困难的，测设工作将更加困难，当竖曲线和竖曲线重合时还会影响列车运行的安全性与平稳性。因此，为满足快速列车较高的舒适度要求，从列车运行的平稳性要求考虑，当路段设计速度为 160 km/h 及以上时，两竖曲线间应有一定的夹坡段长度以避免竖向振动的叠加。根据列车竖向振动衰减特性，两竖曲线间夹坡段长度一般不小于 $0.4v_{max}$。高速铁路、城际铁路在制定最小坡段长度时已考虑了夹坡段长度。对于客货共线铁路、重载铁路，为保证机车车辆轮轨间的正常接触，减少车辆竖向振动，使列车运行平稳，两竖曲线间的距离不宜短于 2~3 节车辆长度，困难条件下，不得短于一节车辆两转向架间的距离，以避免两转向架同时分别处于不同的竖曲线上。因此一般情况下两竖曲线间的距离不宜小于 40 m，困难时不应小于 20 m。

《线规》规定：当路段设计速度大于 120 km/h 时，在缓和曲线、正线道岔、钢轨伸缩调节器以及明桥面桥范围内不得设置变坡点。

三、选择坡段长度

纵断面上两个坡段的连接点，即坡度变化点，称为变坡点。一个坡段两变坡点间的水平距离，称为坡段长度。新建铁路，坡段长度一般取 50 m 的整倍数。

从工程数量上看，采用较短的坡段长度可更好地适应地形起伏，减少路基、桥隧等工程数量，如图 4-3-12 所示。从列车运行平稳性出发，纵断面选择较长的坡段可以减少变坡点数量，提高运行平稳性。因此坡段长度的选择既要满足运行的平稳性又要减少工程投资。

图 4-3-12　不同坡长的纵断面

（一）最小坡段长度

1. 车钩强度限制的最小坡段长度

客运专线铁路上运行动车组，列车采用密接式车钩，坡段长度不受此因素影响。

普通客货共线铁路，列车通过变坡点时，运行阻力发生变化，车钩产生游间，使部分车辆产生冲击，增大列车纵向阻力，坡段长度要保证列车不产生车钩断钩现象。坡段长度所决定的车钩应力与列车牵引吨数有直接关系，牵引吨数用远期到发线有效长度表示。受车钩强度限制的最小坡段长度不得小于表 4-3-8 所规定数值。

表 4-3-8　车钩强度确定的最小坡段长度表　　　　　　单位：m

远期到发线有效长度/m	1 050 及以上	850	750	650
最小坡段长度	400	350	300	250

2. 满足列车运行平稳条件要求的最小坡段长度

（1）竖曲线上产生的车辆垂向振动不致影响旅客舒适度。

两竖曲线间应有一定的夹坡段长度，如图 4-3-13 所示。对于两竖曲线间夹坡段长度的要求，德国、日本两国高速铁路的规范无具体规定，法国高速铁路要求两竖曲线间夹坡段长度不得小于 $0.4v_{max}$。借助国外的经验，我国规定两竖曲线间的最小夹坡段长不小于（0.4 ~ 0.5）v_{max}，即最小坡段长度应当满足：

图 4-3-13　竖曲线间坡段长度

$$l_{min} \geqslant \frac{R_{SH1} \times \Delta i_{max}}{2\ 000} + \frac{R_{SH2} \times \Delta i_{max}}{2\ 000} + (0.4 \sim 0.5)v_{max} \quad （m） \quad （4-3-6）$$

式中　l_{min}——最小坡段长度（m）；

Δi_{max}——相邻坡段最大坡度代数差（‰）；

R_{SH1}、R_{SH2}——竖曲线半径（m）。

（2）旅客列车不同时跨两个变坡点条件要求的坡段长度。

为了提高旅客列车运行平稳性，应使旅客列车不同时跨两个变坡点，以免列车过变坡点的附加加速度叠加而影响旅客舒适度，为此，坡段长度不应小于半个列车长度。高速铁路不受此限制。

3.《线规》对最小坡段长度的规定

综合安全、舒适、工程、运营等因素，各类型铁路最小坡段长度取值应满足下列规定：

（1）高速铁路正线最小坡段长度一般条件下不小于 900 m，且不宜连续使用；困难条件下不小于 600 m，且不应连续使用。列车全部停站两端坡段长度不应小于 400 m。

（2）城际铁路最小坡段长度一般不应小于 400 m；困难条件下不应小于 200 m，且不宜连续使用。

（3）旅客列车设计速度为 200 km/h 的路段，坡段长度一般条件下不宜小于 600 m，且不宜连续使用；困难条件下不应小于 400 m，且不应连续使用。

（4）旅客列车设计速度为 160 km/h 的路段，坡段长度不应小于 400 m，且不应连续使用两个以上。

（5）旅客列车设计速度小于 160 km/h 的路段，应符合下列规定：

① 坡段长度不宜小于表 4-3-8 的规定。

② 凸形纵断面顶部为缓和坡度差而设置的分坡平段的长度可以取 200 m，如图 4-3-14（a）所示；凹形纵断面底部为缓和坡度差而设置的分坡平段，其长度应按表 4-3-8 取值，如图 4-3-14（b）所示。

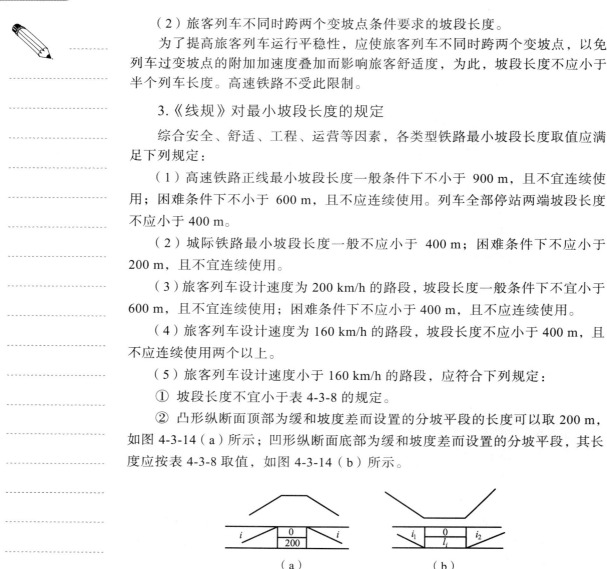

图 4-3-14　分坡平段的坡段长度

③ 因最大坡度折减而形成的如图 4-3-15（a）所示的坡段，包括折减坡段及其中间无须折减的坡段，这些坡段间的坡度差较小，坡长可以缩短到 200 m。

④ 在两个同向坡段之间为了缓和坡度差而设置的缓和坡段如图 4-3-15（b）所示。缓和坡段使纵断面上坡度逐步变化，对列车运行平稳有利，故允许缩短为 200 m。

⑤ 长路堑内为排水而设置的人字坡段如图 4-3-15（c）所示。人字坡段的坡度一般不小于 2‰，以利于路堑侧沟排水，坡长可以缩短到 200 m。

⑥ 枢纽疏解引线范围内的线路纵坡，因行车速度较低，且一般因跨线需要迅速升高（或降低）纵断面高程，可以缩短到 200 m。

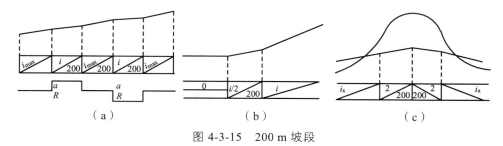

图 4-3-15　200 m 坡段

（二）最大坡段长度

1. 客货共线铁路

客货共线铁路，货物列车在接近长大下坡道区间的车站时，列车自动制动机需进行持续一定时间的全部试验，从而增加列车在车站的停站作业时间。因此，在纵断面设计时，应尽量减少长大下坡段的设置。根据我国目前列车自动制动机技术要求，客货共线铁路的长大下坡段指的是：线路坡度超过 6‰、长度为 8 km 及其以上者，线路坡度超过 12‰、长度为 5 km 及其以上者，线路坡度超过 20‰、长度为 2 km 及其以上者。

2. 高速铁路和城际铁路

高速客运专线铁路，为了防止高速列车的牵引电机发生过热现象，当纵断面采用最大坡度时，宜限制最大坡度地段的坡段长度。

高速铁路正线 15‰坡度的最大坡段长度不宜大于 10 km，20‰坡度的最大坡段长度不宜大于 6 km，25‰坡度的最大坡段长度不宜大于 4 km，30‰坡度的最大坡段长度不宜大于 3 km，35‰坡度的最大坡段长度不宜大于 2 km。

城际铁路正线最大设计坡度为 20‰时坡段长度不宜大于 15 km，25‰时坡段长度不宜大于 8 km，30‰时坡段长度不宜大于 4 km；动车组走行线坡度为 35‰时坡段长度不宜大于 2 km，30‰时坡段长度不大宜于 4 km，25‰时坡段长度不宜大于 8 km，20‰时坡段长度不宜大于 15 km，且不能连续设置。

四、最大坡度折减

客货共线铁路，当平面上出现曲线和遇到长度大于 400 m 的隧道时附加阻力增大，黏着系数降低。在需要用足最大坡度（包括限制坡度与加力牵引坡度）的地段，如果加算坡度超过最大坡度，则按限制坡度计算牵引质量的货物列车，在该设计坡度的持续上坡道上，最终会以低于计算速度的速度运行，发生运缓事故，甚至造成途停，这是不允许的，所以线路纵断面设计坡度值加上曲线和隧道附加阻力的加算坡度值，不能大于最大坡度值。为此，在纵断面设计时，需将最大坡度值减缓，以保证普通货物列车以不低于计算速度或规定的速度通过该地段。此项工作称为最大坡度的折减。高速铁路、城际铁路采用大功率、轻型动车组，牵引和制动性能优良，能适应大坡道运行，最大坡度不考虑曲线半径和隧道坡度减缓。

（一）曲线地段的最大坡度折减

在曲线地段，因列车运行阻力比直线上大，可视曲线附加阻力为一个坡度 Δi_r，也就是需将其换算为相应的坡度折减值，以保证货物列车不低于计算速度运行。所以设计坡度 i 应为：

$$i = i_{max} - \Delta i_r \quad (‰) \tag{4-3-7}$$

式中　Δi_r——曲线阻力换算坡度值（‰）。

（1）两圆曲线间不小于 200 m 的直线段，可设计为一个坡段，不予折减，按最大坡度设计。

（2）当圆曲线长度大于或等于货物列车长度时，曲线阻力换算坡度为：

$$\Delta i_r = \frac{600}{R} \quad (‰) \tag{4-3-8}$$

式中　R——圆曲线半径（m）。

（3）当圆曲线长度小于货物列车长度时，曲线阻力换算坡度为：

$$\Delta i_r = \frac{10.5\alpha}{L_i} \quad (‰) \tag{4-3-9}$$

式中　α——曲线偏角（°）；

　　　L_i——折减坡段长度（m），若 L_i 大于货物列车长度，则 L_i 为货物列车长度（m）。

（4）当连续几个圆曲线长度小于货物列车长度，中间夹直线长度小于 200 m 时，可将小于 200 m 的直线段分开，并入两端曲线进行折减，折减值按上式计算；也可将两个曲线合并折减，但减缓坡段长度不宜大于货物列车长度。此时曲线阻力换算坡度为：

$$\Delta i_r = \frac{10.5\Sigma\alpha}{L_i} \quad (‰) \tag{4-3-10}$$

式中　$\Sigma\alpha$——折减范围内的曲线偏角总和（°）。

（5）当一个曲线位于两个坡段上时，每个坡段上分配的曲线转角数，应按两个坡段上的曲线长度比例计算。

【案例 4-3-3】　计算曲线阻力坡度折减并进行拉坡设计

设计线为客货共线电气化铁路，限制坡度为 12‰，近期货物列车长为 660 m，最高行车速度 80 km/h，线路平面图如图 4-3-16（a）所示。该区段需用足限制坡度上坡，试进行纵断面拉坡设计。

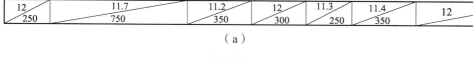

(a)

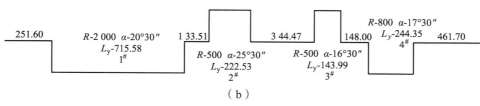

(b)

图 4-3-16 纵断面图中的线路平面和设计坡度栏

【解】

（1）将长度不小于 200 m 的两个直线段，分别单独设计为 250 m 和 300 m 的坡段，坡度取限制坡段 12‰，不折减。

（2）1# 曲线设计为单独一个坡段，坡段长度取 750 m，因长度大于近期货物列车长度，坡段折减按公式（4-3-8）计算，设计坡度为：

$$i = i_{max} - \frac{600}{R} = 12 - \frac{600}{2\ 000} = 11.7\ （‰）$$

（3）将长度小于近期货物列车长的 2# 曲线设计为一个坡段，坡段长度取 350 m，坡段折减按公式（4-3-9）计算，设计坡度为：

$$i = i_{max} - \frac{10.5\alpha}{L} = 12 - \frac{10.5 \times 25.5}{350} = 11.24‰，按 11.2‰ 设置。$$

（4）将长度小于近期货物列车长的 3# 和 4# 曲线连同中间小于 200 m 的夹直线，划分为长度 250 m 和 350 m 的坡段，坡段折减按公式（4-3-9）计算，设计坡度为：

$$i = i_{max} - \frac{10.5\alpha}{L} = 12 - \frac{10.5 \times 16.5}{250} = 11.31‰，按 11.3‰ 设置。$$

$$i = i_{max} - \frac{10.5\alpha}{L} = 12 - \frac{10.5 \times 17.5}{350} = 11.48‰，按 11.4‰ 设置。$$

绘制好的坡段设计见图 4-3-16（a）。

（二）小半径曲线黏降坡度折减

当货物列车以接近或等于计算速度通过位于长大坡道上的小半径曲线时，若黏着系数降低后的黏着牵引力小于计算牵引力，为了保证货物列车不低于计算速度运行，在小半径曲线地段，还需要进行小半径曲线黏降的坡度折减。所以小半径曲线的设计坡度应为：

$$i = i_{max} - \Delta i_r - \Delta i_\mu\ （‰）\tag{4-3-11}$$

式中　Δi_μ——小半径曲线粘降坡度折减值（‰）；

小半径曲线黏降折减值的确定应考虑以下实际情况：

（1）目前内燃机车的黏着牵引力富余量比较大，故不需要进行小半径曲线的黏降坡度折减；若设计线近期采用内燃牵引而远期采用电力牵引，则其小半径曲线的黏降坡度折减值按电力牵引计算。

（2）电力牵引时采用黏着牵引力的富余量为 5.5%。当 $R \geqslant 500$ m 时小半径曲线的黏降坡度折减值很小，可以忽略不计；当 $R<500$ m 时，小半径曲线的黏降坡度折减值 Δi_μ 取表 4-3-9 所列数据。

表 4-3-9 电力牵引小半径曲线黏降坡度折减值（‰）

最大坡度/‰		4	6	9	12	15	20	25	30
曲线半径/m	450	0.20	0.25	0.35	0.45	0.55	0.70	0.90	1.05
	400	0.25	0.50	0.65	0.85	1.05	1.35	1.65	1.95
	350	1.50	0.70	1.00	1.25	1.50	2.00	2.45	2.90
	300	0.70	0.90	1.30	1.65	2.00	2.60	3.20	3.80

注：当半径为非表列中数值时，对应的小半径曲线黏降坡度折减值 Δi_μ 可通过线性内插获得。

（3）小半径曲线黏降坡度折减范围：理论上只要机车进入曲线，黏着系数就立即降低，为了简化设计，只在小半径曲线范围内进行黏降坡度折减。

【课堂训练 4-3-5】　计算小半径曲线黏降坡度折减

设计线为客货共线电气化铁路，限制坡度为 6‰，近期货物列车长为 660 m，最高行车速度 80 km/h，线路平面图如图 4-3-17 所示。该区段需用足限制坡度上坡，试进行坡度折减计算。

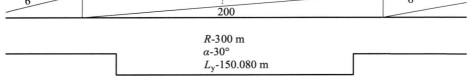

图 4-3-17　线路纵断面图坡度设计和线路平面栏

（三）隧道阻力坡度折减

列车在位于长大坡道上，且隧道长度大于 400 m 的路段上运行时，产生的隧道空气附加阻力增大，因此最大坡度要相应进行折减。

1. 折减范围

隧道坡度折减的主要因素包括隧道空气附加阻力和通过隧道的最低速度两项，隧道空气阻力中列车头部的压力，虽然在机车刚进入洞门时就突然产生，但列车四周与空气的摩阻却随列车进入隧道的长度而逐步增大，直到列车全部进入隧道后才达到稳定值。而列车尾部吸力则是在列车全部进入隧道后才产生，并逐步增大最后才趋于稳定。为简化计算，各种牵引折减范围仅限于隧道长度内，并随折减坡段取值，坡长进整为 50 m 的倍数。

当隧道在曲线上时，应先进行隧道坡度折减，再进行曲线坡度折减。

为满足内燃牵引的过洞速度要求，按规定进行隧道坡度折减后，还应进行列车进洞速度检算。当内燃机车牵引列车通过长度小于或等于 1 000 m 的隧道时，最低运行速度不得小于机车最低计算速度；隧道长度大于 1 000 m 时不得小于最低计算速度 + 5 km/h。如达不到过洞的最低速度要求，则应在进洞上坡前设计加速缓坡，使机车进洞时速度达到规定值。

2. 隧道坡度折减值计算

影响隧道坡度折减的因素较多，为了简化计算，在设计中通常用隧道内线路最大坡度系数 β_s 来进行隧道坡度折减，折减后的最大设计坡度 i 应为：

$$i = i_{max} - \Delta i_s = \left(1 - \frac{\Delta i_s}{i_{max}}\right) \times i_{max} = \beta_s \times i_{max} \quad (\text{‰}) \tag{4-3-12}$$

长度大于 400 m 的内燃牵引隧道、电力牵引重载铁路单洞单线隧道和速度在 160 km/h 及以下客货共线铁路单洞单线隧道内的线路坡度，不得大于最大坡度乘以表 4-3-10 规定的最大坡度系数 β_s 所得的数值，即：

设计坡度 $i = \beta_s \times i_{max}$

表 4-3-10　电力与内燃牵引铁路隧道内的最大坡度折减系数 β_s

隧道长度 L/m	电力牵引	内燃牵引
400<L≤1 000	0.95	0.90
1 000<L≤4 000	0.90	0.80
L>4 000	0.85	0.75

长度大于 1 000 m 的电力牵引客货共线铁路速度在 120 km/h 及以上的单洞双线隧道和速度在 200 km/h 单洞单线隧道内的线路坡度不得大于最大坡度减去表 4-3-11 规定的折减值所得的数值，即：

$$设计坡度\ i = i_{\max} - \Delta i_s$$

表 4-3-11　电力牵引客货共线铁路隧道内线路最大坡度折减值 Δi_s（‰）

速度目标值（km/h）		120	160	200	
		单洞双线	单洞双线	单洞单线	单洞双线
隧道长度 L/m	1 000<L≤5 000	0.29	0.13	0.46	0.09
	5 000<L≤15 000	0.53	0.32	0.76	0.27
	15 000<L≤25 000	0.62	0.40	0.89	0.35
	L>25 000	0.66	0.43	0.93	0.37

长度大于 5 000 m 的电力牵引重载铁路单洞双线隧道，隧道内的线路坡度不得大于最大坡度减去表 4-3-12 规定的折减值所得的数值，即：

$$设计坡度\ i = i_{\max} - \Delta i_s$$

表 4-3-12　电力牵引重载铁路单洞双线隧道内线路最大坡度折减值 Δi_s

隧道长度/m	5 000～10 000（包含）	10 000～15 000（包含）	大于 15 000
坡度折减值/‰	0.06	0.14	0.20

【案例 4-3-4】　计算隧道阻力坡度折减

设计线为客货共线电气化铁路，限制坡度为 12‰，近期货物列车长为 650 m，最高行车速度 80 km/h，线路平面图如图 4-3-18（a）所示。该区段需用足限制坡度上坡，试进行纵断面拉坡设计。

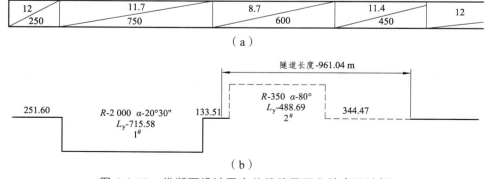

图 4-3-18　纵断面设计图中的线路平面和坡度设计栏

【解】

（1）将长度不小于 200 m 最左侧直线段，设计为 250 m 的坡段，坡度取限制坡度 12‰，不折减。

（2）1# 曲线设计为单独一个坡段，坡段长度取 750 m，因长度大于近期货物列车长度，所以坡段折减按公式（4-3-8）计算，设计坡度为：

$$i = i_{max} - \frac{600}{R} = 12 - \frac{600}{2\ 000} = 11.7\ ‰$$

（3）将隧道中长度小于近期货物列车长的 2# 曲线设计为一个坡段，坡段长度取 600 m，坡段折减应同时考虑曲线、小半径曲线黏降和隧道坡度折减，查表 4-3-9 得 $\Delta i_{\mu} = 1.25$，查表 4-3-10 得 $\beta_s = 0.95$。

$$i = \beta_s \times i_{max} - \Delta i_r - \Delta i_{\mu} = 0.95 \times 12 - \frac{10.5 \times 80}{600} - 1.25 = 11.4 - 1.4 - 1.25 = 8.7\ ‰$$

（4）将隧道内直线设计为一个坡段，坡段长度 450 m，设计坡度为：

$$i = \beta_s \times i_{max} = 0.95 \times 12 = 11.4\ ‰$$

绘制好的坡段设计见图 4-3-18（b）。

五、坡段设计对行车费用的影响

（一）坡度大小对行车费用的影响

一条设计线的机车类型和限制坡度选定后，货物列车的牵引质量随之确定。若设计坡度值较大，则上坡时，每千米的燃料或电力的消耗较多，行车时分加长；下坡时，制动限速降低，轮箍闸瓦的磨耗加大，故行车费用增多。图 4-3-19 所示为当限制坡度为 12‰时，三种主要机型牵引的货物列车，在各种坡度上每万吨公里的行车费用，其值随坡度增大而增加。

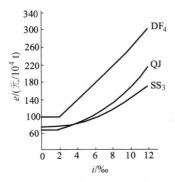

图 4-3-19　坡度大小与行车费用关系

图 4-3-20（a）为凸形纵断面，图 4-3-20（b）为凹形纵断面，两种坡段设计中坡段长度与坡度大小是相同的，只是进出车站的上下坡情况不同。凸形纵断面，列车出站为下坡，有利于列车加速，减少能量消耗；进站为上坡，有利于列车减速，减少制动的轮箍闸瓦磨耗；并且区间的平均走行速度也较高。凹形纵断面则相反。所以行车费用凹型纵断面高于凸型纵断面，故车站宜设在凹形纵断面的凸起部位。

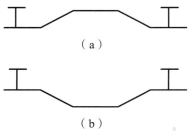

图 4-3-20　凸形凹形区间纵断面

（二）有害坡段与无害坡段

列车在下坡道上运行时，可借助重力作用，不需机车牵引而向下滑行，坡度越陡，坡段越长，则列车最后滑行的速度越快。但是列车下坡的速度受制动条件限制，不能过高，达到限制速度后，即需制动。这种因制动导致位能不能充分被利用、闸瓦磨损加剧、增大行车费用的坡段，称为有害坡段。若下坡的坡度不大，或者坡度虽大但坡段很短，列车借助重力向下滑行，速度达不到限制速度，因而不需要进行制动。这种不需制动的坡段，位能完全得到利用，又不会引起轮箍闸瓦的磨耗，不致增大行车费用，所以称为无害坡度。

根据我国铁路的制动限速和机车、车辆、牵引质量情况，最大无害坡度，重车货物列车一般在 2.5‰左右，空车货物列车一般在 4‰左右。

纵断面设计时，通常将坡度大于 4‰且下降高度超过 10 m 的坡段，概略定为有害坡段。若地形条件许可，应尽量消除有害坡段。

（三）克服高度

线路克服高度为线路上升的高度（又称拔起高度）。上行与下行方向应分别计算，如图 4-3-21 所示，a、b 两点间，上下行方向的克服高度总和分别为：

$$\Sigma h_{s} = h_{s1} + h_{s2} \text{（m）}$$

$$\Sigma h_{x} = h_{x1} + h_{x2} \text{（m）}$$

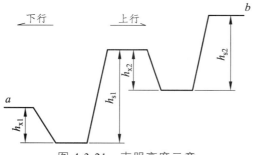

图 4-3-21　克服高度示意

克服高度影响列车能量消耗和运行速度。在线路长度不变的前提下，克服高度越大，则燃料或电力消耗越多，行车时分越长，行车费用越高。所以对不同线路方案进行比较时，应将克服高度作为技术指标之一，衡量方案优劣。

设计纵断面时，要适应地形起伏，也要力争减小克服高度，如图 4-3-22 所示，只要把纵断面坡顶的设计高程降低，改为虚线坡段，减小克服高度，行车速度即可提高，行车费用也可降低。

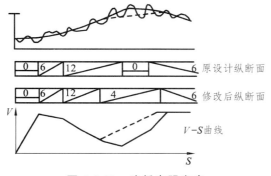

图 4-3-22　降低克服高度

【技能训练】

【4-3-1】　某Ⅰ级铁路，相邻坡段的坡度如图 4-3-23 所示，变坡点 A 点处的里程为 DK25 + 460，变坡点设计高程为 42.00 m，计算变坡点及竖曲线上每 20 m 点的设计高程。（列表计算）

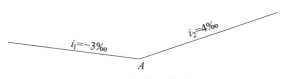

图 4-3-23　纵断面坡度示意

【4-3-2】 某新建Ⅰ级单线铁路某区段，线路平面如图 4-3-24 所示，该线采用电力牵引，限制坡度为 $i_x = 12‰$，近期货物列车长度为 400 m，远期货物列车长度为 650 m，A 点设计标高为 $H_A = 100.00$ m。求：

（1）从 A 到 B 按用足坡度上升设计线路纵断面。

（2）计算 B 点的设计高程 H_B。

（3）绘制纵断面设计图。

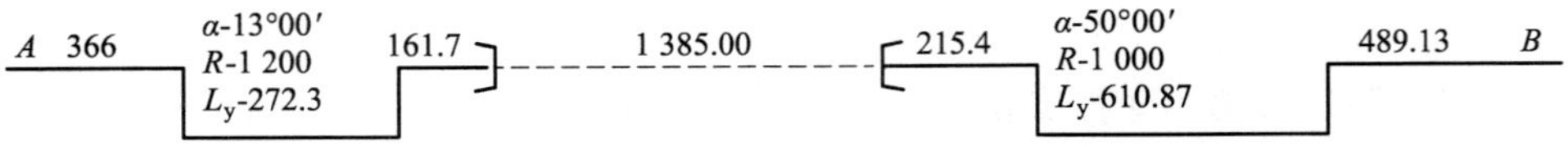

图 4-3-24 纵断面设计图中的线路平面栏

任务四
桥涵、隧道、路基、站坪地段平纵断面设计

【任务描述】

铁路线路由路基、桥梁和隧道组成，不同的线路类型对平纵断面有着不同的要求，在学习了区间线路平纵断面知识后，本教学任务主要介绍桥涵、隧道、路基、站坪等特殊地段平纵断面设计的要求和方法。

【任务分析】

具体任务	具体要求
● 桥涵地段平纵断面设计	➢ 掌握桥涵地段平纵断面设计要求；
● 隧道地段平纵断面设计	➢ 掌握隧道地段平纵断面设计要求；
● 路基地段平纵断面设计	➢ 掌握路基地段平纵断面设计要求；
● 站坪地段平纵断面设计	➢ 掌握站坪地段平纵断面设计要求，能判断竖岔是否重合。

【相关知识】

一、桥涵地段平纵断面设计

铁路桥梁指的是为铁路跨越天然或人工障碍物而修建的建筑物，按其长度可划分为：特大桥（桥长大于 500 m）、大桥（桥长 100 m 以上至 500 m）、中桥（桥长 20 m 以上至 100 m）和小桥（桥长 20 m 及以下）。涵洞是指横穿铁路路基，用以排水、灌溉或作为通道的建筑物，涵洞孔径一般为 0.75 ~ 6.0 m。桥涵是桥梁和涵洞的统称。

（一）桥涵地段的平面设计

连续梁、钢梁、刚构桥、槽形梁、斜拉桥、悬索桥等特殊结构桥梁及较大跨度的桥梁，梁和墩台结构复杂，长期运营过程中难以避免的线路位移容易造成桥梁过大偏心，进而引起桥梁受力变化和结构变形，恶化桥墩承力性能。因此，在设计桥位的线路平面时，宜将特殊结构桥梁及较大跨度桥梁布置在直线

知识拓展——
郑西客专特殊
地段平纵断面
设计概要说明

上。在地形困难、地质不良、受车站站坪影响等困难条件下，为避免工程过大，特殊结构桥梁必须设在曲线上时，宜采用较大的平面曲线半径。高速铁路、城际铁路、客货共线铁路不小于相应路段旅客列车设计速度下的最小曲线半径"一般"值，重载铁路不小于 800 m。图 4-4-1（a）所示为桥梁设置在直线地段的图式，图 4-4-1（b）所示为桥梁设置在曲线地段的图式。

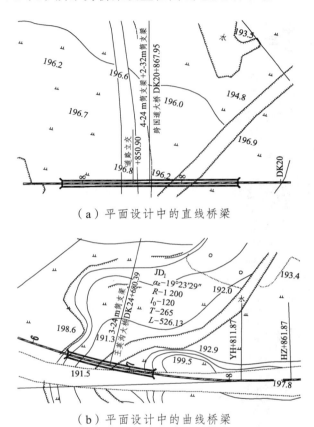

（a）平面设计中的直线桥梁

（b）平面设计中的曲线桥梁

图 4-4-1　桥涵地段平面设计

　　明桥面桥应设置在直线上。如设置在曲线上，则线路很难固定，轨距不易保持，超高不易设置，影响运营安全，增加了施工和运营维护的难度。

　　缓和曲线因钢轨超高逐渐变化，给施工、养护和维修增加了更大的困难，所以明桥面桥的平面线形也不宜设计为缓和曲线。

　　同一座桥梁如在反向曲线上，列车过桥时，将产生剧烈摆动，影响运营安全。同时，由于线路养护维修拨道不易正确就位，梁上产生偏心，尤其明桥面桥超高更难调整，故明桥面桥不应设计为反向曲线。道砟桥面的桥梁，在困难条件下，才允许设在反向曲线上，并应尽量采用较长的夹直线和曲线半径。

　　桥梁上采用的曲线半径，应不限制桥梁跨度的合理选用。常用定型梁的允许最小曲线半径如表 4-4-1 所示。

表 4-4-1　常用定型梁的最小允许曲线半径

梁的类型		钢筋混凝土梁			预应力钢筋混凝土梁		钢筋混凝土板梁与板梁结合梁	
		普通		低高度				
跨度/m		≤14	20	≤20	23.8/24.0	31.7/32.0	32	40
允许最小曲线半径/m	一般情况	350	400	600	400	600	300	500
	特殊情况	250	300		300	450		

（二）桥涵地段的纵断面设计

（1）明桥面桥宜设在平道上。设在坡道上时，由于钢轨爬行的影响，线路难于锁定，轨距也难于保持，给线路养护带来困难，也影响行车安全。如果必须设在坡度上，则坡度不宜大于 4‰，困难条件下不大于 12‰，以免列车下坡时，在桥上制动增加钢轨爬行。图 4-4-2（a）、（b）、（c）分别为桥梁设置在平坡、上下坡和多个坡道上的图式。

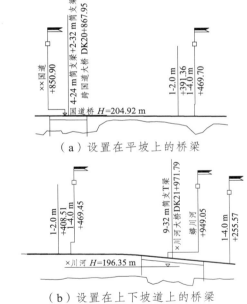

（a）设置在平坡上的桥梁

（b）设置在上下坡道上的桥梁

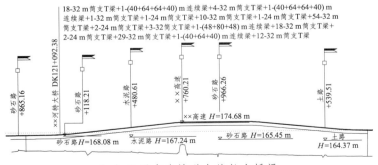

（c）设置在多坡道上的长大桥梁

图 4-4-2　桥梁纵断面设计

（2）桥涵处的路肩设计高程，涵洞处应不低于水文条件和构造条件所要求的最低高度。桥梁处应不低于水文条件和桥下净空高度所要求的最低高度。平原地区通航河流上的大型桥梁，为了保证桥下必要的通航净空，并使两端引线高程降低，可在桥上设置凸形纵断面。

二、隧道地段的平纵断面设计

（一）隧道地段的线路平面设计

曲线隧道的施工、运营、养护、通风等工作条件不如直线隧道，有害气体不易排出；曲线隧道的维修养护也比直线隧道复杂，列车运行也不如直线隧道平稳。因此，隧道宜设计为直线，如地形地质等条件限制必须设在曲线上时，宜将曲线设在洞口附近，并采用较大的曲线半径，如图 4-4-3 所示。

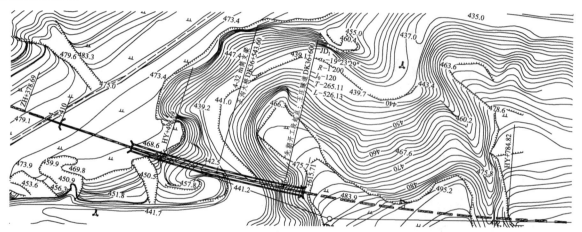

图 4-4-3　隧道地段线路平面设计

高速铁路、城际铁路因其曲线半径大，且为电力牵引，较客货共线、重载铁路及非电力牵引铁路，曲线隧道的不利因素较少，可不作严格限制。

隧道不宜设在反向曲线上。必须设在反向曲线上时，其夹直线长度不宜小于 40 m，以免两端的曲线加宽发生重叠，施工复杂。

当直线隧道外的曲线接近洞口时，应使直缓点或缓直点与洞门的距离不小于 25 m，以免引起洞口和洞口的衬砌加宽。

（二）隧道地段的线路纵断面设计

隧道的坡型有单面坡和人字坡两种形式，如图 4-4-4 所示。单面坡道有利于紧坡地段争取高度和长隧道的运营通风，人字坡道则有利于从隧道两端同时施工时排水、出渣。在设计时，应结合隧道所在地段的线路纵断面、隧道长度、牵引种类、地形、工程地质与水文地质、施工条件等具体情况，全面考虑，合理选择坡型。位于紧坡地段的隧道，为了争取高度，宜设计为单面坡道；位于自由坡度地段的隧道，则可根据地形、地质条件及其他因素设计为单面坡道或人字坡道。越岭隧道，当地下水发育且地形条件允许时，应设计为人字坡。人字坡的长隧道，由于通风不良，当采用内燃牵引时，双方向上坡列车排出的废气与煤烟会污染隧道，恶化运营和维修工作条件，必要时应采用人工通风。

隧道内的坡度不宜小于 3‰，以利排水。严寒地区且地下水发育的隧道，可适当加大坡度，以减少冬季排水结冰堆积的影响。

（a）单面坡

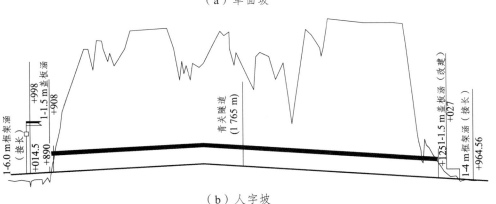

（b）人字坡

图 4-4-4　隧道内坡道形式

三、路基地段纵断面的要求

大中桥的桥头引线、水库地区和低洼地带的路基，路肩设计高程应不小于设计水位 + 壅水高度 + 波浪侵袭高度 + 0.5 m。

小桥、涵洞附近的路基，路肩设计高程应不小于设计水位 + 壅水高度 + 0.5 m。

路堑内的设计坡度不宜小于 2‰，深长路堑地段应适当加大坡度，以利侧沟排水。当路堑长度在 400 m 以上且位于凸形纵断面的坡顶时，可设计为坡度不小于 2‰、坡长不小于 200 m 的人字坡。

四、站坪地段平面和纵断面设计

（一）站坪长度

站坪长度 L_z 是指车站一端最外侧道岔基本轨端部到另一端最外侧道岔基本轨端部间满足有效长度设置所需的最小长度，由远期到发线有效长度 L_{yx} 和两端道岔咽喉区长度 L_{yh} 决定，如图 4-4-5 所示。站坪长度不包括站坪两端竖曲线的切线长度。

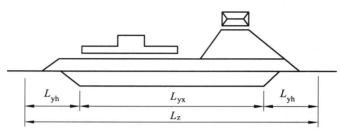

图 4-4-5　站坪长度示意

因为列车运行速度越来越高，曲线半径相应增大，一旦站坪长度不足，车站向外延伸将引起较大工程，因此，站坪长度应根据正线数目、车站类别、车站股道布置形式和远期到发线有效长度等条件确定。车站类别不同，股道数量不同，则站坪两端咽喉区长度不同；股道布置形式和到发线有效长度则用于决定站坪中段的长度。站坪长度一般可采用不小于表 4-4-2 所列数值。

表 4-4-2　站坪长度　　　　　　　　　　单位：m

车站种类	车站布置形式	路段设计速度 /（km/h）	远期到发线有效长度						
			1 050		850		750		650
			单线	双线	单线	双线	单线	双线	单线
中间站	横列式	200	—	2 150（2 600）	—	1 950（2 400）	—	1 850（2 300）	—
		≤160	1 550	2 050	1 350	1 850	1 250	1 750	1 150
会让站、越行站	横列式	200	—	1 750（2 200）	—	1 550（2 000）	—	1 450（1 900）	—
		≤160	1 400	1 700	1 200	1 500	1 100	1 400	1 000

注：① 表中不带括号的数值为正线上按 12 号道岔布置时的数值，带括号的数值为正线上按 18 号道岔布置时的数值。
　　② 如有其他铁路接轨或采用其他站型时，站坪长度应根据需要计算确定。
　　③ 多机牵引时，站坪长度应根据机车数量及长度计算确定。
　　④ 中间站、会让站与越行站的站坪长度，路段旅客列车设计速度为 200 km/h 时，越行站、双线中间站正线上道岔采用 18 号或 12 号，旅客列车进路上的其他道岔采用 12 号确定；路段旅客列车设计速度为 160 km/h 及以下时，正线及旅客列车进路上的道岔采用 12 号确定；当采用其他型号道岔时应另行计算确定。
　　⑤ 编组站、区段站、复杂中间站（组合分解站）等的站坪长度可按实际需要计算确定。
　　⑥ 远期到发线有效长度大于 1 050 m 的站坪长度应计算确定。

（二）站坪地段线路平面设计要求

车站设在曲线上时，在运营过程中站内瞭望视线不良，使接发列车、调车和列检作业条件复杂化，不仅增加传递信号的时间、降低效率，有时还可能误认信号，影响作业安全。另外，在列车起动时，也增加了其曲线附加阻力。因此，为了作业安全和方便，站坪应设在直线上。但受地形条件限制，设在直线上会引起大量工程，在特殊困难条件下，允许将站坪设在曲线上，但应采用较小的偏角，高速铁路和城际铁路曲线半径不应小于 600 m，客货共线铁路与重载铁路应满足表 4-4-3 规定。

表 4-4-3　站坪平面最小圆曲线半径　　　　　　　　　　　单位：m

路段旅客列车设计行车速度/（km/h）				200	160	120	100	80
最小圆曲线半径	区段站			2 000	1 600	800		
	中间站、会让站、越行站	工程条件	一般	3 500	2 000	1 200	800	600
			困难	2 800	1 600	800	600	

横列式车站不应设在反向曲线上，否则会恶化瞭望条件，降低效率，影响作业安全。纵列式车站如设在反向曲线上，则在每一运行方向的到发线有效长度范围内，不应有反向曲线。

车站咽喉区范围内有较多道岔。道岔设在曲线上有严重缺点，如尖轨不密贴且磨耗严重，道岔导曲线和直线部分不好联结，轨距复杂不好养护，列车通过摇晃厉害且易脱轨，曲线道岔又需特别设计和制造。所以车站咽喉的正线应设在直线上。

（三）站坪地段线路纵断面设计要求

1. 到发线及咽喉地段

站坪地段纵断面设计主要考虑列车进站能够安全停车，列车停车后能够起动，车辆不会自行溜逸和站内作业安全等条件。为了满足上述条件，站坪地段的线路纵断面设计应满足以下条件：

（1）到发线有效长度范围的正线宜设计为平坡。困难条件下，可设计为不大于 1‰ 的坡度，地下车站不得大于 2‰；特殊困难条件下，有充分技术经济依据时，会让站、越行站可设计为不大于 6‰ 的坡度，但不应连续设置。改建车站在特殊困难条件下，如有充分技术经济依据，可保留既有坡度，但应采取防溜安全措施。图 4-4-6（a）、（b）所示分别为车站设置在平坡和上下坡时的纵断面图式。

（2）车站咽喉区的正线坡度，宜与到发线有效长度范围内的坡度相同。特殊困难条件下，咽喉区的正线坡度不应大于限制坡度减 2‰，区段站、客运站咽喉区的正线坡度不应大于 2.5‰，中间站咽喉区的正线坡度不宜大于 6‰，会让站、越行站咽喉区的正线坡度不应大于 10‰，并满足车站技术作业要求。

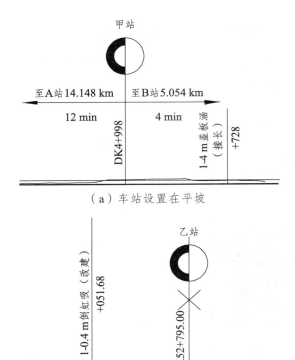

（a）车站设置在平坡

（b）已关闭车站设置在上下坡

图 4-4-6　车站地段的纵断面设计

（3）咽喉区外的道岔和渡线的坡度不应大于限制坡度。

（4）改建车站的咽喉区，在特殊困难条件下，有充分技术经济依据时，可设计为不大于限制坡度或双机牵引坡度的坡道，但区段站和中间站、会让站、越行站咽喉区的坡度分别不得大于 4‰ 和 15‰，并满足车站技术作业要求。

（5）车站的站坪坡度均应保证列车的起动。

2. 旅客乘降所

设在区间的旅客乘降所，宜设在比较平缓的坡道上，以利于旅客列车的停车、起动和加速。困难条件下可设在不大于 8‰ 的坡道上。特殊困难条件下，有充分的经济技术依据，经行车检算，能保证旅客列车停车、起动和加速的要求，可设在大于 8‰ 的坡道上。

3. 线路所

高速铁路、城际铁路设在区间的线路所，宜设在比较平缓的坡道上，以利于列车的停车、起动和加速，防止道岔爬行。结合多年来工程实践经验，规定线路所正线坡度一般不宜大于 15‰，困难条件下不应大于 20‰。特殊情况如布设有大号码道岔、道岔位于桥梁上时，正线坡度应进行技术论证分析确定，要满足道岔稳定性要求，保证行车安全。

（四）站坪两端的线路平面和纵断面

1. 竖曲线和缓和曲线不应伸入站坪

在纵断面上，竖曲线不应伸入站坪。站坪端点至站坪外变坡点的距离不应小于竖曲线的切线长度 T_{SH}，如图 4-4-7 右端所示。

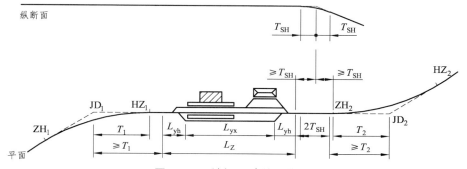

图 4-4-7　站坪两端的平纵面

在平面上，缓和曲线不应伸入站坪。站坪端点至站坪外曲线交点的距离不应小于曲线的切线长度 T_1，如图 4-4-7 左端所示。

若站坪两端的线路，在平面上有曲线，在纵断面上有竖曲线，则应考虑竖曲线不与缓和曲线重叠的要求，如图 4-4-7 右端所示，曲线交点距站坪端点的距离不应小于 $2T_{SH} + T_2$。

由于车站咽喉区道岔直向行车速度较高，道岔（直向）端部与曲线之间设有一定长度的直线段过渡，可减少列车通过时产生的振动和摇晃。按照车辆振动不叠加理论，经过计算、仿真实验和工程实践经验，《线规》规定：车站咽喉区两端最外道岔及其他单独道岔（直向）至曲线超高顺坡终点之间的直线长度，当路段设计速度为 200 km/h 时，不宜小于 80 m；困难条件下，不应小于 30 m。当路段设计速度小于 200 km/h 且大于或等于 120 km/h 时，不宜小于 40 m；困难条件下，不应小于 25 m。低于上述速度的其他线路不应小于 20 m。

【**案例 4-4-1**】　判定竖岔是否重合

某铁路，设计速度 160 km/h，远期到发线长 1 050 m，A 站站坪长度为 $L_z = 1\,450$ m，限制坡度为 $i_x = 6‰$，近期货物列车长 $L_L = 800$ m，判断图 4-4-8 纵断面设计是否符合要求？

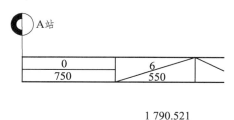

图 4-4-8　车站地段平面和纵断面

【解】

（1）计算竖曲线切线长 $T_{sh} = 7.5\Delta i = 7.5 \times |(0-6)| = 45$ (m)。

（2）由纵断面图可知，变坡点与车站咽喉道岔的距离 $=750 - L_L/2 = 750 - 1\,450/2 = 25$ (m)。

（3）变坡点与车站咽喉道岔的距离 25 m < 45 m，竖岔重合，纵断面设计不符合要求。

2. 进站起动缓坡

列车不正点到达车站，或车站作业延误，车站设备临时性故障、线路不空闲，咽喉被占用等，往往造成进站列车在进站信号机前方临时停车。为使上坡进站的列车停车后能顺利起动，需在进站信号机前方设置起动缓坡。检算表明：电力牵引时，在限制坡度上均可起动；内燃牵引时，在平缓限制坡道上，列车起动困难。故《线规》规定：限制坡度小于或等于 6‰ 的内燃牵引铁路，编组站、区段站和接轨站进站信号机前的线路坡度不能保证货物列车顺利起动时，应设置起动缓坡，除地形困难者外，其他车站也宜设置。

3. 出站加速缓坡

车站前方有长大上坡道时，为使列车出站后能较快加速，缩短运行时分，在地形条件允许时，宜在站坪外上坡端设计一段坡度较缓的坡段，这种缓坡称为出站加速缓坡。

计算表明，内燃机车的起动牵引力较大且计算速度较低，一般在站坪范围内即可加速到计算速度，不需要设置加速缓坡。电力机车因计算速度高，所以在站前为限制坡道上坡的不利情况下，通常需要设置加速缓坡。

4. 站坪与区间纵断面的配合

地形条件允许时，站坪尽可能设在两端坡度较缓、升高不大的凸形纵断面顶部，以利于列车进站减速和出站加速，如图 4-3-20 所示。

【技能训练】

【4-4-1】 新建 I 级电气化铁路，远期到发线有效长 1 050 m，最大设计速度 120 km/h，竖曲线半径 15 000 m，限制坡度 6‰，近期货物列车长 800 m，工程条件一般，设计图如 4-4-9 所示。请找出图中错误并更正。

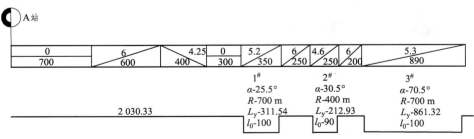

图 4-4-9　纵断面设计图中线路平面和坡度设计栏

任务五
线路标志识别

为满足行车和线路养护维修等工作的需要，在铁路沿线设有很多用来表明铁路建筑物及设备位置和线路技术状态的标志，这些标志称为线路标志。本教学任务主要介绍各种不同类型线路标志设置的要求和识别方法。

【任务分析】

具体任务	具体要求
● 识别各种线路标志	➤ 能区分不同类型线路标志。

【相关知识】

常见的线路标志有公里标、半公里标、曲线标、圆曲线和缓和曲线始终点标、坡度标、桥梁标、隧道标、管界标等。

一、公里标、半公里标

公里标、半公里标，如图 4-5-1 所示，用来表明铁路线路的计算里程。设在一条线路自起点计算每一整公里、半公里处。高速铁路中，在有接触网支柱的地段设置在距实际位置最近的接触网支柱上，在站内无接触网支柱的地段按标准式样标在站台侧面，在桥梁地段可设置在防撞墙上，在隧道地段应设置在边墙上。其实际位置应在钢轨轨腰或无砟轨道底座上标注。

图 4-5-1　公里标、半公里标

二、曲线标

曲线标，如图 4-5-2 所示，为曲线的技术参数，其上面标有曲线的有关要素（曲线长度、缓和曲线长度、曲线半径、超高、加宽），设在线路某条曲线的中点处。

图 4-5-2　曲线标

三、圆曲线和缓和曲线始终点标

圆曲线和缓和曲线始终点标，如图 4-5-3 所示，设在直线进入缓和曲线、缓和曲线进入圆曲线、圆曲线进入缓和曲线、缓和曲线进入直线的各点之处。标志上分别写明缓圆、圆缓或直缓、缓直字样，标明所向方向或为直线，或为缓和曲线，或为圆曲线。其在车站内的安设要求同公里标，在桥梁上用木板或铁板写好挂在人行道栏杆上，在隧道内用油漆写于隧道边墙上。

图 4-5-3　圆曲线和缓和曲线始终点标

四、坡度标

坡度标，如图 4-5-4 所示，设在线路坡度的变坡点处，两侧各标明其所向方向的上、下坡值及其长度。水平线表示坡度为 0，箭头朝上表示上坡，朝下表示下坡。箭头后面的数字示坡度值，以千分率表示，下面的数值表示坡度的长度，以米为单位。

图 4-5-4　坡度标

五、桥梁标

桥梁标，设在桥梁中心里程（或桥头）处，标明桥梁编号和中心里程，如图 4-5-5 所示。

图 4-5-5　桥梁标

六、隧道标

隧道（明洞）标，直接标注在隧道（明洞）两端洞门端墙上，标明隧道号或名称、中心里程和长度，如图 4-5-6 所示。

图 4-5-6　隧道标

七、管界标

管界标，如图 4-5-7 所示，设在铁路局、工务段、车间、养路工区、供电段、电力段的管辖地段的分界点处，线路计算里程方向左侧距轨头外侧不小于2 m 处，两侧标明所向的单位名称。

图 4-5-7　管界标

以上线路标志除作特殊说明者外，均应设在其内侧距线路中心线不小于3.1 m 处。线路标志按计算里程方向设在线路左侧。双线区段须另设线路标志时，应设在列车运行方向左侧。

【技能训练】

【4-5-1】　常见的线路标志有哪些？

任务六
线路平纵断面设计资料识读

【任务描述】

线路平面图和纵断面图是铁路设计的基本文件，在各个设计阶段有着不同的要求和标准。线路平面图能全面、清晰地反映铁路平面位置和经过地区的地形、地物等，纵断面图能反映线路的空间位置和线路中线所经过地区的地面起伏变化情况。线路平面图和纵断面图是设计人员设计意图的重要体现，在铁路工程项目中对指导施工和线路维护等方面都有重要作用。本教学任务主要解决如何绘制和识读线路平纵断面设计资料的问题。

【任务分析】

具体任务	具体要求
● 识读图纸基本信息	➤ 能根据比例尺、图例、设计说明、技术标准获取图纸基本信息；
● 识读线路平面设计资料	➤ 能识读并绘制（编写）区间线路平面设计资料；
● 识读线路纵断面设计资料	➤ 能识读并绘制（编写）区间线路纵断面设计资料。

【相关知识】

一、识读图纸基本信息

（一）比例尺

不同设计阶段的平纵断面图其比例尺、项目内容及详细程度各不相同。其编制的标准格式和要求可参考铁道部通用图《铁路线路图式》［壹线（2001）0006］。

预可行性研究阶段平面图的比例尺为 1∶10 000～1∶50 000；初步设计、施工图设计阶段为 1∶2 000 或 1∶5 000。初步设计和施工图设计编制的详细纵断面图比例为横 1∶10 000、竖 1∶500 或 1∶1 000。

（二）图　例

地面上的实物种类繁多，不可能完全按实物形状绘制在平纵断面图纸上，必须把它们加以分类、归纳，并根据它们的特征，设计和制定出各种不同大小、粗细、颜色的点、线图形以表示特定的地物、地形、地质等实物，这些线条和图形叫作图例。此外，图例中还需要一些文字、数字对要表示的实物进行描述。常用的铁路平纵断面图中的图例见图 4-6-1 所示。

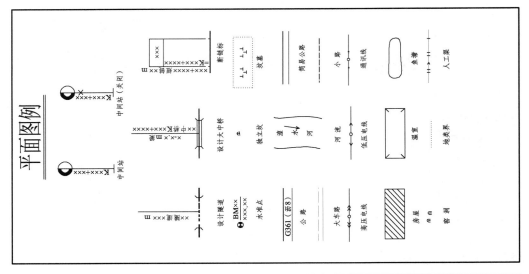

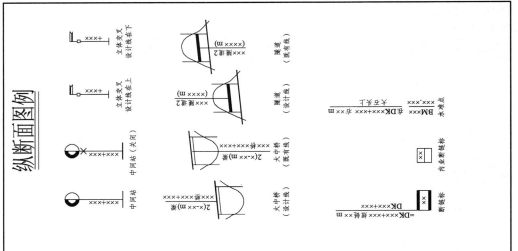

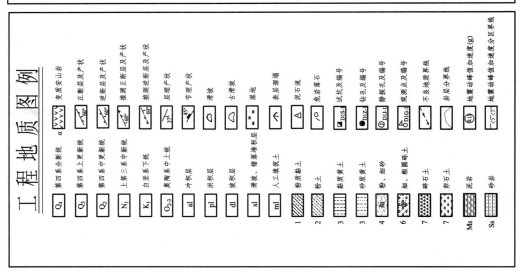

图 4-6-1 平纵断面中常用的图例

（三）设计说明

图纸设计说明一般包括工程概况、平面和高程系统、勘测时间、设计依据、平纵断面施工说明等内容，是图纸的重要组成部分。

（四）技术标准

在纵断面图纸中（一般在起始里程一侧的上方）会列表注明设计线主要技术标准。

（五）图纸会签

为了确认各相关专业的设计与本专业设计有无干扰，确认各相关专业的设计是否满足本专业所提的要求，预防"错、漏、碰、缺"现象的发生，使各专业协调一致，确保工程设计的总体质量，图纸在晒发归档前均要会签，如图 4-6-2 所示。

设 计 者	签名	签字日期	设 计 单 位 名 称	
复 核 者			项目名称	
专业设计负责人				
所技术负责人			工程名称	
项目负责人			图纸类别、设计阶段	
院总(副总)工程师			档案号	页码

图 4-6-2　图纸会签

二、识读线路平面设计资料

某线路平面图如图 4-6-3 所示。在有初测导线和经纬距的大比例带状地形图上，设计出线路平面和标出有关资料的平面图，是平面设计资料的重要组成部分，主要包括以下要素。

1. 线路中线的展绘

线路平面图应标注设计起终点里程、方案名称、接线关系。里程标注应在整公里和百米位置处标注线路公里标和百米标。里程桩号写在垂直于线路中线的短线上，里程从左向右或由右向左增加时，字头均朝向图纸左边。公里标应注写各设计阶段代号，可行性研究为 AK，初测为 CK，定测为 DK，既有线为 K 等。非整公里处桩号的公里数可省略。两方案或两测量队衔接处，应在图上注明断链和断高关系。新建双线应绘制左、右线并标注左线里程，注明右线绕行起终点里程关系（如 DzK，DyK）、绕行线里程、段落编号和断链。线间距变换处应标注设计线间距数值。如图 4-6-4 所示。

知识拓展——断链

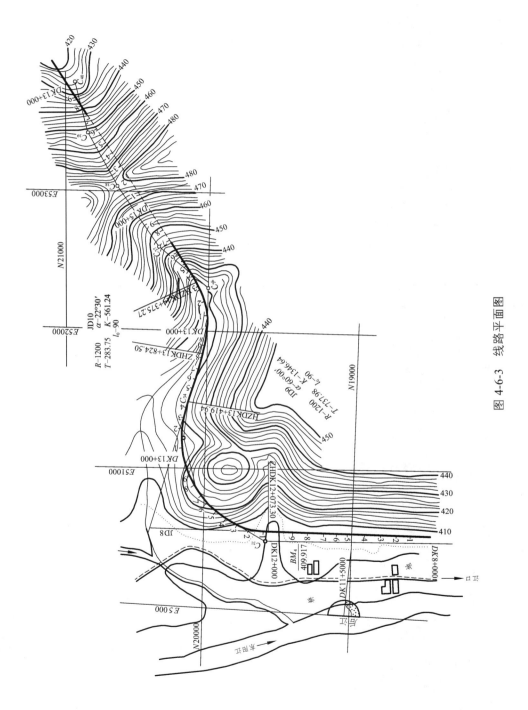

图 4-6-3　线路平面图

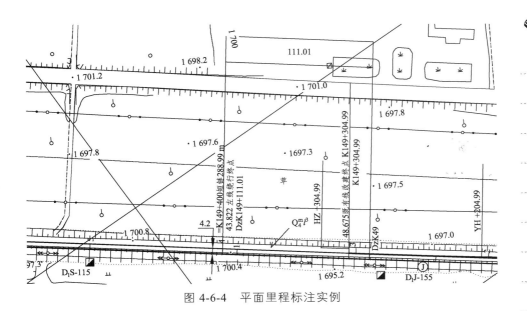

图 4-6-4　平面里程标注实例

2. 曲线要素及其起终点里程

设计时，当比例尺 ≥1∶10 000 时，应绘制曲线交点，并应标注交点编号。定测放线时，应绘制曲线控制桩（曲线起讫点），并应分别编号。曲线控制桩标注应垂直于线路中心线引出，并应标注符号和里程。

新建单线铁路曲线要素应标注在曲线内侧。新建双线或预留第二线铁路，曲线要素应按左线、右线分别标注，左线标注在左侧，右线标注在右侧适当的位置。内业断链标注在曲线要素下方。

曲线交点应标明曲线编号，曲线转角应加脚注 Z 或 Y，表示左转角或右转角。曲线要素应平行于线路写于曲线内侧。曲线起点 ZH 和终点 HZ 的里程，应垂直于线路写在曲线内侧。如图 4-6-5 所示。

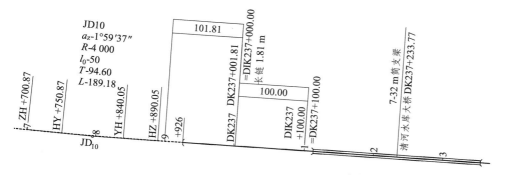

图 4-6-5　曲线要素及主要建筑物标注实例

3. 线路上各主要建筑物

沿线的车站、大中桥、隧道、平立交道口等建筑物，应以规定图例符号表示，并注明里程、类型和大小。如有改移公路、河道时，应绘出其中线。

4. 初测导线和水准基点

平面图应绘制初测导线，导线应标注导线点编号、里程、高程及导线的方位角或方向角，导线点符号为 C，脚注为导线点编号。图中还应绘出水准基点的位置、编号及高程，其符号为 BM。

平面设计资料除平面图外常见的还包括平面设计技术指标表、线间距表、曲线表等资料。表 4-6-1 所示为新建铁路平面曲线参数。

表 4-6-1　新建××铁路线路平面曲线参数

交点号 JD	曲线里程		偏角		曲线半径 R/m	前缓和曲线长度 l/m	后缓和曲线长度 l/m	前切线长度 T/m	后切线长度 T/m	曲线长度 L/m	夹直线长度/m	备注
	起点 ZH 或 ZY	终点 HZ 或 YZ	左 α_z	右 α_y								
右 JD$_{33}$	DK38 + 213.15	DK38 + 484.12	1°35′35″		8 004.30	50	50	135.55	135.55	271.09	1 808.97	100.12
右 JD$_{33}$	DK38 + 618.97	DK38 + 891.52		1°35′35″	8 000.00	50	50	136.22	136.22	272.42	134.72	99.87
右 JD$_{34}$	DK40 + 914.02	DK43 + 464.78		45°46′34″	3 000.00	150	150	1 341.64	1 341.64	2 546.83	2 022.50	96.07
右 JD$_{35}$	DK43 + 505.60	DK44 + 554.20	16°35′20″		3 004.30	180	180	528.05	528.05	1 049.84	140.61	101.25
右 JD$_{36}$	DK50 + 457.68	DK50 + 833.08	2°43′31″		600.430	90	90	187.83	187.83	375.61	5 903.48	100.20

三、识读纵断面设计资料

新建铁路纵断面设计资料主要为线路详细纵断面图，如图 4-6-6 所示。

1. 详细纵断面图的内容

详细纵断面图，横向表示线路长度，竖向表示高程。

图中应标注主要技术标准、设计起终点里程、一次施工地段和第二线绕行地段的起终点里程、接线关系和断链。图幅上部应绘制图样，下部绘制纵断面栏。图中应标注断链关系及水准点编号、高程、所在位置。详细纵断面图宜绘制地质图形符号。

新建双线的纵断面应按左线连续绘制。预留第二线的纵断面图应按第一线连续绘制。绕行地段和两线并行不等高地段应绘制辅助纵断面图。

2. 纵断面栏目

纵断面栏目的内容及格式尺寸应根据建设项目的类别及设计阶段确定。该部分内容标注在图的下方。自下而上的顺序为：

（1）连续里程。一般以线路起点、车站的旅客站房中心线处为零起算，在整公里处注明里程。

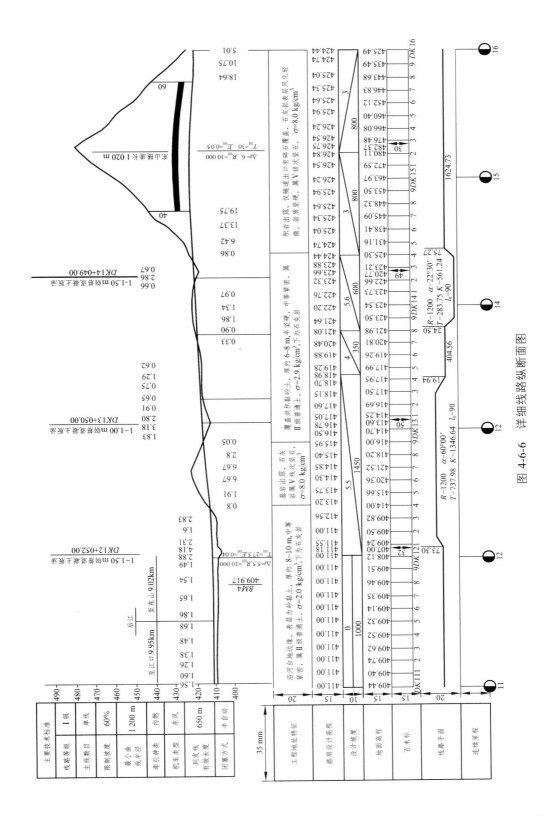

图 4-6-6　详细线路路纵断面图

（2）线路平面。它是表示线路平面的示意图。线路平面曲线使用凸起或凹下的折线绘制。凸起部分表示右转曲线，凹下部分表示左转曲线。凸起与凹下部分的转折点依次为 ZH、HY、YH、HZ 点。在 ZH 和 HZ 点处要注上距前一百米标的距离。曲线要素注于曲线内侧。两相邻曲线间的水平线为直线段，要标注其长度。

【课堂训练 4-6-1】 绘制线路平面示意图
在图 4-6-7 中绘制图 4-2-19 的线路平面示意图。

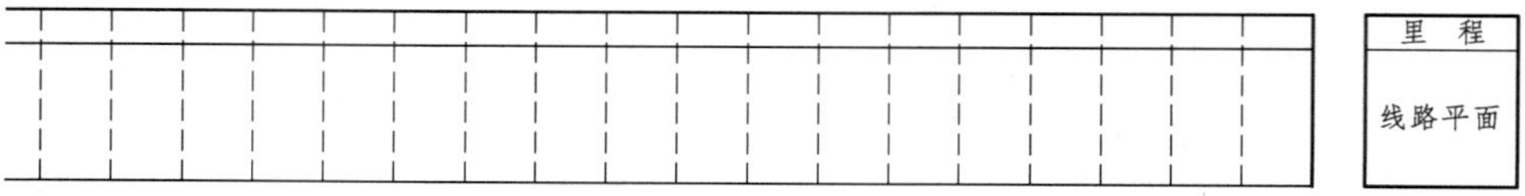

图 4-6-7 线路纵断面设计图中的里程和线路平面

（3）百米标与加标。在整百米标处标注百米标数，为了在纵断面图中体现地形变化的特征点，往往还要加设加标，加标处应标注距前一百米的距离。

（4）地面高程。填写各百米标和加标处的地面高程。在地形图上用内插法读取高程时，精度为十分之一的等高线距；外业可通过水准测量测得地面高程，精度为 0.01 m。

（5）设计坡度。按纵断面设计的要求确定坡度、坡段长度和变坡点位置，如图 4-6-11 所示。向上或向下的斜线分别表示上坡道或下坡道，水平线表示平坡道。线上数字表示坡度的千分数（一般保留 1 位小数），线下数字表示坡段长度（m）。

设计坡度是纵断面设计的关键。设计时应综合考虑安全、运营、经济等因素。

（6）路肩设计高程。计算各个变坡点的竖曲线纵距，在图上应标出各变坡点、百米标和加标处的路肩设计高程，精度为 0.01 m。

【课堂训练 4-6-2】 计算路肩设计高程
计算图 4-6-8 所示各里程点的路肩设计高程（考虑竖曲线）。

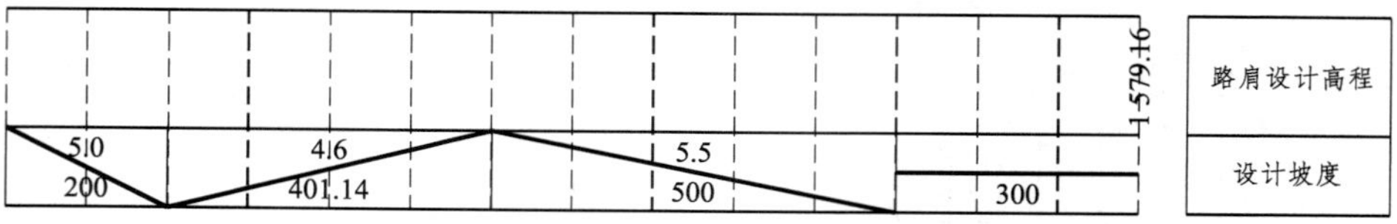

图 4-6-8 纵断面设计图中的设计坡度和路肩设计高程栏

（7）双线铁路并行地段还要标出线间距。

（8）工程地质特征。扼要填写沿线各路段重大不良地质现象、主要地层构造、岩性特征、水文地质等情况，如图4-6-9所示。

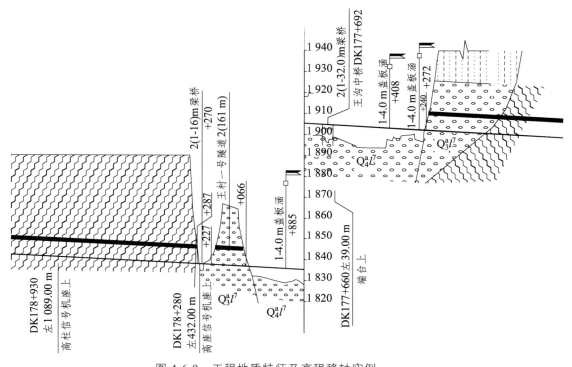

图4-6-9　工程地质特征及高程移轴实例

3. 纵断面图样

纵断面图样绘于图的上方，表示线路纵断面概貌和沿线建筑物特征。图样中应绘制设计坡度线和地面线，如图4-6-9所示。图中细线表示地面线，粗线表示设计坡度线（路肩高程）。

纵断面示意图的左方，应标注线路的主要技术标准。

在纵断面起点和高程变化处要绘制高程标尺，如图4-6-9所示。

车站符号的左、右侧，应写上距前、后车站的距离和前、后区间的往返走行时分。设计坡度线的上方，要求标出线路各主要建筑物的名称、里程、类型和大小及断链标和水准基点标的位置和数据，见图4-6-10、图4-6-11。

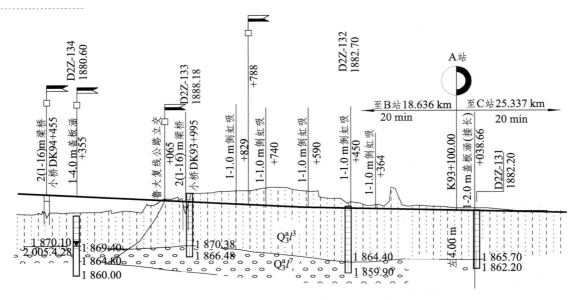

图 4-6-10　线路各主要建筑物的标注实例

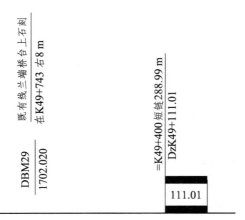

图 4-6-11　断链和水准基点标注实例

　　纵断面设计资料除纵断面图外，常见的还包括纵断面设计技术指标表和坡度表等资料。表 4-6-2 所示为新建铁路纵断面设计坡度。

表 4-6-2　新建××铁路纵断面坡度

里　　　程	高度	距离	坡度 ‰			竖曲线资料	附　　注
	m	m	上	平	下	m	
DK68+150	17.56						
		950	1				
军专 DK69+100	18.51						
		900	2				
军专 DK70+000	20.31					R-5000 T-14.000 E-0.0196 L-28.000	
		777.58			3.6		
军专 DK47+800	17.51					R-5000 T-33.497 E-0.1122 L-66.993	改军专 DK70+577.58＝改军专 DK47+600.00 长链 22 977.58 m
		300			17.00		
军专 DK48+100	12.41						

以上平纵断面图设计成果均可通过专业的平纵断面选线设计软件一次成图并作方案比选，无软件时可利用 Excel 表格配合 CAD 辅助计算和绘图。

【技能训练】

【4-6-1】　根据所学知识，参考相应规范标准，完成纵断面设计。

知识拓展——利用 Excel 表格配合 CAD 辅助计算和绘图

纵断面设计资料

任务七
横断面设计与图纸识读

路基横断面设计是线路设计中的重要组成部分，路基横断面设计主要包括路基高程（高度）、路基面宽度和边坡坡度三个要素的确定。路基标准横断面图的识读就是要能判读路基横断面图的几何尺寸、各结构物的组成及技术要求。

【任务分析】

具体任务	具体要求
● 路基横断面设计	➤ 掌握路基横断面设计的内容及要点；
● 路基标准横断面识图	➤ 能够识读标准横断面图的有关内容。

【相关知识】

【技能训练】

相关知识——
横断面设计与
图纸识读

【4-7-1】识读图 4-7-1 所示路基横断面设计图。

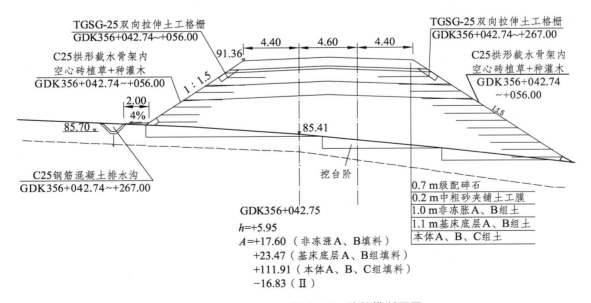

图 4-7-1 路基横断面图

项目五

铁路定线及方案比选

 项目描述

　　铁路定线，就是在地形图或地面上选定线路的方向，确定线路的空间位置。通过定线，决定各有关设备与建筑物（如路基、桥梁、涵洞、隧道、车站、机务段）的分布和类型。定线位置直接关系到这些设备与建筑物建造时所耗费的资金、材料以及占用土地的情况，甚至会影响到线路后期的运营和维护。

　　铁路定线既要有利于将来线路的运营维护，又要尽可能地节约资金，同时要考虑当前的施工技术条件。要实现设计目标，可能有多个方案，此时就需要做方案比选。

　　本项目就是解决如何定线以及如何做方案比选的问题。

 拟实现的教学目标

1. 能力目标

- 能深刻理解定线的基本原则，并在识读铁路线路平纵断面图时，理解设计意图；
- 能理解主要自然条件下的定线原则，并在阅读设计说明书时领会设计意图；
- 能理解复杂地质条件下定线时考虑的因素，并在阅读相关专业文献时理解作者观点；
- 能理解方案技术经济比较的基础数据，并能对简单的方案比选作出判断。

2. 知识目标

- 了解铁路选线的基本原则；
- 理解主要自然条件下的定线原则；
- 掌握定线的基本方法；
- 知道常用经济评价方法。

3. 素质目标

- 具有严谨求实的工作作风；
- 具备团结协作精神；
- 具备安全环保意识。

任务一
铁路定线

【任务描述】

铁路是为了满足运输需求而修建的系统工程。铁路定线，就是确定线路经过哪些地区，并从技术、经济等多个方面综合考虑，合理选定经过这些地区的具体空间位置。本任务主要解决铁路定线的基本方法和主要自然条件下、复杂地质条件下的定线问题。

【任务分析】

具体任务	具体要求
● 铁路定线的基本方法 ● 主要自然条件下的定线 ● 桥涵、隧道及铁路交叉地段的定线	➢ 了解铁路选线设计应遵循的原则、掌握定线的方法； ➢ 理解主要自然条件下定线时要考虑的因素； ➢ 理解桥涵、隧道及铁路交叉地段定线时要考虑的因素。

【相关知识】

一、铁路选线设计的原则

选定铁路线路的基本走向是铁路线路设计中最根本的问题。线路走向是否合理不仅直接关系到铁路本身的工程投资和运输效率，更重要的是影响设计线在铁路网中所发挥的作用，即是否满足国家政治、经济、国防的要求和长远利益。

铁路选线设计应遵循下列原则：

（1）符合综合交通网、铁路网等相关规划要求。

（2）行经主要城市和重要城镇，与城镇化发展和产业布局相协调。

（3）与城市总体规划、其他交通方式衔接顺畅，利于铁路沿线土地综合开发。

（4）符合环境保护、水土保持、防灾减灾、土地节约、文物保护及社会稳定的要求。

（5）铁路宜与其他交通方式共用走廊，减少土地分割，节约集约用地。城区地段应结合城市功能分区、景观要求、环境影响等因素合理选择线路敷设方式。

（6）结合地形、水文和工程地质条件，绕避各类不良地质体，合理确定工程类型和工程处理措施，保障工程及运营安全。

（7）充分考虑既有公（道）路、建（构）筑物、高压电力走廊等设施的影响，减少迁改工程量。

（8）满足易燃易爆、放射性物品等危险品的安全间距和安全防护要求。

（9）符合军事设施和国防要求。

（10）积极采用铁路选线设计的新技术、新方法、新手段。

在设计线起讫点间，因城市位置、资源分布、工农业布局和自然条件等具体情况的不同，常有许多可供选择的重要城镇或交通中心，这些设计线必须经过的点称为"经济据点"或"交通中心点"。把这些点连接成折线，就是设计线若干可供选择的线路走向方案。由路网规划和国民经济规划确定的设计线必须经由的"据点"所连折线称为设计线的基本走向。在两个据点之间由于自然条件变化，线路通常有许多不同的走法。如图 5-1-1 所示，若将线路起讫点和必须经过的城市 A、B、C 直接连接，则线路必须多次跨越大河，穿越较高的山岭和不良地质地段，不仅投资多，而且线路质量差、隐患大。为了降低工程造价，节约运营支出和消除隐患，可根据自然条件选择有利地点通过，如特大桥或复杂大桥的合适桥址 D 和 E，绕避不良地质的 F 和 G、垭口 H 和 I，这些点称为控制点。这样，据点 A、B 之间就有两个可能走向，即 $ADFB$ 和 $AGEB$；而据点 B、C 间也有 BHC 和 BIC 两个可能走向。这些走向线统称为航空折线。选线的基本任务之一，就是从中选出最合理的方案作为进一步设计的依据。

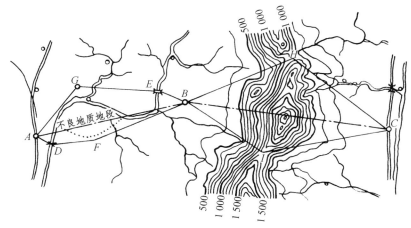

图 5-1-1　线路走向的拟定

二、影响线路走向的主要因素

1. 设计线的意义及与行经地区其他建设的配合

干线铁路的线路走向应力求顺直，以缩短直通客货运输距离和时间。地方意义的铁路，则宜于靠近城镇和工矿区，以满足当地客货运输的需要。走向的选择还应与路网规划及行经地区其他建设项目协调配合。要根据客货流向选好接轨站，力争减少折角运输。要有利于规划的干线或支线引入。要考虑与地区其他交通体系的合理衔接，并应满足国防要求。当线路经过较大城市时，线路走向和车站位置必须密切配合城市规划。

2. 设计线的经济效益和运量要求

选择线路走向应尽可能为更多的工矿基地和经济中心服务，既能加速地区国民经济的发展，又能使铁路扩大运量，增加运输收入，争取较高的经济效益。

3. 自然条件

地形地质水文、气象等自然条件决定线路的工程难易程度和运营质量，对选择线路走向有直接的影响。对于严重不良地质地区、缺水地区、高烈度地震区以及高大山岭、困难峡谷等自然障碍，选线时宜考虑绕避。

4. 设计线主要技术标准和施工条件

设计线的主要技术标准在一定程度上影响线路走向的选择，同样的运输任务，采用大功率机车，则可以采用较大的最大坡度值，使线路有可能更靠近短直方向。

施工期限、施工技术水平等，对困难山区的线路方向选择具有重大影响，有时甚至成为决定性的因素。如成昆线沙马拉达隧道方案的选定，主要原因是当时工期紧迫，又缺乏特长隧道的施工技术和经验，不得不放弃其他技术经济指标较好的长隧道方案。

上述各项因素互为影响，应整体考虑才能得到较理想的线路走向。

三、线路走向选择要点

铁路线路走向是一条连接重要政治、经济中心点的折线。走向选择的关键是选定各级重要控制点，即"经济据点"。由于线路从一个经济据点引向下一个经济据点，往往需跨越山脉、江河等自然障碍，因此不同的地形、江河跨越点，也会影响线路走向的选择。

1. 运输性质与运量的影响

运输性质是指直达运输、地方运输和客货运比重等。一条铁路线如以直达运输为主，则线路力求短直，以减少运输费用；如以地方运输为主，则线路应尽量通过产生客、货运量的各个基地。客运量很大的铁路，重点要放在满足客运需要和提高行车速度方面；货运量大的，则应选择运营指标高且运输成本低的平、直、短的线路方案。因此，线路走向的选择与经济运量的调查预测关系很大。

运量偏大影响到线路技术标准和设备规模，影响到线路方案比选的真实性。

2. 通过重要城镇的选定

线路走向的选定，不仅是铁路自身的问题，同时也是地区国民经济发展的组成部分。它既连接国家的政治、经济、国防和文化中心，也连接着城乡、工矿和港口。因此，一条铁路干线，一般都应尽量通过较大城镇。

3. 通过工矿点的选定

设计线吸引范围内如有大的工矿企业点时，如何合理地连接各个工矿企业据点，使其与铁路线路走向相结合，也是选定线路走向的重要影响因素。以成昆铁路为例，西线虽建筑里程长，造价高，工程艰巨，但线路经行地区矿产资源丰富，适应钢铁基地及工业布局需要，经济据点多，吸引范围广，又通过少数民族地区，且地理位置适宜，有利于干、支线接入，发挥其在路网中的骨干作用，故确定采用西线方案。

4. 接轨站的选择

设计线与既有线的接轨方案是影响线路走向的重要因素，它关系到路网规划、运输效率、工程投资等一系列主要问题。接轨方案与线路走向相互影响，设计时应综合考虑。接轨点的选择要尽量与设计线的基本方向一致，避免因地形、地质、河流等不同自然条件的差异，直接影响铁路工程投资。选线设计中接轨站的选择主要是解决接轨点的选择和接轨方向的选择两个问题。

5. 交通走廊的选择

经济发达地区城市建设已具规模，各种人工建筑密集，交通设施纵横交错，线路走向应与城市规划相配合，尽可能沿交通走廊布线，以便与其他交通设施共用空间，减少拆迁和征地。在经济发达地区，中心城市之间通常已形成或规划了多个交通走廊，交通走廊的选择应与车站分布、控制点引线、路网连接等因素相配合。

6. 中间站站址的选择

在设计线起终点和重要据点之间，分布有大量的中间站。中间站站址的选择往往成为影响线路局部走向的重要因素。

高速铁路中间站站址选择对线路走向的影响明显。高速铁路中间站分布广泛，吸引沿线大量客流，是高速铁路直接为地方服务、方便旅客、服务于地方经济建设的重要窗口。高速铁路中间站是沿线的经济据点，是高速铁路选线的控制点。为了有利于吸引客流，高速客运专线一般沿城市布线。因此，一般情况下都是先有站址方案，再选择站址之间的具体线路走向。但中间站的具体位置需考虑吸引客流、工程条件、城市发展等诸多方面的因素，一般都要经过多方案比选。

铁路线路走向选择与铁路车站的分布和选址关系非常密切，选线中应点、线结合，通过多因素比选确定合理的中间站分布与选址方案。

7. 长大复杂桥址选定

长大复杂桥址，原则上应选在河流顺直、河床稳定、冲刷和淤积较少、浅滩不多和地质较好的河段，并力求线路垂直跨越河流。这类桥址常常作为线路控制点，线路方向一般要服从这些控制工程的要求。

8. 沿河越岭线位的选定

山区铁路一般都是从一条河的流域跨过分水岭进入另一条河的流域，因此越岭选线与河谷选择是山区选线的两个重要组成部分。在线路基本走向的主要据点之间，不同的越岭线位往往导致线路局部走向的不同，选线时，应在对所有可能的垭口、河谷进行同精度比较的基础上，确定重要据点间的线路局部走向。

9. 地质条件的影响

线路方向的选定与沿线地质条件的关系密切。我国幅员辽阔，不同地区有截然不同的地质情况，当遇到有危害线路的严重不良地质地段，如滑坡、岩堆、崩塌、泥石流等时，一般应尽量绕避。如无法绕避或穿越比绕避更合理时，则应采取根治、不留后患的措施。但处理地质病害必然会使工程造价大幅度增大。

四、定线的基本方法

地形条件特别是地面平均自然坡度的大小，对线路位置和定线方法影响很大。定线时应分两种情况区别对待：紧坡地段和缓坡地段。

（1）采用的最大坡度小于或等于地面平均自然坡度，则线路不仅受平面障碍的限制，更要受高程障碍的控制。这样的地段称为紧坡地段。这时，主要矛盾在纵断面一方，这就需要根据地形变化情况，选择地面平均自然坡度与最大坡度基本吻合的地面定线，有意识地将线路展长，使之能达到预定的高程。

（2）采用的最大设计坡度大于地面平均自然坡度，线路不受高程障碍的限制。这时，主要矛盾在平面一方，只要注意绕避平面障碍，按短直方向定线，即可得到合理的线路位置。这样的地段，称为缓坡地段。

紧坡地段和缓坡地段的条件不相同，因此它们的定线方法也不相同。

（一）紧坡地段定线

沿线路方向的地面平均自然纵坡大于或等于设计线采用的最大坡度的地段称为紧坡地段。紧坡地段一般采用导向线定线，主要克服高程障碍，高程差和最大坡度决定线路的理论长度。地形复杂、地面横坡陡峻或不良地质地段也可采用横断面定线。

1. 紧坡地段定线要点

1）用足坡度

紧坡地段通常用足最大坡度定线，以便争取高度，避免额外展线（以延长线路的方式减缓纵坡），以减少工程投资，降低运输费用，用足最大坡度定线是紧坡地段定线的首要原则。

2）留有余地

在展线地段定线时，若在长距离内机械地全部用足最大坡度，丝毫不留余地，必然会给以后的局部改线带来严重困难。因此，在车站两端、地质条件复杂、桥隧毗连地段，应结合地形、地质条件，在坡度设计上适当留有余地。

3）不设长坡

展线地段若无特殊原因，一般不采用反向坡度（也称逆坡），以避免无谓增大克服高度，引起线路不必要的展长和增加运营支出。

4）由难到易

紧坡地段，一般应从困难地段向平易地段引线，因为垭口附近地形困难，展线不易，为避免线路高悬山坡上，一般宜从垭口处越岭隧道洞口开始向下引线，并宜及早利用侧谷展线，使线路及早降至河谷阶地。个别情况下，当受山脚控制点（如高桥）控制时，也可由山脚向垭口定线。

一般认为：硬展不如顺展，晚展不如早展，小范围盘绕不如大范围扩展。因站坪要求地形平坦开阔，坡度平缓，车站设置要损失高程，故车站分布应与展线统筹兼顾，合理配合。车站避免设在桥梁、隧道上。隧道洞口不宜正对沟口。展线尽量避免高堤深堑，严重破坏植被，导致水土流失。

5）综合考虑

尽可能采用土建工程新技术以及先进的牵引动力和信号设备，以提高铁路运输的整体效能。

2. 展线方式

为克服巨大高差需要迂回展线时，应根据需要展长线路长度，结合地形和地质等条件，用直线和曲线组合成各种形式，如套线、灯泡线、螺旋线等来展长线路。

1）套　线

当沿河谷定线时，遇到主河谷自然坡度大于最大坡度而侧谷又比较开阔时，常常在侧谷内采用套线式的展线。简单套线由三条曲线组成，每一条曲线的偏角均不大于180°，如图5-1-2所示。

2）灯泡线

在谷口狭窄的侧谷内采用套线展线，在谷口往往需要修建隧道或深路堑引起较大工程。为了更好地适应谷口狭窄地形，可以采用灯泡线。灯泡线由三条或三条以上的曲线组成（若为三条曲线，则中间一条曲线的偏角大于180°而小于360°）。从图5-1-3所示的平面和纵断面中可以看出，采用灯泡线（实线方案）比采用套线展线（虚线方案）可节省两座隧道和部分土石方工程。

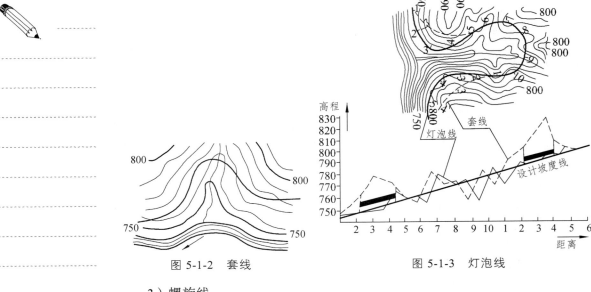

图 5-1-2　套线

图 5-1-3　灯泡线

3）螺旋线

在地形特别困难的地段，线路可以迂回 360° 成环状，称为螺旋线。在上、下两线交叉处，可以用跨线桥或隧道通过（图 5-1-4）。

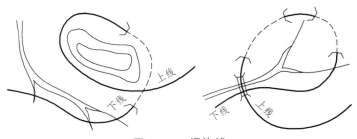

图 5-1-4　螺旋线

展线没有标准图式，应根据地形变化的实际情况，因地制宜地组合各种展线方式，并使之相互配合，从而达到优化线路的目的。

3. 导向线定线法

在紧坡地段，线路的概略位置与局部走向可借助于导向线来拟定。导向线就是既用足最大坡度，又在导向线与等高线交点处填挖为零的一条折线。因此，它是用足最大坡度而又适合地形、填挖最小的线路概略平面。

导向线是利用两脚规在小比例尺地形图上定出来的，其定线步骤如下：

（1）确定定线步距 Δl（km），定线步距等于地形图上的等高距 Δh（m）除以定线坡度 i_d，即：

$$\Delta l = \frac{\Delta h}{i_d} \qquad (5\text{-}1\text{-}1)$$

式中　$i_d = i_{\max} - \Delta i$（‰）；

Δi ——曲线和隧道坡度折减平均值,视地形、地质困难情况可取($0.05 \sim 0.15$) $i_{\max}$ 。

（2）参照规划纵断面,在地形图上选择合适的车站位置,从紧坡地段的车站中心开始,向前进方向绘出半个站坪长度（ $L_Z / 2$ ）,作为导向线起点（或由预定的其他控制点开始）。

（3）按地形图比例尺,取两脚规开度为 Δl ,将两脚规的一只脚定在起点或附近地面标高与设计路肩标高相近的等高线上,再用另一脚截取相邻的等高线。如此依次前进,在等高线上截取很多点,将这些点连成折线,即为导向线（图 5-1-5 中 a 、 b 、 c 、 d 、 e 、… 、 j ）。在同一起讫点间,有时可定出若干条导向线,图 5-1-5 中虚线为另一导向线,因偏离短直方向较细实线远,线路增长,故可以放弃。

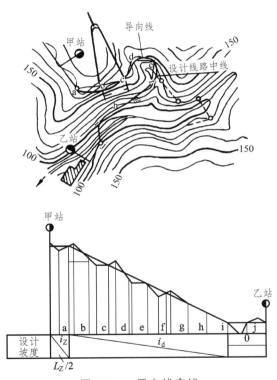

图 5-1-5   导向线定线

（二）缓坡地段定线

缓坡地段地形平易,展线少,以航空（折）线为主导方向,沿短直方向定线,既要力争线路顺直,又要尽量节省工程投资。直接连接各据点,结合地形、地物情况设置曲线,曲线半径尽量大。

缓坡地段定线要点:

（1）尽早绕避障碍。

绕避前方障碍而使线路偏离短直方向时,必须尽早绕避,力求减小偏角。

图 5-1-6 所示为两种绕避湖泊的方法，虚线方案在全长范围内很少偏离短直方向，但曲线数目、总偏角和线路长度均较实线方案有所增加。所以，绕避障碍时，定线应从一个障碍尽早引向另一障碍。

图 5-1-6　绕避障碍

（2）绕避障碍时，使曲线交点正对主要障碍物。

线路绕避山嘴、跨越沟谷或其他障碍时，必须使曲线交点正对主要障碍物，使障碍物在曲线的内侧并使其偏角最小。由图 5-1-7 可见，曲线正对障碍物的实线方案比未正对障碍物的虚线方案的土石方数量少。

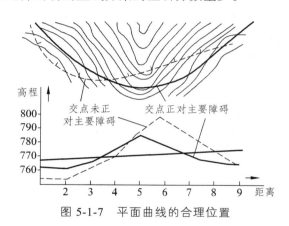

图 5-1-7　平面曲线的合理位置

（3）由大到小地选用曲线半径。

铁路两曲线间的夹直线长度无最大值限制，因此设置曲线必须是确有障碍存在。曲线半径应结合地形由大到小地选用，尽量采用大半径。在缓坡地段，线路展长的程度取决于线路的意义、运量大小、地形、地质条件、路网干线等因素，应力求顺直；地方意义的铁路，则力求降低造价并靠近城镇。一般的展线系数（铁路线路起讫点之间的定线长度与包括经济据点在内的航空折线长度的比值）是：平原地区约为 1.1，丘陵地区为 1.2～1.3。

（4）坡段长度不宜小于列车长度，并尽量采用无害坡度（列车在下坡道上惰行，不需制动的坡度）。

（5）力争减少总的拔起高度，但绕避高程障碍而导致线路延长时，应认真比选。

（6）车站的设置应不偏离线路的短直方向，并争取把车站设在凸形地段。设站处地形应平坦开阔，以减少工程量。

如图 5-1-8 所示，甲站的设计标高为 600 m，在前方约 9.3 km 的地方需设乙站，其合理的设计标高约为 608 m，两站之间为平缓坡地。此时，两车站间的线路纵断面可设计成三种形式。

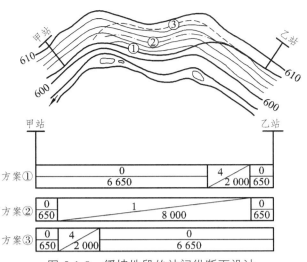

图 5-1-8　缓坡地段的站间纵断面设计

这三个方案的线路长度和工程量都很接近，但就列车出站加速和进站减速的条件而言，不论甲站或乙站，均以方案①最有利。所以，应按方案①的纵断面来考虑线路的平面位置，这样定线可以改善列车运行条件。

（三）横断面定线

在横坡较陡地段和不良地质地段定线时，有时从纵断面上看，填挖高度并不大，平面也合理，但从横断面上看，则可能出现很大的工程，或者线路处于地质条件十分不利的位置。因此，定线工作不仅要使线路的平面和纵断面合理，同时还要使横断面也合理。这就需要在初步定出纵断面以后进行横断面定线，其工作步骤如下：

（1）首先找出控制线路位置的横断面。在横坡较陡地段、不良地质地段、河岸冲刷严重地段以及有代表性的百米标处，测绘其横断面图。

（2）根据各控制断面原设计的路肩标高，确定线路中心在横断面上可以左右移动的合理范围。例如，在图 5-1-9（a）中，可以看出原定线路的路堤坡脚已伸入河流中，显然不合理，需要将线路中线向靠山方向移动。这时，可以设计两个路基横断面：一个是路堤坡脚伸到岸边，以不受冲刷为限，可得靠河一侧的线路中心位置点 P；另一个是尽量向靠山一侧移动，使路堑边坡高度等于最大容许值，可得靠山一侧的线路中心位置点 Q。P、Q 之间即为线路中心在图上可能移动的合理范围。

（3）将各横断面图上线路可能左右移动的边缘点（如 P、Q），按相应的距离和比例尺移到平面图上，连接各边缘点，即可得到在平面图上线路可能移动的合理范围，见图 5-1-9（b）中阴影部分。

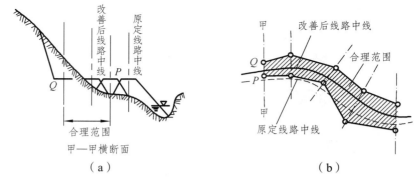

图 5-1-9　横断面定线示意

（4）在平面图上线路可能移动的范围内，重新设计平面，并在两端和原定线路妥善连接，即得在平面、纵断面、横断面三个面上均较合理的新的线路中线位置。

（四）线路平面、纵断面的改善

对初步确定的线路平面和纵断面进行研究分析，找出存在的问题及解决办法，进行局部修改。小的改动是凭经验判断，较大的改动需要通过技术经济比较确定。在设计过程中，平面、纵断面、横断面三者相互影响、相互制约，对任一视图进行修改，均应检查其他两个视图的合理性，以求设计的协调一致。

现以常见的修改平面、纵断面以减少填挖方数量的几种情况为例进行说明。

（1）原坡度设计不当，局部地段出现填挖方过大时，可改变坡段组合或设计标高以减少填挖方数量，如图 5-1-10 所示。

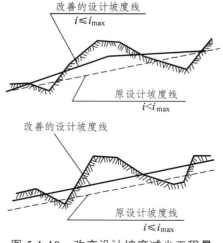

图 5-1-10　改变设计坡度减少工程量

（2）原设计坡度不宜改动（如已用足最大坡度），但在纵断面图上填挖高度由一端向另一端逐渐增大到不合理的程度时，则可根据具体情况改变线路平面位置，如将线路扭转一个角度，如图 5-1-11 所示。

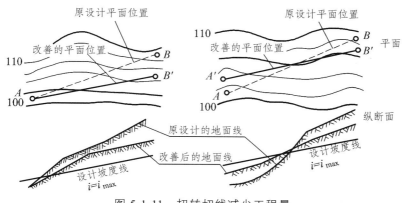

图 5-1-11　扭转切线减少工程量

（3）原坡度设计合理，而在纵断面图上填挖高度由两端向中间逐渐增大到不合理的程度时，则可增设曲线或改变曲线半径以减少中间的填挖高度，如图 5-1-12 所示。

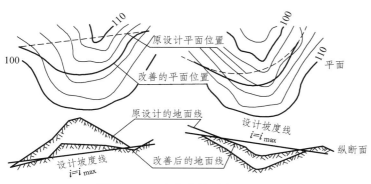

图 5-1-12　改变曲线减少工程量

（4）当平面曲线和切线配合不当而引起工程增加时，应重新调整偏角和配置曲线，以减小工程量。如图 5-1-13 所示，在原定线路的纵断面图上，两涵洞间一段挖方和右侧一段填方都很大。经在平面图上研究发现，在挖方处将线路往低处横向移动，填方地段往高处横向移动，即可减少挖方和填方。为此，改变了曲线半径和右侧的切线方向。

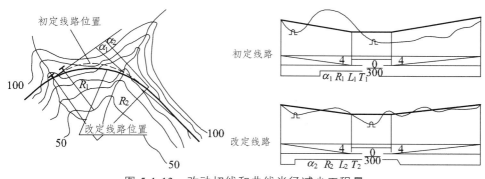

图 5-1-13　改动切线和曲线半径减少工程量

五、主要自然条件下的定线

（一）平原、丘陵地区的定线

平原地区地势平坦，丘陵地区丘岗连绵，但相对高差不大，一般工农业都比较发达，占地及拆迁问题比较突出，地质条件比较简单，但水文条件可能复杂。因此，在平原、丘陵地区定线，应着重注意解决好下列问题。

1. 线路尽量顺直

平原、丘陵地区定线一般不受高程障碍控制，应循航空折线把线路尽量定得顺直。在平原区选线时，先把线路总方向内所必须经过或必须绕避的主要据点（如城镇、工矿企业、文物风景区等）作为大的控制点，然后在大控制点间确定经行区或绕避区，从而建立起一系列中间控制点。定线遵循控制点间连折线的原则，绕避障碍物及设置曲线必须有充分理由。在不致引起工程量显著增加的前提下，尽量采用较小偏角、较大半径，以便缩短线路并取得较好的运营条件。

2. 正确处理铁路与行经地区的关系

（1）平原、丘陵地区城镇密布，工业、农业发达，城镇内外的道路、沟渠、电力线路等纵横交错。选定线路位置时，应尽量减少拆迁和占地，在地形有利时铁路宜靠近山坡，并应尽可能减少现有道路、沟渠、电力及通信线路和管道系统的改移。

（2）车站（尤其是大型客、货站）分布应结合城镇规划，既要方便地方客货运输，也要充分发挥铁路运营效率，设站不应过密，也不宜为靠近城镇而过分迂回线路。客运专线宜沿城市布线，站址选择要有利于吸引客流。

（3）为方便沿线交通并确保铁路行车安全，要认真布置好沿线的道口和立交桥涵，并以交通量为依据确定其修建标准。有条件时，可加大排洪桥涵孔径，并兼作立交桥涵使用。

3. 注意适应水文条件的要求

平原和低缓丘陵地区的土壤水文条件差，特别是河网湖区，地势低平，地下水位高，易受洪水泛滥的危害。选线时应尽可能沿接近分水岭的地势较高处布线。当线路遇到面积较大的湖塘、泥沼和洼地时，一般应绕避；如需穿越时，应选择最窄、最浅和基底坡面较平缓的地方通过，线路高程应高出规定值。高速客运专线宜采用高架线穿越湖塘、泥沼区。

4. 处理好线路与桥位的关系

（1）大桥桥位常常成为线路的控制点。应结合线路走向，将大河桥址选在主流集中、河槽稳固和基础较好的河段。当线路通过洪泛区时，桥梁、路基应有足够高度，以免被洪水淹没；跨河桥梁孔径不宜压缩，路基应有足够的高度，并做好导流建筑物与路基防护工程。一般情况下，桥位中线应尽可能与洪水的主流流向正交，桥梁和引道最好都在直线上。

（2）小桥涵位置应服从线路走向。遇到斜交过大或河沟过于弯曲时，可采取改河措施或调整线路位置，以调整桥轴线与水流流向的夹角，以免过分增加施工困难和加大工程投资。

（3）桥涵设置要保证农田排灌需要，低洼地段虽无明显水道，亦应设置排洪桥涵。桥涵设置还应结合交通情况，有条件时宜将排洪桥涵孔径加大，以利于农村交通运输。对于运量大、运输繁忙或需要行驶高速列车的线路，一般应设立交桥以取代平交道口。

5. 车站设置

平原、丘陵地区的车站，应尽量靠近城镇和较大的居民点、工矿区，不宜片面强调区间通过能力的均衡性。地形条件允许时，应将车站设在起伏不大的凸形纵断面的顶部，以利于列车启动加速和进站停车。

（二）河谷区定线

山区河谷的主要造型是流水的垂直侵蚀和侧蚀。只要河流有很小的弯曲，在凹岸往往形成陡崖峭壁，而凸岸一侧就形成伸出的缓坡山嘴，由此而造成了某些部分的河曲及由冲积物组成的河漫滩。

沿河而行的路线称为河谷线。沿河谷选线具有下列优点：

（1）河谷纵坡为单向坡，可避免线路出现逆坡；在紧坡地段，可利用支流侧谷展线。

（2）多数城镇位于开阔的河谷阶地，铁路通过阶地，便于在阶地设站，可更好地为地方服务。这样既可提高铁路的效益，又方便了铁路员工的物质、文化生活。

沿河谷定线要着重解决好三个问题：河谷选择、岸侧选择和线路位置的选择。

1. 河谷选择

山区的主河流及其支流的终端，都和山岭的垭口相连，往往有几条不同的河谷通向各个越岭垭口。在大面积选线时，为了选出合理的线路走向，要认真研究水系的分布，优先考虑接近线路短直方向的越岭垭口和垭口两侧的河谷，尽量利用与线路走向基本一致的河谷定线。

在选择河谷时，还要注意寻找两岸开阔、地质条件较好、纵坡及岸坡较平缓的河谷。

河谷纵坡的大小对最大坡度（ $i_{\max}$ ）的选定有较大影响。各种河流的纵坡变化较大，一般情况下，上游河段比下游河段纵坡陡。因此，对于平缓河段，选用的限制坡度宜接近或略大于河谷纵坡；而对于个别纵坡较陡的河段，则可采用展线或加力坡度解决。

2. 岸侧选择

河谷两岸的自然条件常有差异，应结合地形、地质、水文、农田及城镇分布情况，选择有利岸侧定线。但有利的岸侧，不会始终局限于一岸，应注意选择有利的地点跨河改变岸侧。例如，成昆线设计分别选用了 13 次跨牛日河，8 次跨安宁河，49 次跨龙川河，16 次跨旧庄河，使线路选在有利地形和避开了左、右岸较大的地质病害密集地段通过。图 5-1-14 是成昆铁路拉旧至黄瓜园左右岸方案示意。在沿山区河谷定线时，遇到稍长一些的隧道可考虑与一次或两次跨河的方案比较。如图 5-1-15 所示，线路沿右岸设隧道或建桥，改变岸侧就形成了两个方案，结合其他条件对两个方案进行比选。

图 5-1-14　成昆铁路拉旧至黄瓜园左右岸方案示意

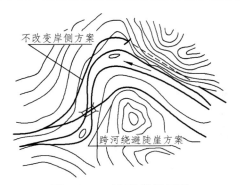

图 5-1-15　改变岸侧示意

影响岸侧选择的主要因素有三个。

1）地质条件

河流两岸的地质条件常成为岸侧选择的决定因素。沿河线路如遇不良地质，应通过跨河绕避与整治措施的比较确定岸侧。

在山区河谷中，如山体为单斜构造，应注意岩层的倾向。如图 5-1-16 所示，虽然左岸地面横坡较缓，但因岩层倾向河谷，容易产生顺层滑坡，反不如将线路设在横坡较陡但山体稳固的右岸为好。

局部不良地质（如滑坡、崩坍、岩堆等）地段影响岸侧选择，应进行综合整治、隧道绕避或跨河绕避等方案比较确定。

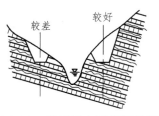

图 5-1-16　岩层倾向对线路的影响

2）地形条件

当河谷两岸地质条件较好或差异不大时，线路应选在地形平坦顺直、支沟较少和不受水流冲刷一岸的阶地上，如图5-1-17所示。当需要展线时，应选择在支沟较开阔、利于展线的一岸。一般来说，河谷两岸的地形条件易于识别，但地质条件较为隐蔽，若对地质条件疏忽，则可能造成不良后果。

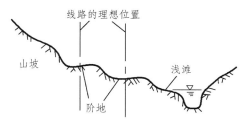

图 5-1-17　河岸上线路位置的选择

3）农田及城镇分布条件

线路一般应选择在居民点和工矿企业较多、经济较发达的一岸，使铁路便于为地方服务。但为避免大量拆迁民房和不妨碍城镇发展，也可能需要绕避。通常应根据具体情况，征求地方意见，慎重取舍。河谷中遇有引灌渠道与线路平行时，若两岸地形、地质条件差不多，宜各走一岸，避免干扰。当必须选在同一岸时，线路位置最好设于灌渠上方。若铁路与公路频繁干扰，可改移公路或分设两岸。

3. 线路位置的选择

沿河谷定线，线路位置往往差几米甚至几十米就会对铁路的安全和工程量带来很大影响。线路合理位置的选择，可分以下情况加以分析研究。

（1）河谷较开阔，横坡较缓且地质条件良好时，理想的线路位置为不受洪水冲刷的阶地，如图5-1-17所示。

（2）河谷较宽，山坡不稳定地段，线路应选在靠河一侧，必要时做一些路堤防冲刷工程。

（3）河谷狭窄，横坡较陡，且地质不良时，线路应由避开山坡与外移建桥（顺河桥）的方案进行比选。

（4）河谷十分弯曲时，可根据山嘴或河湾的实际情况，采取沿河绕行或取直方案。

① 线路遇到山嘴时有两种定线方案：一是沿山嘴绕行，线路较长，在紧坡地段有利于争取高度，但易受不良地质危害和河流冲刷的威胁，线路安全条件差；二是以隧道取直通过，线路短直，安全条件好，对运营有利，但工程投资较大。两者应比选决定，如图5-1-18所示。

② 当线路遇到河湾时，有沿河绕行、建桥跨河及改移河道三种方案（图5-1-19）。沿河绕行方案线路迂回较长，岸坡一般陡峭，水流冲刷严重，路基防护工程大，线路安全条件差；跨河建桥方案比较顺直，线路短，安全条件好，但两座桥的工程量较大；改河方案也可使线路短直，但改变了天然河槽，仅在

地形条件好、能控制洪水流向，且土石方工程量不太大时才有利。三种方案的取舍应通过技术经济比较确定。

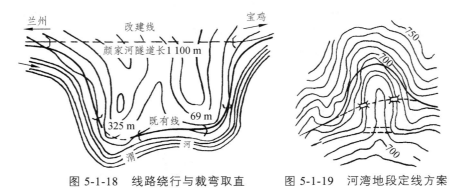

图 5-1-18　线路绕行与裁弯取直　　　图 5-1-19　河湾地段定线方案

（三）越岭地段定线

山岭是具有陡峭的山坡、沟谷和明显分水线的绵延较长的高地。垭口则是该绵延高地上的马鞍形低地，一般都存在于两条沟谷发源分水处。

当线路需要从某一水系（河谷）转入另一水系（河谷）时，必须穿越分水岭。如宝成线横越秦岭、川黔线过娄山山脉、成昆线翻越小相岭，都是越岭地区定线的实例。越岭地区高程障碍大，一般需要展线，地质复杂，工程集中，对线路的走向、主要技术标准（特别是最大坡度和最小曲线半径）、工程数量和运营条件等影响极大。所以应大面积选线，认真研究，寻找合理的越岭线路方案。

越岭线路通常由岭顶长隧道（或深路堑）、沿分水岭两侧河谷向下游的引线以及谷底桥梁（或高路堤）三部分组成，如图 5-1-20 所示。理想的越岭线路位置是：两侧展线少，主要技术标准和地质条件都较好的位置。

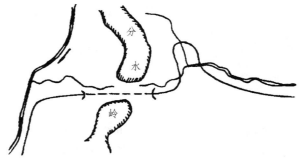

图 5-1-20　越岭线路选择

越岭线路应解决越岭垭口选择、越岭高程选择和越岭引线定线三个主要问题。

1. 越岭垭口选择

垭口是越岭线路的控制点，选择越岭垭口时应注意以下几点：

1）选择高程较低、靠近线路短直方向的垭口

在大面积选线中，首先注意找出高程较低的垭口。低高程垭口克服高度小，可以缩短线路或采用较平缓的坡度，既节省了投资，又降低了运营费。

在实际中，常常是高程低的垭口偏离短直方向较远，而位于短直方向附近的垭口高程较高，展线较长。因而，应通过技术经济比较选定垭口。

2）选择山体较薄的垭口

垭口山体薄，有利于缩短越岭隧道的长度，或者降低越岭高程。当垭口高程虽高而山体较薄时，设置较长的越岭隧道，可缩短线路长度或减缓最大设计坡度，因而也是有比较价值的垭口。

3）选择地质条件较好的垭口

垭口往往是地质构造的薄弱地带，当越岭线路难以避开严重不良地质地段时，则应另选地质条件较好的垭口或者以长隧道方案避开地质条件不良的垭口。

4）选择引线条件较好的垭口

垭口选择时，应充分顾及河谷两侧的引线条件，一般要求：

① 定线的河谷（或沟谷）开阔、纵坡平缓，河谷方向与航空线方向基本一致。

② 引线的地质条件较好，不良地质易于整治或绕避。

同一垭口并非同时具备上述各条件，此时应精心比选，找出最合理的越岭垭口。

2. 越岭高程选择

越岭垭口一般都用隧道通过，越岭高程选择就是越岭隧道高程与隧道长度选择。

高程愈高隧道愈短，但两端引线愈长。对工程而言，理想的越岭高程应使引线和隧道总的建筑费用最小；就运营而言，越岭高程愈低、引线愈短愈有利。垭口两侧的地面坡度多为上陡下缓，故选择隧道高程多以地面坡度陡缓过渡部分作为研究的基础。有时，隧道高程过高，隧道缩短有限；而高程过低，则隧道急剧加长，且可能受洞口洪水水位控制。

越岭隧道的合理高程与长度的选择，除取决于垭口的高程、地面自然坡度、地质条件外，还与设计线的运量、限制坡度（或加力坡度）以及隧道施工技术水平有关。

设计线的运量大、限坡小时，宜采用高程低的长隧道方案。

隧道施工的技术水平是越岭高程选择的重要因素。新中国成立初期，由于受隧道施工技术水平的限制，越岭隧道一般长度控制在 2 km 左右；随着施工技术水平的提高，隧道长度也不超过 6~7 km。因此，在越岭地区，常不得不采用大量的人工展线以争取高度，致使线路盘旋于崇山峻岭之间，桥隧工程密集。这样既耗费巨额工程投资，又严重恶化运营条件。

到 20 世纪 80 年代，京广铁路南段修建第二线，对坪石乐昌间沿武水狭谷的一线路段裁弯取直，选定了长达 14.3 km 的大瑶山双线隧道，这是我国特长隧道施工技术的新发展，为今后在越岭地区选线时合理选用高程低、坡度缓、

运营条件好的长隧道方案提供了范例。

3. 越岭引线定线

越岭引线定线时，应注意以下几点：

（1）结合地形条件选择合理的最大坡度（限制坡度或加力坡度）。越岭地区高差大，为避免大量人工展线，除应研究低高程的长隧道越岭方案外，还应与采用较陡坡度（采用多机牵引或大功率机车）的方案进行技术经济比较。

（2）为了能合理控制展线的长度，应从垭口往两侧（从高处往低处）定线，以避免展线不足或过长。由于垭口两侧自然坡度上陡下缓，在上游应尽量利用支沟侧谷合理展线，使线路尽早降入主河沟的开阔台地。

（3）垭口附近，地形尤为困难，在有充分依据时，引线可合理选用符合全线标准的最小曲线半径。

六、桥涵、隧道及铁路交叉地段的定线

（一）桥涵地段

在铁路沿线，由于跨越江河、路基排水、农田灌溉等，需要修建跨越或过水建筑物。

过水建筑物有桥梁、涵洞、明渠、高架水槽等。另外，有时为了少占农田，采用旱桥代替高路堤；为了有利于交通安全，用立交桥代替平交道口。线位选定必须与桥涵分布和桥址选择密切配合。

1. 桥涵分布

大桥和特大桥通常根据江河位置选定桥位，定线应服从桥位引线。

中、小桥和涵洞的分布，在概略定线阶段，利用平面图和纵断面图进行，并在外业进行现场核对；在详细定线阶段，应根据现场勘察资料，结合平面图和纵断面图来确定。

原则上，每一自然水流应设一个桥涵，理由充分时才可合并，即将两股距离较近的水道在到达线路之前并成一股通过线路。两桥涵合并，必须充分估计到自然水流改道后冲刷和淤积带来的危害。只有当两桥涵很近，本身汇水量又不大，改道工程量小且无冲刷路基的危险时才予以考虑。

在平坦地区，如果长距离中没有明显的水道，相隔一定距离也必须设一桥涵以排除地表水。在漫流地区，有时还应采用一河多桥的方案，并配合相应的导治建筑物，以策安全。

分布桥涵应与平面定线和纵断面设计相结合，应使铁路线上游的地表水能顺畅地通过铁路，保障铁路和沿线人民生命财产的安全。

分布涵洞时，应力争不改变或少改变现有的灌溉系统，以免影响农用灌溉。灌溉涵洞的出水口高程应与当地农田水利部门协商确定，排洪涵洞还应考虑涵前积水不致淹没上游村庄和农田，交通涵洞应尽力满足当地交通需要。

2. 桥址选择

大、中桥的桥越范围较大，包括桥梁梁部及墩台、导治建筑物和桥头引线。桥址选择不但影响桥越本身，还常常影响与桥址毗连线路的定线。特大桥桥址的选择还可能影响线路的走向。

桥址选择所考虑的主要因素，可归纳为相对最短线路方向偏离的程度、水文和地貌条件是否有利、工程地质条件是否较好以及桥头引线条件是否好等几个方面。

1）相对最短线路方向偏离的程度

一般来说，相对最短线路方向偏离程度最小的桥址具有明显的优点，因此，在有条件时，应尽量使桥址选择在偏离最短线路方向较小的地方。特别是对于预期运量很大的铁路的线路，为了使线路短而顺直，即使桥址处于较不利的地点，从工程和运营两方面综合分析，也有可能是合理的。

2）水文和地貌条件是否有利

① 桥址尽可能选在河床稳定、河道顺直和水流顺畅的河段，避开水流紊乱、流向多变、河床宽度急剧变化等冲淤作用复杂的河段。

② 为了缩短桥长，桥址最好选在河床较窄的河段，避开沙洲、古河道和河汊。

③ 桥址避免设在较大支流汇合处，以免两河洪水涨落引起急剧多变的冲淤变化，危及墩台基础和桥头路堤的安全或导致排洪不畅；也避免设在容易为流冰与失控流放的木筏、木材堵塞处。山前河流、沟谷出口处冲淤变化尤为剧烈，应比选多方案选择桥址，并辅以工程措施。

④ 桥梁应尽可能与河槽、河谷正交。必须斜交时，应尽量减小斜交角（桥梁中心的法线与水流方向的夹角），以利于排洪和缩短桥长。

3）工程地质条件是否较好

桥址处河床的地质条件，不但影响基础类型、桥式、桥跨，而且影响桥梁造价、施工难易程度和运营的安全。选定桥位时应十分重视地质条件。

桥址应尽量选在基岩埋藏浅、岩性坚硬、整体性好、倾斜度不大的地段。如基础不能置于基岩上时，则应选在土质均匀、容许承载力高、抗冲性强的河段。应尽量避免断层、岩溶、滑坡等不良地质处。

4）合理选用大跨高桥以改善线路

大跨、高墩桥梁施工技术的进展，有利于在地形、地质复杂地区选择较理想的桥位。如峡谷地区山高谷深，线路穿越峡谷地区的较大河流时，桥梁往往位于纵断面凹形地段，桥高则线路顺直，桥低则需展长线路。采用大跨度桥梁可避开高墩和不良地质，而大跨高桥的采用，还可减少展线总长度。桥梁工程中新技术、新工艺和新型结构的应用，为大跨高桥方案的选用提供了有利条件，在山区铁路的定线中，应结合具体情况考虑采用。

5）桥头引线的设计要求

① 桥梁附近的路基设计高程应满足路基设计规范的要求。

② 在桥隧毗连地段，线路平面、纵断面设计应与桥式方案选择综合考虑，如采用架桥机架设桥梁时，线路平面、纵断面设计和隧道洞门的位置应考虑架桥机架梁时施工的安全与便利。决定设计高程时，除应满足桥下净空要求外，还应注意隧道施工弃渣的影响。

6）涵洞处的路基条件

① 涵洞附近路肩设计高程应满足路基设计规范的要求。

② 为了改善洞身受力状况，涵洞顶上应有一定厚度的填土，以保证涵洞结构条件所需的最小路堤高。

③各种孔径涵洞相应流量的涵前积水高度和结构条件所需最小路堤高度，可从桥涵水文计算的有关手册中查取。

（二）隧道地段

在铁路选线中，采用隧道是克服高程障碍、降低越岭高程、缩短线路长度和绕避不良地质的重要措施。合理设置隧道，是提高选线设计质量的重要环节。在铁路定线时，遇到下述情况常用隧道通过：线路翻越分水岭，在垭口修建隧道，即越岭隧道；沿河傍山定线，或要求裁弯取直或绕避不良地质而修建隧道，即傍山隧道。

1. 隧道位置的选择

傍山隧道的位置选择应注意以下问题：

（1）埋藏较浅时，线路宜向山体一侧移动，以避免隧道偏压过大。

（2）应避开岩堆、滑坡等不良地质以及河岸冲刷、水库坍岸范围。

（3）可结合当地的地形、地质情况和工程量大小，进行裁弯取直的长隧道方案和沿河绕行方案的比较。

（4）地形曲折、地质条件复杂时，河谷线常出现隧道群。在决定线路平面位置与高程时，要充分注意隧道施工期间的弃渣、排水和便道运输之间的相互干扰，并尽量减少对现有的水利、道路等设施的影响。

2. 隧道洞口位置的选择

洞口是隧道的薄弱环节，洞口工程处理不当，易产生病害，危及行车安全。隧道地段定线应考虑下列因素，通过技术经济比较，认真选择洞口位置：

（1）选择洞口位置宜贯彻"早进洞，晚出洞"的原则，避免片面追求缩短隧道长度、忽视洞口边坡稳定的做法。

不宜用深路堑压缩隧道长度，以免洞口边坡、仰坡开挖过高。在一般情况下，边坡、仰坡开挖高度不宜超过 15～20 m，围岩较差时不宜超过 10～15 m，围岩较好时也不宜超过 20～25 m。

不应将洞口设在沟心，否则，不但工程地质条件差，且施工时排水和弃渣也较困难。因此，洞口线路一般选在河谷一侧，如图 5-1-21 甲方案所示。

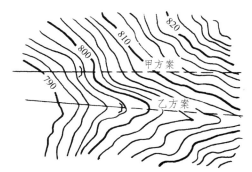

图 5-1-21　隧道洞口位置比较

（2）洞口应尽可能设在山体稳定、地质条件较好处，以保证洞口安全，否则应修建挡护工程或延伸洞口，增建明洞。

（3）洞口宜设在线路与等高线正交或接近正交处。如采用斜交，则要修建斜交洞门或明洞。

（三）铁路交叉地段

1. 铁路交叉方式

（1）设计速度为 120 km/h 及以上的铁路和重载铁路，应按全封闭、全立交设计。

（2）设计速度为 120 km/h 以下的客货共线铁路与公（道）路的交叉宜设置立体交叉；特殊困难条件下可设置平面交叉，但应采取安全可靠的保障措施。

（3）铁路与铁路、公（道）路及管道立体交叉应遵循下列原则：

① 高速铁路与其他铁路、公（道）路等设施立体交叉时，宜采用高速铁路上跨的方式；困难条件下经技术经济比选采用下穿方式时，须采取防止异物侵入等安全可靠的防护措施。

② 高速铁路之间、其他铁路之间的立体交叉，应根据工程条件、线路安全性要求、施工对运营干扰等因素，选择较高等级线路上跨通过。

③ 铁路与公（道）路立体交叉时，宜采取铁路上跨的方式。

④ 铁路与输油、输气、输水管道等设施交叉时，应符合国家有关标准和规定。

2. 铁路交叉的建筑限界

铁路与铁路、公（道）路立交桥的净高和净宽应满足相关铁路、公（道）路建筑限界的要求，并应符合下列规定：

（1）跨越铁路的立交桥下净高，应根据铁路限界标准计算确定。

（2）铁路立交桥下的乡村道路净高、净宽，应根据通道种类和交叉条件与有关单位协商确定，但不宜小于表 5-1-1 规定的数值。

表 5-1-1 立交桥下乡村道路净空   单位：m

通道种类	汽车及大型农机通道	机耕和畜力车通道	人力车和人行通道
净 宽	6.0	4.0	3.0
净 高	4.5	3.5	2.5

注：① 通行汽车及大型农机的乡村道路，特殊困难条件下净宽可减至 5.0 m，净高可减至 4.0 m。
② 特殊困难条件下机耕通道净高可减至 3.0 m。
③ 特殊困难条件下仅供人行的通道，净高可按不小于 2.2 m 设计。

3. 铁路交叉安全防护要求

（1）铁路上跨公（道）路时，铁路桥跨设置应满足相应道路对净空和停车视距的要求，当立交净空不足 5.0 m 时，应设置限高标志及限高防护架。

（2）跨越铁路、道路及通航河流的铁路有砟立交桥上应设置防落网；公（道）路跨越铁路的立交桥上应设置钢筋混凝土防撞护栏，并在跨越地段安装防抛网。

（3）铁路与铁路、公（道）路立体交叉，应综合考虑地形、相关设施配套条件，在立体交叉范围内设置完整通畅的排水系统。

4. 道口设置条件

当铁路与公（道）路交叉设置平交道口时，应符合下列规定：

（1）道路宜设在瞭望视距不小于表 5-1-2 规定数值的地点。

表 5-1-2 火车司机最小瞭望视距和机动车驾驶员侧向最小瞭望视距

路段设计速度/（km/h）	火车司机最小瞭望视距/m	机动车驾驶员侧向最小瞭望视距/m
100	850	340
80	850	270

（2）道路间的距离不应小于 2 km；在车站内，桥梁、隧道两端及进站信号机外方 100 m 范围以内不应设置道口；铁路曲线地段不宜设置道口。

（3）通过道口的道路平面线形应为直线。从最外侧钢轨算起的道路最小直线长度不应小于 50 m，困难条件下，不应小于表 5-1-3 规定的数值。

表 5-1-3 道口每侧道路的最小直线长度   单位：m

道路种类	道路计算行车速度/（km/h）		
	80	60	≤50
公路、城市道路	40	40	30
乡村道路	20		

（4）道路平台的长度不应小于 16 m。紧接道口平台的道路纵坡不应大于 3‰，困难条件下不得大于 5‰。

（5）道口两侧的道路上除应根据规定设置护桩外，还应按照道路交通管理有关规定设置交通标志、路面标线、立面标志，并根据需要设置栅栏，电气化铁路的道口应在公（道）路上设置限界架及限高标志，其通过高度不得超过4.5 m。

（6）有人看守道口应设置道口看守房和电力照明以及栏木或电动门、通信（有线和无线）、道口自动通知、道口自动信号、遮断信号等安全预警设备。无人看守道口应设置警示标志，并根据需要设置道口自动信号和道口监护设施。

七、环境保护

（一）环境保护的重要性

铁路虽然在土地占用、能源利用、环境污染与生态影响方面优于其他运输方式，但对人类的生存环境仍会带来一定的危害，主要表现在噪声、振动、电磁干扰、大气环境、水环境及生态环境污染等方面。

铁路建设必须遵守《中华人民共和国环境保护法》等法规，为把铁路对环境的不利影响减小到最低限度，应采取必要的环境保护及防护措施。

（二）铁路建设的环境保护措施

根据环境保护的有关规定，在铁路规划与设计中宜采取相应的环境保护措施。

1. 主要技术标准选择

1）牵引种类

从环保的角度考虑，牵引种类的选择以电力牵引为佳。电力牵引热效率高，能源利用合理，且可实现零排放、无污染，条件允许时，宜优先采用电力牵引。但采用电力牵引时，大功率传输导线中的强电流及受电弓与接触网的离合对周围环境会产生较强的电磁干扰，影响铁路通信、信号设备的正常工作，也给沿线精密电子设备和数字化自动控制设备的正常使用带来了不利影响，故采用电力牵引时，应采取防电磁干扰措施。

内燃牵引需用昂贵的液体燃料；蒸汽牵引机车热效率低、能耗大。这两种牵引均排放有害气体。蒸汽机车的烟尘、炉渣、油污、废水等也是主要污染源。采用内燃、蒸汽牵引时，应采取相应的环保措施。

2）最大坡度及最小曲线半径

最大坡度与最小曲线半径标准应与地形相适应，以减少展线长度，减少高填、深挖，从而减少铁路用地，少占良田，不过多破坏植被，减少局部水土流失，减轻对坡面稳定性的影响，以维护生态环境。

2. 选线设计

（1）走向选择：线路走向选择应结合城乡建设规划，配合城乡发展，避免穿越密集的居民点。

（2）线路应绕避自然保护区、风景名胜区、水源保护区和文物古迹等环境敏感点，难以绕避时应选择合理方式从其边缘通过，并履行相关手续。

（3）线路设计应合理确定路堤高度、路堑深度和路基边坡高度。丘陵、山区选线不宜切坡深挖，平原水网地区选线不宜挤占河道湖床，减少对自然生态与环境的影响。

（4）应注意资源保护，线路位置不覆盖矿产资源与生态资源。

（5）有配属内燃、蒸汽机车的车站，其站址应选在城镇主导风向的下游，以减少有害气体及烟尘对城镇的危害。

3. 路基设计

（1）土石方调配宜移挖作填，减少取、弃土石方，合理选择取、弃土场地，避好就劣，少占耕地。取、弃土场应采取措施尽量复垦。

（2）路基两侧征地范围内宜植树种草，搞好绿化，维护生态环境。

（3）客运专线铁路路基边坡宜采用绿色植物防护与工程防护相结合的防护措施，并兼顾美观与环境保护、水土保持、节约土地等要求。

4. 桥涵设计

（1）桥涵位置及孔径应尽可能满足农田排灌和防洪、排洪要求，确保宣泄通畅，上下游做好铺砌，防止冲刷造成水土流失。

（2）保持天然径流流向及状态，尽量不改沟并沟。

（3）城镇附近宜避免采用钢梁桥，以减少噪声、振动，高架桥梁应避免破坏都市景观。

5. 隧道设计

（1）贯彻"早进晚出"原则，洞口避免高边坡、高仰坡，尽量少破坏山体平衡。

（2）隧道出渣应移作路基填料，避免弃渣堵塞河道、挤压河床。

（3）设计供内燃或蒸汽牵引的列车通过的隧道，应加强通风措施，以减少洞内废气污染，危害维修工人身体健康。有条件时，隧道应设在直线上，洞内地下水不发育时纵断面宜设计为一面坡，以利烟尘排放。

6. 轨道设计

（1）无缝线路可减弱振动和噪声，行车量大或行车速度高的线路宜优先采用无缝线路。

（2）为减弱振动与噪声，有条件时宜用弹性好的轨道结构。

7. 道口及交叉设计

合理设置平交道口，以方便人、畜、车辆通行；自然保护区宜设置野生动物通道。有条件时，应结合农田排灌与通行需要设置立体交叉。

8. 车站环保设施

大型车站、机务段排出的生产与生活污水及垃圾应加以处理，达标后才允许排放，以避免污染车站附近的水源，破坏水环境。

【技能训练】

【5-1-1】 根据给定的地形图及已知两车站位置及高程，试按照现行《铁路线路设计规范》（TB 10098—2017）要求，结合之前学习的铁路线路平、纵断面知识，在两车站之间设计一条新线。使用 AutoCAD 绘制线路平、纵断面图。

任务二
方案比选

铁路设计的总体目标，是以较低的投资实现所要求的运输能力，同时创造良好的运营条件，降低运营费用，此外，还应注意减少污染和美化环境。为实现这一目标，设计时需要提供不同方案进行比较，最终选出最佳方案。本教学任务主要介绍方案比选的原则和方法。

【任务分析】

具体任务	具体要求
● 经济比较的基础数据 ● 常用经济评价方法	➤ 了解经济比较的基础数据及方案比选的任务和原则； ➤ 知道常用经济评价方法有哪些。

【相关知识】

一、方案技术经济比较

（一）方案技术经济比较的任务和原则

方案比选的任务就是对各个方案的优缺点进行全面的分析比较，从中找出最合理的方案。

铁路方案技术经济比选需要遵循下列原则：

（1）各方案均能完成规定的运输任务。

（2）不遗漏有比选价值的方案。

（3）各方案应在同等精度的基础上比较。

（二）方案技术经济评价的指标

在选线设计中，通常要从技术特征、工程条件、运营条件和经济效果等方面对方案进行评价和比选。比选的依据是反映上述各方面特征的技术指标和经济指标。

1. 技术指标

技术指标反映线路方案的技术特征，对线路的工程条件和运营条件具有重要的影响。

反映工程条件的技术指标有线路建筑长度、展线系数、最大坡度、最小曲线半径、地质不良地段的数目和长度、车站数目、土石方及桥隧工程数量、劳动力投入、占地数量及建设工期等。

反映运营条件的技术指标有运营长度、控制区间和全线的往返走行时分、拔起高度、通过能力、牵引质量、输送能力、旅行速度、运用机车台数和车辆数、机车与车辆小时、机车与列车乘务组小时和能量、燃料消耗等。

2. 经济指标

线路方案的经济特征指标包括工程费、运营费、换算年费用、投资回收期、净现值、内部收益率等。

工程费是指方案所涉及的土建工程费和机车车辆购置费的总和，反映方案对建设期内的资金投入量，以工程费（万元）表示。运营费是指方案在运营期发生的费用支出，在一定程度上反映了各方案运营条件的优劣，以每年的运营支出（万元）表示。

为综合体现方案在工程和运营两方面的经济性，可通过一定的折算方法将工程费和运营费换算为一定时期内的平均年费用，即换算年费用。该指标综合反映了方案在建设期和运营期的费用支出，其值较低的方案为优。

当不同的方案导致运量和运输收入不同时，方案的经济指标还应考虑收入的因素，投资回收期反映铁路运输收入冲抵包括工程投资和运营费在内的各种支出所需的年限。

净现值是在铁路建设项目经济寿命期内，各年度的现金流入和现金流出的差额（即净现金流量）考虑资金的时间价值进行折现后的总和。线路方案的净现值越高，在经济上越有利。从财务评价角度进行比选时，用财务净现值（简称 FNPV）指标；从国民经济评价角度进行比选时，用经济净现值（简称 ENPV）指标。

内部收益率是净现值等于零时的折现率。它代表建设项目实际达到的盈利率，用以衡量项目盈利的高低，其值越高，在经济上越有利。从财务评价角度进行比选时，用财务内部收益率（简称 FIRR）指标；从国民经济评价角度进行比选时，用经济内部收益率（简称 EIRR）指标。

（三）方案的分类

在项目的各个阶段，均有不同性质、不同规模的方案比选。归纳起来，可以分为三类：

1. 网性方案

网性方案是对地区国民经济的发展和交通网的构成有重要影响的方案，如线路起讫点或主要经济据点间不同走向的比选，增建第二线与修建分流线的比选等。这类方案在对地区国民经济服务的程度、工程投资和经济效益等方面可能有显著的差别。其比选牵涉投资决策问题，需要通过预可行性研究、可行性研究解决。

2. 总体方案

总体方案对满足地区国民经济需要的程度大致相同，主要区别在于选择的主要技术标准（限制坡度、牵引种类、机车交路等）不同或线路行经地区的局部走向不同。其比选结果对线路的主要技术标准、工程条件、运营条件、投资和经济效益具有决定性的影响。一般在可行性研究或初步设计中进行总体方案比选。

3. 局部方案

局部方案是指仅限于局部地段工程措施不同的方案，包括对局部地段的不良地质、平面障碍或高程障碍的绕避，平面、纵断面设计的改善和小桥涵类型的选择等。其比选对于工程费、运营费、施工条件和运营条件等有一定的影响。局部方案的比选主要在初步设计阶段和编制施工图前的平面、纵断面的改善设计中进行。

（四）方案比选的简要过程

方案比选可以归纳为以下过程：
① 明确任务；
② 拟订方案，进行设计；
③ 计算整理各评比指标；
④ 方案的评价与选择。

在一般情况下，铁路选线中重大决策的方案比较，牵涉的因素很复杂，除了各种各样的自然条件外，政策因素和社会因素对方案评价都有很大影响，这使寻求最优方案的问题复杂化。设计中只能就拟订的有限方案，进行力所能及的评价，从中选择出最合理的方案，习惯上也称为最优方案。

二、经济比较的基础数据

方案经济比选的基础数据包括投资和运营支出等数据。这些数据是分析方案经济比选的依据，对方案比选的结论有决定性的影响，一定要在取得可靠的调查研究资料的基础上做好这项工作。

（一）投　资

铁路建设项目的投资，按照构成和用途可分为直接投资和相关投资两类。在方案技术经济比较中，通常只考虑直接投资，即计算工程费和机车车辆购置费。

1. 土建工程投资

方案技术经济比较的工程投资计算，在不同设计阶段，其精度和深度要求不同。常用方法是先计算各项建筑和设备的工程数量，并采用相应的综合单价或分析单价，按下式计算工程投资（万元）：

$$工程投资 = \sum (项目单价 \times 相应项目的工程数量)$$

铁路工程费包括以下几项费用：

（1）拆迁工程。

（2）路基工程。

（3）桥涵工程。

（4）隧道工程。

（5）轨道工程。

（6）通信及信号工程。

（7）电力牵引铁路的供电设备。

（8）房屋。

（9）其他运营生产设备及建筑物。

（10）其他间接费。

（11）其他费用。

（12）预备费。

（13）工程造价增长预留费。

局部方案一般只需计算上述（1）～（5）项工程费，称主体工程费。其他方案也只需计算各方案间有差异的指标，而不必按上列项目逐一计算全部工程项目的工程费。

2. 机车车辆购置费

机车车辆购置费包括：机车购置费、补机购置费、车辆购置费。

（二）运营费计算

用于方案比较的运营费可划分为与行车量有关的运营费和固定设备维修费两部分进行计算。

三、经济评价方法

（一）经济效益评价方法分类

1. 按时间因素分类

① 静态法：一定的货币额所代表的价值不随时间变化。

静态法不考虑资金的时间价值，故不能反映延长建设工期占用资金的经济损失，也不能确切计算提前投产的经济效益。但静态法因略去时间因素，计算简单，适合于多方案比选中淘汰明显不合理的方案，以及局部方案的比选。

② 动态法：一定的货币额所代表的价值随时间而变化。

动态法考虑了资金的时间价值，体现了经济社会的价值规律。它可以把不同时间的费用和效益折算成同一基准时间的价值进行计算和比较，能正确地反映方案的经济效益。

2. 按评价指标分类

① 按最小费用评价方案，包括年换算工程运营费法、分期投资经济比较方法等。

② 按费用-收益评价方案，包括投资回收期法、净现值法和内部收益率法等。

（二）常用经济评价方法

常用的经济评价方法包括差额投资偿还期法、年换算费用法、最小费用法和差额投资内部收益率法。

1. 差额投资偿还期法

对两个方案进行比选时，通常投资多的方案年运营费较少。可用投资较多的方案每年节省的运营费来补偿该方案多投入的投资，补偿所需的年数称为差额投资偿还期。若差额投资偿还期小于基准偿还期 $T_基$，则投资大的方案有利。计算公式为

$$T = \frac{C_1 - C_2}{E_2 - E_1} \tag{5-2-1}$$

式中　T——差额投资偿还期（a）；

　　　C_1、C_2——方案1、方案2的投资额（万元），$C_1 > C_2$；

　　　E_1、E_2——方案1、方案2的年运营费（万元），$E_1 < E_2$。

当 $T > T_基$ 时，方案2有利；否则，方案1有利。

考虑到铁路通车后运量是逐年增长的，年运营费也将逐年变化。为体现这一特点，差额投资偿还期可按下式计算：

$$C_1 - C_2 = \sum_{t=1}^{T}(E_{2t} - E_{1t}) \tag{5-2-2}$$

式中　E_{1t}、E_{2t}——方案1、方案2第 t 年的运营费（万元）。

进一步考虑资金的时间价值，则差额投资偿还期可按下式计算：

$$\sum_{t=1}^{m}\frac{C_{1t} - C_{2t}}{(1+i_c)^t} = \sum_{t=m+1}^{m+T}\frac{E_{2t} - E_{1t}}{(1+i_c)^t} \tag{5-2-3}$$

式中　T——差额投资偿还期（a）；

　　　i_c——铁路基准收益率；

　　　C_{1t}、C_{2t}——方案1、方案2第 t 年的投资额（万元），$C_{1t} > C_{2t}$；

E_{1t}、E_{2t}——方案 1、方案 2 第 t 年的年运营费（万元），$E_{1t} < E_{2t}$；

m——设计线建设工期（a）。

2. 年换算费用法

在投资偿还期法中，若取 $T = T_{基}$，则

$$\frac{1}{T_{基}} \cdot C_1 + E_1 = \frac{1}{T_{基}} \cdot C_2 + E_2$$

上式中的投资 C_1、C_2 乘以年度系数 $1/T_{基}$ 后，即换算为年度支出，分别与年运输支出 E_1、E_2 相加，即求得各方案的年换算费用。

系数 $1/T_{基}$ 可用 Δ 表示，称为投资效率系数，也称为基准收益率。投资效率系数 Δ 值与国民经济部门盈利及投资政策有关，过去在铁路方案比选中常用 0.10，现行《铁路建设项目经济评价办法》（第 2 版）规定为 0.06.如以 A 表示工程投资、K 表示年换算费用，则

$$K = E + \Delta \cdot A$$

在多方案的经济比较中，以年换算费用 K 最小的方案最经济。该方法为静态经济比较法。

3. 最小费用法

对线路长度基本相同且运输收入也基本相同的方案进行比较时，为简化计算，可采用最小费用法进行比较。费用计算包括各方案的投资总额和各方案在项目寿命期内的各种费用（主要为年运营费用）。费用最小的方案为最优方案，基本计算公式为：

$$K_i = C_i + \sum_{t=1}^{n} E_{it} \qquad (5\text{-}2\text{-}4)$$

式中　K_i——第 i 方案的总费用；

　　　C_i——第 i 方案的总投资；

　　　E_{it}——第 i 方案的第 t 年的运营费；

　　　n——计算期年数。

若进一步考虑资金的时间价值，则总费用的计算公式为：

$$K_i = \sum_{t=1}^{n} \left[\frac{C_{it}}{(1+i_c)^t} + \frac{E_{it}}{(1+i_c)^t} \right] \qquad (5\text{-}2\text{-}5)$$

式中　C_{it}——第 i 方案的第 t 年的投资额；

　　　E_{it}——第 i 方案的第 t 年的运营额；

　　　i_c——铁路基准收益率；

　　　n——计算期年数。

若计算期结束时部分方案还存在固定资产余值，总费用的计算公式可作如下修正：

$$K_i = \sum_{t=1}^{n} \left[\frac{C_{it}}{(1+i_c)^t} + \frac{E_{it}}{(1+i_c)^t} \right] - \frac{C_{yi}}{(1+i_c)^n} \qquad (5\text{-}2\text{-}6)$$

式中　C_{yi}——第 i 方案在计算期末的固定资产余值。

4. 差额投资内部收益率法

差额投资内部收益率法是以差额投资内部收益率作为评价指标的经济比较方法。差额投资内部收益率是两个方案各年度净现金流量差额的现值之和等于零时的折现率，由下列公式计算：

$$\sum_{t=1}^{n} [(CI-CO)_{2t} - (CI-CO)_{1t}](1+\Delta FIRR)^{-t} = 0 \qquad (5\text{-}2\text{-}7)$$

式中　CI——现金流入；

　　　CO——现金流出；

　　　$(CI-CO)_{2t}$——投资大的方案在第 t 年的净现金流量；

　　　$(CI-CO)_{1t}$——投资小的方案在第 t 年的净现金流量；

　　　$\Delta FIRR$——差额投资财务内部收益率；

　　　n——计算期。

从国民经济效益角度比较：

$$\sum_{t=1}^{n} [(B-C)_{2t} - (B-C)_{1t}](1+\Delta EIRR)^{-t} = 0 \qquad (5\text{-}2\text{-}8)$$

式中　B——效益；

　　　C——费用；

　　　$(B-C)_{2t}$——投资大的方案的净效益流量；

　　　$(B-C)_{1t}$——投资小的方案的净效益流量；

　　　$\Delta EIRR$——差额投资经济内部收益率。

进行方案比较时，可按上述公式计算差额投资内部收益率，并与财务内部收益率 i_c（从企业效益角度比较时）或社会折现率 i_s（从国民经济效益角度比较时）进行对比，当 $\Delta FIRR \geqslant i_c$ 或 $\Delta EIRR \geqslant i_s$ 时，以投资大的方案为优；反之，投资小的方案为优。

本方法适用于对两个或三个方案进行比较。当方案较多时，为避免方案两两比较增加工作量，可采用净现值法进行比较。

四、方案的综合评价

方案的综合评价，是在取得各项技术经济评价指标的基础上，进行综合分析，评选最合理方案。

方案综合评价所依据的各种技术经济指标，主要包括技术特征、运营特征、工程数量和工程条件以及经济评价等几个方面的指标。

进行方案的综合评价，应根据方案之间的差别情况，选用广度恰当的指标体系列表进行评比。以新建铁路为例，常用指标见表 5-2-1。

表 5-2-1　新建铁路线路方案技术经济比较指标

序号	指标	名称	单位	方案 I	方案 II
1	线路长度	建筑长度/运营长度	km		
2	展线系数				
3	牵引质量		t		
4	往返走行时分	控制区间/全线	min/h		
5	通过能力		对/d		
6	输送能力		Mt/a		
7	最大坡度	限坡/双机坡	‰		
8	最大坡度地段长度	限坡/双机坡	km		
9	拔起高度	上行/下行	m		
10	最小曲线半径		m		
11	地质不良地段	处数/总长度	处/km		
12	车　站	区段站	个		
		中间站			
13	土石方	填方	$\times 10^4$ m^3		
		挖方			
14	桥　梁	总座数/总长度	座/m		
		其中,特大桥座数/总长度			
15	涵　洞	总座数/总横延米	座/m		
16	隧　道	总座数/总长度	座/m		
		其中,长隧道座数/总长度			
17	施工劳动力		万工日		
18	用　地		$\times 10^3$ m^2		
19	投　资	工程费	万元		
		机车车辆购置费			
20	造　价		万元/km		
21	设计年度运营费		万元/a		
22	年换算工程运营费		万元/a		
23	设计年度资金利税率		%		
24	投资回收期		a		
25	净现值		万元		
26	内部收益率		%		

【技能训练】

【5-2-1】　方案比选的评价指标和基础数据有哪些?

项目六

车站设计

 项目描述

铁路车站是办理列车通过、到发、技术作业及客货运业务的分界点。车站（或枢纽）设计是铁路设计的重要组成部分，特别是会让站、越行站及中间站在线路上分布广，其站址选择与选线设计同时进行，互相影响。车站是设有配线，办理列车的到发、会让、越行、解体、编组以及客货运业务的地点。车站按其技术作业及作业性质的不同，可以分为会让站、越行站、中间站、区段站、编组站、客运站和货运站。

通过本项目的学习，学生应了解车站的基本配置、作业、主要设备，掌握会让站、越行站和中间站的基本设计方法及识读铁路车站设计图纸，掌握线间距和股道长度、进站信号机、道岔、出站信号机、警冲标等的定位和里程计算方法，能推算车站线路实际有效长。

拟实现的教学目标

1. 能力目标
- 了解中间站的分类，熟悉中间站的作业和设备，掌握中间站图型；
- 能推算车站线路实际有效长；
- 能识读铁路车站设计图纸，并能获取相关工程信息；
- 掌握线间距和股道长度、进站信号机、道岔、出站信号机、警冲标等的定位和里程计算方法。

2. 知识目标
- 了解车站的用途、分类及分布；
- 熟悉铁路车站线路的种类与线间距；
- 掌握股道和道岔的编号；
- 掌握会让站、越行站及中间站的基本设计方法。

3. 素质目标
- 具有严谨求实的工作作风；
- 具备团结协作精神；
- 具有精益求精的工匠精神。

任务一
会让站和越行站认知

【任务描述】

会让站、越行站是为提高铁路区段通过能力，保证行车安全，并为沿线城乡及工农业生产服务而设置的，它办理的主要作业有列车的通过、会让、越行和少量客货运业务。通过本节对会让站和越行站的作业设备以及布置图型的学习，学生对会让站和越行站应有全面清楚的了解。

【任务分析】

具体任务	具体要求
● 认识会让站 ● 认识越行站	➤ 掌握会让站概念和会让站布置图型； ➤ 掌握越行站概念和越行站布置图型。

【相关知识】

一、会让站

在单线铁路上，为满足区间通过能力需要设置有办理列车通过、会让、越行的车站称为会让站。会让站主要办理列车的到发和会让，也办理少量的客货运业务。因此，会让站应铺设到发线，并设置信号及通信设备、旅客乘降设备、技术办公用房，但没有专门的货运设备。会让站布置图按其到发线的相互位置可分为横列式会让站和纵列式会让站两类。

1. 横列式会让站

横列式图型具有站坪长度短、站场布置紧凑、便于集中管理、定员少和到发线使用灵活等优点，因此会让站应采用横列式图型。图 6-1-1 为横列式会让站的《铁路车站及枢纽设计规范》推荐图型，适用于行车量小、远期也无发展，仅为提高区间通过能力办理列车会让的车站。横列式会让站通常设置一条或两条到发线。设置一条到发线时，到发线一般设在站房对侧，其优点是便于利用正线接发通过列车，有利于助理值班员办理接发通过列车的作业。车站值班员可以不跨越线路，也不被停留在到发线上的其他列车隔开，在基本站台上就可办理正线列车通过作业；经由正线接发的旅客列车可停靠基本站台而不经过侧向道岔，列车运行平稳，旅客比较舒适。其缺点是旅客列车在车站停车办理客运业务时影响正线的通过，并不利于远期发展。设置两条到发线时，两条到发线一般分设正线两侧。

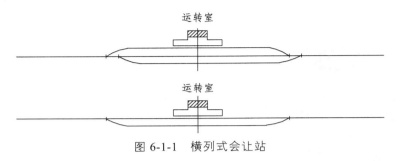

图 6-1-1　横列式会让站

2. 纵列式会让站

纵列式会让站的特点是将两到发线纵向排列，并向逆运转方向错移一个货物列车到发线有效长度，如图 6-1-2 所示。因此，纵列式会让站需要较长的站坪，工程费用大；车长与值班员联系时，走行距离长；列车在站会车不灵活，特别是在三交会的情况下，有可能造成客车不能停靠基本站台，增加列车的停站时间。只有当线路通过地势陡峻狭窄地段，车站按横列式布置引起巨大工程，且对运营不利（如地形条件限制、运转室不能设在适宜位置等），或遇有双线插入段，以及处于控制区间需提高区间通过能力等困难条件时，可采用纵列式图型。

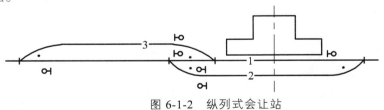

图 6-1-2　纵列式会让站

二、越行站

在双线铁路上，为满足区间通过能力的需要而设置的办理同方向列车越行的车站称为越行站。越行站的主要业务包括办理正线各种列车的通过，待避列车进出到发线、停站待避；客货共线铁路的越行站必要时还办理反方向列车的转线，也办理少量的客、货运业务。因此，越行站应铺设到发线并设置旅客乘降设备、信号及通信设备和技术办公房屋等。

越行站一般应采用横列式图型，可按图 6-1-3 所示，其主要优点是站坪长度短、工程费小、节省定员、管理方便、到发线使用灵活、站场布置紧凑等。

越行站一般应设两条到发线，以便双方向列车都有同时待避的机会。当地形困难或受其他条件限制时，行车密度不高线路上的个别越行站或枢纽内的闸站，也可设一条到发线，但不能连续设置。

如横列式越行站仅设一条到发线，则到发线一般应设于两正线中间，如图 6-1-3（b）所示。其优点是上、下行停站旅客列车一般接入正线，列车运行平稳，旅客舒适，且不需扳动道岔，有利于行车安全；助理值班员接发下行通过列车时，办理作业方便，且不会被待避列车阻挡；任何一方待避列车接入到发线时，均不与正线的列车干扰，而且接发列车进路灵活，使用效率高。其缺点是两正线变换线间距时，上行正线在站内需设反向曲线，瞭望不便，可能影响列车运行速度；如中间到发线采用单式对称道岔连接，则养护维修不便。该图适用于地形特别困难或受其他条件限制的越行站。

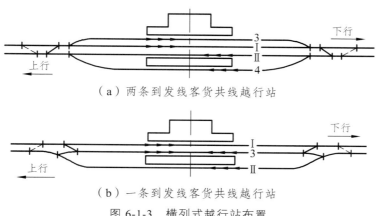

（a）两条到发线客货共线越行站

（b）一条到发线客货共线越行站

图 6-1-3　横列式越行站布置

横列式越行站设两条到发线时，两条到发线一般分设于正线两侧，如图 6-1-3（a）所示。该图具有正线顺直，接发通过列车方便，上、下行旅客列车作业或有待避列车时不影响正线的通过，并便于远期发展等优点，适用于上、下行均有同时待避列车的越行站。若两到发线布置在正线同一侧，则一个方向待避列车在到发线接、发时，存在着与另一个方向发、接交叉的现象，不仅影响行车安全，而且还会降低区间通过能力。因此，新建或改建越行站时，宜采用两到发线设于正线两侧的布置图。

高速铁路的越行站无维修工区且与两端相邻车站均较近时可不设渡线；其余情况下，均应设置渡线，如图 6-1-4 所示。客货共线铁路的越行站两端咽喉的两正线间应各设 1 条渡线组成"大八字"渡线，有条件时车站咽喉每端宜预留 1 条渡线；越行站的"大八字"渡线不应连续设置。

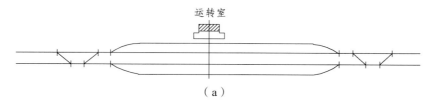

（a）

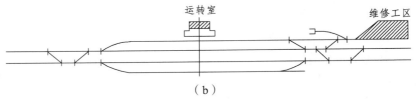

（b）

图 6-1-4　越行站图型

越行站图型

【技能训练】

【6-1-1】　绘出具有两条到发线的双线横列式越行站布置图，并标出各股道的有效长。

任务二
中间站设计

【任务描述】

办理列车通过、交会、越行和客货运业务的车站称为中间站。铁路中间站的数量占绝大多数，做好中间站设计，对完成铁路运输任务和加强城乡联系有着重要意义。为便于对设备的维修管理，学生应熟悉铁路车站线路的种类与线间距，能对站内的线路和道岔统一编号，能够推算车站线路实际有效长。

【任务分析】

具体任务	具体要求
● 认识中间站	➢ 掌握中间站作业和中间站布置图型；
● 掌握道岔、股道编号方法。	➢ 为便于对设备的维修管理，对站内的线路和道岔统一编号；
● 掌握道岔与股道连接	➢ 了解线路连接形式水平方向的投影长度计算要素。
● 了解车站线路有效长的推算。	

【相关知识】

一、中间站的作业

（1）列车的通过、会让、越行，在双线铁路上还办理调整反方向运行列车的转线作业。

（2）旅客乘降和行李、包裹的收发与保管。

（3）货物的承运、装卸、保管与交付。

（4）摘挂列车向货场甩挂车辆的调车作业。

有的中间站如有工业企业线接轨或加力牵引起、终点以及机车折返站时，还需办理工业企业线的取送车，补机的摘挂、待班和机车整备、转向等作业。另外，在客货运量较大的个别中间站，还有始发、终到旅客列车及编组始发货物列车的作业。

二、中间站的布置图

在单线或双线铁路上，地形或运营条件不同使中间站的到发线与到发线、

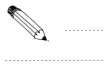

到发线与正线的相互位置不同，形成横列式和纵列式两种图型。

横列式中间站布置图的特点是到发线沿正线横向排列。横列式布置具有以下优点：站坪长度短，工程投资少；车站值班员对两端咽喉有较好的瞭望条件，便于管理；摘挂列车调车时车辆走行距离短，节省运营费，到发线使用灵活，站场布置紧凑等。因此，中间站一般都采用横列式布置。

单线中间站，当甩挂作业量小时，不设牵出线。货场可设在站房同侧或站房对侧。为便于调车作业，货场应尽可能地设在到发线顺运转方向的前端。如货场设于站房同侧，一般应设在第一象限，如图 6-2-1（a）所示。该图适用于货运量不很大，摘挂列车在站作业时间不长，且行车密度不大、速度不高的单线中间站。如货场设于站房对侧，一般应设在第三象限，如图 6-2-1（b）所示。

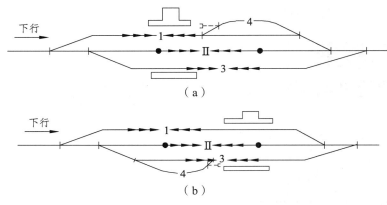

图 6-2-1　单线无牵出线中间站

如图 6-2-2 所示为双线横列式中间站布置。双线中间站由于调车作业量大，中间站需要设牵出线。此时货场位于第一象限较好。当货场位于第一象限时，下行摘挂列车接入 3 道，利用牵出线调车，既不干扰正线行车又可缩短调车作业时间，调车效率高。图 6-2-2 适用于货运量不很大的双线铁路中间站。货场设在站房同侧或对侧，应根据货源、货流方向，结合当地条件确定。

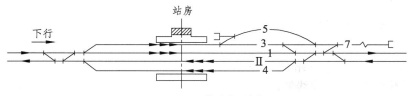

图 6-2-2　双线中间站布置

三、中间站的设备

（1）客运设备，包括旅客站房（售票房、候车室、行包房）、旅客站台、人行天桥、地道和雨棚等。

（2）货运设备，包括货物仓库、货物站台和货运室、装卸机械等。

（3）站内线路，包括到发线、牵出线和货物线等。

（4）信号及通信设备。

（5）个别车站还设有机车整备设备、列车检查设备等。

（6）必要时还设有调车用的牵出线和安全线。

（一）客运设备

客运设备包括旅客站房、旅客站台、雨棚、客运服务设施以及平过道或跨线设备等。

1. 旅客站房

旅客站房是办理售票、候车和行包邮件承运、交付及保管的地方。中间站的旅客站房可根据车站等级、客流量大小确定其规模。客流量不大的车站，旅客站房一般采用定型设计；客流量大的车站，旅客站房应专门设计。旅客站房位置应方便旅客进出站，与城市规划和车站总布置相配合。为方便旅客集散，旅客站房宜设在靠城市中心区一侧。站房边缘距最近线路中心线的距离一般不小于 15 m。这个宽度能满足旅客上下车和行包邮件运输车辆的调头及行车人员作业视线的要求。如因地形困难，也可采用较小距离，但不得小于 7.75 m，以保证基本站台的宽度不小于 6 m。

2. 旅客站台

设置旅客站台可加快旅客上、下车和行包邮件装卸速度，缩短客车停站时间，并为行包、邮件搬运创造良好条件，因此在办理旅客上、下车的车站应设置旅客站台，并应与旅客站房和旅客列车到发线的布置相匹配，设置相应的基本站台和中间站台。

不论在双线铁路或是单线铁路的中间站上，均应设置基本站台，以便旅客乘降和值班员办理接发列车作业。客货运量较大的单线铁路中间站和双线铁路中间站均应设中间站台。中间站台一般应设在站房对侧的到发线与正线之间。

中间站旅客站台的长度应根据旅客列车的长度和零摘列车编组情况确定，一般不短于 300 m，在人烟稀少地区或客流量较小的车站，站台长度可适当缩短。

中间站旅客站台的宽度应根据客流密度、行包运送方式及站台上设置的建筑物等因素确定。基本站台宽度在旅客站房范围以内不应小于 8 m，困难条件下不应小于 6 m。中间站台宽度，在不设天桥、地道和雨棚时，单线铁路区段中间站不小于 4 m，双线铁路区段中间站不小于 5 m。站台上设有跨线设备时，站台应适当加宽。

旅客站台的高度，根据邻靠线路的关系和通行列车的要求，分为高站台、中站台和低站台。普速铁路中间站的旅客站台一般高出轨面 500 mm，邻靠正线及通行超限货物列车线路的旅客站台应采用高出轨面 300 mm 的低站台，特殊情况下才采用高出轨面 1 100 mm 的高站台。站台面为了方便排水，一般采用向站台边缘倾斜 2% 的坡度。

3. 站台间跨线设备

站台间跨越设备一般有平过道、天桥及地道三种。基本站台和中间站台之间为旅客通行应设平过道两处，其宽度不小于 2.5 m。在客运量（即旅客乘降人数）较多的大型中间站，为保证旅客安全和提高线路利用率，可根据需要修建天桥或地道。

（二）货运设备

1. 货　场

货场是联系产、运、销，促进工农业生产，为地方服务的重要设施。货场位置与主要货源、货流方向一致，应选择搬运距离短且无须跨越铁路的地方，有利于消除货场堵塞和加速货物周转、缩短装卸车辆在站停留时间。

为便于摘挂列车的调车作业，货场应尽量设在到发线顺运行方向的前端。货场位置一般有 I、II、III、IV 象限四个位置。当货流、货源在站房同侧，主要车流为下行方向且货运量小时，宜设在第 I 象限，其优点是：货主搬运货物不需跨越正线，安全方便；中间站定员少，货场设在站房同侧，客货运兼办，便于管理和联系；车站向站房对侧发展也不受限制；同时有利于主要车流的调车作业。当货流、货源在站房对侧，主要车流为下行方向且货运量小时，宜设在第 III 象限，便于货运集散，次要方向调车作业方便，主要方向调车不便但不严重。

2. 货物站台

货物站台有普通站台和高站台两种。中间站的货物站台高度一般与车底板高度相同，高出轨面 1.1 m，亦称为普通货物站台。高出轨面 1.1 m 以上的为高站台。站台的宽度，有仓库时按仓库的宽度再加两边过道宽。仓库宽度可选用 9 m、12 m、15 m、18 m，两边过道的宽度应方便装卸作业。无仓库时，货物露天堆放站台宽度一般不小于 12 m。站台两端应有 1∶10 的斜坡，以利车辆上、下站台。

3. 货物仓库

中间站货物仓库宽度一般采用 9~12 m，运量较大时可采用 15 m。仓库长度应根据所需堆货面积计算决定。为方便装卸作业，仓库应设于货物站台上。仓库墙壁外侧至站台边缘的宽度：沿线路一侧一般不小于 3 m，在场地一侧不小于 2 m。

（三）车站线路设备

中间站的线路设备包括连接车站并贯穿或伸入车站的正线，还有站线（包括到发线、调车线、牵出线、货物线、存车线等）、岔线（包括支线、专用线和工业企业线）和特别用途线（包括安全线和避难线）。

1. 到发线

单线铁路中间站应设两条到发线，主要是使车站有三交会的条件，对提高车站作业效率和加速车辆周转都是必要的。双线铁路中间站也应设两条到发线使双方向列车有同时待避的机会。中间站在作业量较大时可设三条到发线。此外，下列中间站的到发线数量还应根据车站性质及作业需要适当增加：① 枢纽前方站、铁路局局界站、双机牵引的始终点站和长大下坡的列车技术检查站、机车乘务员换乘站，到发线数量可根据需要增加；② 有两个方向以上的线路引入或工业企业线接轨的中间站，到发线数量可根据需要确定；③ 有摘挂列车需进行整编作业的中间站，其到发线数量可根据实际需要确定；④ 办理机车折返作业的中间站，到发线数量可根据需要确定。

到发线可以设计为单进路或双进路。单进路是指到发线只固定一个运行方向（上行或下行）使用；双进路是指到发线可供上、下行方向使用。单线铁路车站的到发线应按双进路设计，可增加线路使用的灵活性。双线铁路车站的到发线宜按上、下行分别设计为单进路，以保证到发作业安全，但有时为增加调整列车运行的灵活性以及方便摘挂列车作业，个别到发线也可按双进路设计。

站内正线应保证能通行超限货物列车。此外，在区段内的 3~5 个中间站应满足超限货物列车会让与越行的要求。单线铁路应另有一条线路，双线铁路上下行应各另有一条线路通行超限货物列车。

2. 货物线

为了办理货物装卸作业，中间站应铺设 1~2 条货物线，其长度除满足平均一次来车的长度外，还应保证货物线两侧有足够的货位。货物线与到发线的间距应考虑货物线两侧堆放货物与装卸作业的需要，当线间有装卸作业时应不小于 15 m，无装卸作业时不小于 6.5 m。

中间站货物线布置形式大致有三种，即尽端式、通过式和混合式。通过式货物线，如图 6-2-3（a）中 5 道。通过式货物线的特点是货物线两端均连通到发线，使上、下行调车作业灵活便捷，可提高摘挂列车调车作业效率和到发线的使用能力，故一般应采用通过式的。尽端式货物线，如图 6-2-3（b）中的 5 道。尽端式货物线的特点是一头连通到发线，另一头深入货区，可接近货源，方便地方搬运，作业较安全且货物线有效长利用率高。尽端式货物线的主要缺点是停于货场另一端的本务机不能直接带车进入货物线，大大延长了摘挂列车调车作业时间。通过式货物线与尽端式货物线相结合的布置称为混合式。采用这种布置时，一般货物作业可在通过式货物线上进行，大宗或特殊货物可利用尽端线作业，充分利用了通过式货物线和尽端式货物线的优点。

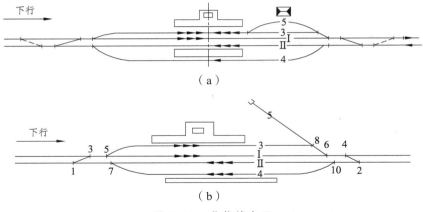

图 6-2-3　货物线布置

3. 牵出线

为方便摘挂列车的调车作业，必要时可根据具体情况铺设牵出线。中间站是否设置牵出线，应根据衔接区间正线数、行车密度大小、车站调车作业量、货场设置位置等来确定。设置牵出线的中间站，应保证牵出线上的调车作业与接发列车互不干扰。

单线铁路中间站，路段设计速度大于 120 km/h 或平行运行图列车对数在 24 对以上，双线铁路采用半自动闭塞平行运行图列车对数在 54 对以上、采用自动闭塞平行运行图列车对数在 66 对以上，且调车作业量较大的中间站均应设置牵出线。当行车量虽低于上述规定的列车对数，但调车作业量很大的中间站，（单双线车站年到发货运量分别在 20 万吨或 30 万吨以上，或者日均装卸车数分别在 15 辆或 20 辆左右），则根据实际也应设置牵出线。

牵出线应设在直线上。在困难条件下，可设在半径不小于 1 000 m 的曲线上，在特别困难条件下，曲线半径不应小于 300 m。当行车量不大或本站作业量较小时，可利用正线或专用线进行调车作业，但其平、纵断面及视线条件应适应调车作业的要求，并将进站信号机外移，外移距离不应超过 400 m。牵出线的有效长应满足调车作业的需要，不宜小于该区段运行的货物列车长度的一半，在特别困难条件下或本站作业量不大时，不应短于 200 m。牵出线的坡度一般设为平坡或面向调车线不大于 2.5‰的下坡道上。

4. 安全线

安全线是为防止列车或机车车辆从一进路进入另一列车或机车车辆占用的进路而发生冲突的一种安全隔开设备。安全线向车挡方向不应采用下坡道，其有效长一般应不短于 50 m。

下列地点需要设置安全线：

（1）在区间内铁路线路产生平面交叉时。

（2）各级铁路线、工业企业线、岔线在区间或站内与正线、到发线接轨时，如图 6-2-4 所示。但如果在接轨处受地形条件限制或向车站方向为平道或上坡道时，也可设置脱轨器代替安全线。

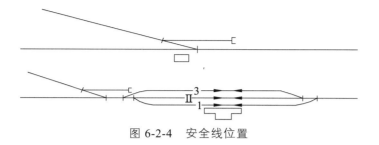

图 6-2-4　安全线位置

（3）在进站信号机外制动距离内为超过 6‰ 下坡道时，为满足相对方向同时接车和同方向同时发、接列车的需要，应在车站接车方向的末端设置安全线，如图 6-2-5 所示。

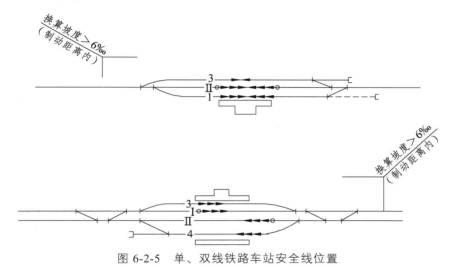

图 6-2-5　单、双线铁路车站安全线位置

5. 避难线

避难线是为了防止列车在陡长下坡道上因制动装置失灵失去控制，发生颠覆或与前方车站上其他列车冲突而设置的线路。当相邻车站站坪以外，区间线路的平均坡度大于或等于 1.5% 时，就需要根据线路平纵断面，通过牵引计算，验算失控列车的速度，当速度达到颠覆速度或溜行到前方车站仍不能停车时，则需设置避难线，同时确定避难线的位置和长度。

避难线有尽端式避难线、环形避难线及砂道避难线等类型。尽端式避难线依靠逐步升高的坡度来抵消失控列车的动能，迫使其停车。其主要优点是线路建筑长度较短，结构简单，易于养护，安全性能好。尽端式避难线由于优点显著，被各国铁路普遍采用。

避难线设在出站端（图 6-2-6 中方案Ⅰ）的优点是下坡列车不需站外一度停车，对区间通过能力影响较小，列车一旦溜入避难线后，堵塞区间的可能性较小。当办理由陡长下坡道方向开来的列车时，必须保证在通往避难线的接车线路空闲的情况下，方可办理闭塞。因此通往避难线的线路使用效率较低，有时影响站内作业。避难线设在进站端（图 6-2-6 中方案Ⅱ）的优点是失控列车不易闯入站内，不影响站内作业，站内作业安全性较好，同时车站到发线使用也比较灵活。在区间及进站端设避难线时，应在避难线道岔基本轨接缝前方不小于 150 m 处装设信号机，防止列车冒进信号冲进避难线。

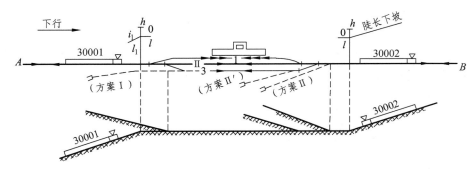

图 6-2-6　避难线设置位置

6. 专用线

专用线在车站接轨时，应考虑专用线取送车方便，并尽量减少对站内行车和调车作业的干扰。专用线与中间站接轨，一般是在车站两端咽喉区连接。当车站内有几条专用线接轨时，为便于调车作业和减少干扰，最好集中在车站的一个区域内，常与货场设在同一象限。在旅客列车停站较多的中间站上，专用线最好不在站房同侧的到发线上接轨，以免行车相互干扰。城镇规划、厂矿企业位置、货流方向及地形条件等均影响接轨位置，应根据具体情况比选确定专用线接轨方案。

四、股道及道岔编号

（一）股道编号

为了作业和维修管理上的方便，站内每条线路（即股道）都有规定的编号或专用名词，正线用罗马数字表示，站线用阿拉伯数字表示。单线铁路由靠近站房的线路起向站房对侧依次顺序编号；位于站房左右或后方的线路，在站房前的线路编完后，再由正线方向起，向远离正线顺序编号，如图 6-2-7（a）所示。双线铁路从正线起按列车运行方向分别向外顺序编号，上行编双数，下行编单数，如图 6-2-7（b）所示。

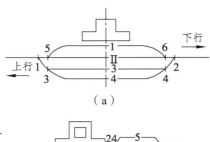

（a）

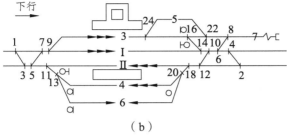

（b）

图 6-2-7　车站线路及道岔编号示意

（二）道岔编号

站内道岔一般以信号楼中心线或车站中心线作为划分单数号与双数号的分界线。对道岔进行编号时，用阿拉伯数字从车站两端由外向内，由主而次依次编号，上行列车到达端用双数，下行列车到达端用单数，联动道岔需要连续编号。上下行咽喉的区分，一般地，列车从北京出发，先到达的咽喉为下行咽喉。

【课堂训练 6-2-1】

如图 6-2-8 所示，给乙站线路和道岔进行编号。

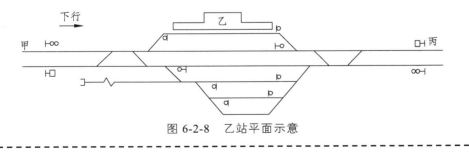

图 6-2-8　乙站平面示意

五、车站限界及线间距

（一）车站限界

为保证行车安全，铁路线路附近的任何建筑物或设备（除与机车车辆直接相互作用的设备外）都应该离开线路中心线和钢轨顶面一定的距离，以防机车车辆通过时与其相撞。《铁路车站与枢纽设计规范》（TB 10099—2017）规定，在铁路车站线路的直线地段上，主要建筑物和设备至相邻线路中心线的距离应符合表 6-2-1 的要求。

表 6-2-1　主要建（构）筑物和设备至线路中心线的距离　　　　单位：mm

序号	建（构）筑物和设备名称			高速铁路	城际铁路	客货共线铁路和重载铁路	
						高出轨面的距离	至线路中心线的距离
1	跨线桥柱、天桥柱、雨棚柱和电力照明杆等杆柱边缘	位于站内正线一侧		≥2 440	≥2 200	—	≥2 440
		位于站线间	通行超限货物列车时	—	—	1 100 及以上	≥2 440
			不通行超限货物列车时	≥2 150	≥2 150	1 100 及以上	≥2 150
		位于站场最外站线的外侧		≥3 100	≥3 100	1 100 及以上	≥3 100
		位于最外梯线或牵出线一侧		≥3 100	≥3 100	1 100 及以上	≥3 500
2	接触网支柱边缘	位于站内正线一侧或站场最外线路的外侧	无砟	≥3 000	≥2 500	—	—
			有砟	≥3 100	≥3 100	—	≥3 100
		位于站线间	通行超限货物列车时	—	—	1 100 及以上	≥2 440
			不通行超限货物列车时	≥2 150	≥2 150	1 100 及以上	≥2 150
		位于最外梯线或牵出线一侧		≥3 100	≥3 100	1 100 及以上	≥3 500
3	高柱信号机边缘	高速铁路和城际铁路	正线	≥2 440	≥2 200	—	—
			到发线	≥2 150	≥2 150	—	—
		客货共线铁路和重载铁路	通行超限货物列车时	—	—	1 100 及以上	≥2 440
			不通行超限货物列车时	—	—	1 100 及以上	≥2 150
4	货物站台边缘	普通站台		—	—	950～1 100	1 750
		高站台		—	—	≤4 800	1 850
5	旅客站台边缘	高站台	位于正线一侧	1 800	1 800	—	—
			位于站线一侧	1 750	1 750	1 250	1 750
		普通站台	位于不通行超限货物列车的到发线一侧	—	—	500	1 750
		低站台	位于通行超限货物列车的到发线一侧	—	—	300	1 750
6	车库门、转车盘、洗车架和洗罐线、机车走行线上的建（构）筑物边缘			—	—	1 250 及以上	≥2 000
7	清扫或扳道房和围墙边缘			≥3 500	≥3 500	1 100 及以上	≥3 500
8	起吊机械固定杆柱或走行部分附属设备边缘至货物装卸线			—	—	1 100 及以上	≥2 440
9	连续墙体、栅栏、声屏障边缘	位于正线或站线外侧（无人员通行）		路基面外	路基面外	—	路基面外

注：（1）表列序号1、序号2有砟轨道线路考虑大型养路机械作业时，路基地段杆柱内侧边缘至正线线路中心的距离不应小于3 100 mm。

（2）表列序号2接触网支柱内侧边缘至线路中心的距离，在困难条件下，位于有砟轨道正线一侧不应小于2 500 mm，位于不通行超限货物列车的站线一侧不应小于2 150 mm。

（3）表列序号5正线无列车通过或列车通过速度不大于80 km/h时，高站台边缘至线路中心线的距离可采用1 750 mm。

（4）表列序号9栅栏边缘至线路中心的距离，高速铁路尚应不小于栅栏距地面的高度加2 440 mm之和，城际铁路尚应不小于栅栏距地面的高度加2 200 mm之和。

（二）车站线路间距

车站线间距离通常由机车车辆限界、建筑限界、超限货物装载限界、线间设备计算宽度和线路间办理作业性质需要的安全量等项因素确定。线路间距应保证行车安全、人身安全和站内作业的安全，满足通行超限列车和设置行车和客、货运设备的需要。《铁路车站及枢纽设计规范》规定对一般情况下铁路站内线路直线地段两相邻线路中心线间的最小距离应符合表 6-2-2 的规定。

表 6-2-2　车站线路间距

序号	名称			线间最小距离/mm
1	站内正线	高速铁路和城际铁路	站内正线间无渡线时	与区间正线相同
			站内正线间有渡线时　$v \leqslant 250$ km/h	4 600
			站内正线间有渡线时　250 km/h$<v \leqslant 300$ km/h	4 800
			站内正线间有渡线时　300 km/h$<v \leqslant 350$ km/h	5 000
		客货共线铁路		5 000
		双线与第三线间，或相同行车方向的正线间		5 300
2	站内正线与相邻到发线	无列检、上水及卸污作业		5 000
		有列检、上水或卸污作业	$v \leqslant 120$ km/h　一般	5 500
			$v \leqslant 120$ km/h　改建特别困难	5 000（保留）
			120 km/h$<v \leqslant 160$ km/h　一般	6 000
			120 km/h$<v \leqslant 160$ km/h　改建特别困难	5 500（保留）
			160 km/h$<v$　一般	6 500（设栅栏）
			160 km/h$<v$　改建特别困难	5 500（保留）
3	到发线间、调车线间	一般		5 000
		铺设列检小车通道或有客车上水、卸污作业		5 500
		改建特别困难		4 600（保留）
4	装有有高柱信号机的线间	相邻两线均通行超限货物列车		5 300
		相邻两线只一线通行超限货物列车		5 000
5	动车组存车线间			4 600
6	客车车底停留线间	一般		5 000
		改建特别困难		4 600
7	动车组及客车整备线间	线间无照明和通信等电杆		6 000
		线间有照明和通信等电杆		7 000
8	货物直接换装的线路间			3 600
9	牵出线与其相邻线	区段站、编组站及其他调车作业繁忙车站		6 500
		中间站及其他仅办理摘挂取送作业		5 000
10	调车场各线束间			6 500
11	调车场设有制动员室的线束间			7 000
12	梯线与其相邻线间			5 000

注：（1）表列序号 1，城际铁路当正线间设置反向出站信号机时，线间距应计算确定。
　　（2）表列序号 2，在有列检作业的区段站上，路段设计速度在 120 km/h 及以上时，运营中必须采取保证列检人员人身安全的措施。
　　（3）表列序号 3，列检小车通道不宜设在通行超限货物列车的到发线间，线间铺设机动小车通道的相邻到发线间距不应小于 6 000 mm。
　　（4）在区段站、编组站及其他大站上，线间距应与灯桥、接触网软横跨或硬横跨等横向最大跨度相适应，一般最多每隔 8 条线路或 40 m 应设置一处不小于 6 500 mm 的线间距，此线间距宜设在两个车场或线束之间。
　　（5）照明或通信电杆等设备，在站线较多的大站上应集中设置在有较宽线间距的线路间，在中间站宜设在站线之外；其他杆柱不宜与高柱信号机布置于同一线间，若确需布置于同一线间时，应确保高柱信号机的瞭望条件。

六、道岔及其连接

（一）道岔辙叉号数的选用

道岔是控制行车速度的关键设备，道岔号数一旦确定，再改变将会引起站场改造的巨大工程或严重影响正常运营。道岔号数的选择，一般应根据列车的运行方式、路段旅客列车设计速度以及要求的道岔侧向允许通过速度来确定。

道岔辙叉号数的选用应符合《铁路车站及枢纽设计规范》和《技规》的规定，即：

（1）正线道岔的直向通过速度不应小于路段设计行车速度。在列车直向通过速度为 100 km/h 及以上的路段内，正线道岔不应小于 12 号。在改建特别困难的条件下，区段站及以上大站可采用 9 号。

（2）位于正线的单开道岔，在列车直向通过速度小于 100 km/h 的路段内，在会让站、越行站、中间站用于侧向接发正规列车的单开道岔不应小于 12 号，在其他车站不得小于 9 号。

（3）用于侧向通过列车，速度为 50 km/h 以上至 80 km/h 的单开道岔不得小于 18 号，速度不大于 50 km/h 的单开道岔不得小于 12 号。

（4）用于侧向接发旅客列车的单开道岔不得小于 12 号。困难条件下，非正线上接发旅客列车的道岔可采用 9 号对称道岔。

（5）跨线列车联络线与正线连接的道岔应根据联络线的设计速度确定，侧向通过列车速度超过 80 km/h 的单开道岔不得小于 30 号。

（6）正线不应采用复式交分道岔，困难条件下需要采用时不得小于 12 号。

（7）驼峰溜放部分应采用 6 号对称道岔；改建困难时，可保留其他对称道岔；当调车场外侧线路连接特别困难时，可采用 9 号单开道岔。到达场出口、调车场尾部、物流中心及段管线等站线上，可采用 6 号对称道岔。

（8）其他线路的单开道岔或交分道岔不得小于 9 号。

常用单开道岔主要尺寸见表 6-2-3。

表 6-2-3　常用单开道岔主要尺寸

道岔号数	辙叉角 α/（°）	导曲线中心线半径 R/mm	道岔始端至道岔中心距离 a/mm	道岔中心至辙叉跟端距离 b/mm	道岔全长 L_0/mm	侧向通过道岔允许速度/（km/h）
9	6°20′25″	180 000	13 839	15 009	28 848	30
12	4°45′49″	330 000	16 853	19 962	36 815	45
18	3°10′12.5″	800 000	22 667	31 333	54 000	75
客专 60-18	3°10′47.4″	1 100 000	31 729	37 271	69 000	80
客专 60-42	1°21′50.13″	5 000 000	60 573	96 627	157 200	160
客专 60-62	0°55′26.56″	8 200 000	70 784	130 216	201 000	220

（二）道岔与道岔连接

股道布置时，应力求相邻道岔尽量紧凑，这是为了减少工程量及机车车辆在车站内的行走距离，缩短咽喉长度。考虑到列车通过时的平稳性以及方便今后的站场改造和养护维修，要在两组道岔间插入一段直线钢轨。其长度需满足车辆通过第一组道岔导曲线所产生的振动在到达第二组道岔导曲线前消失，不与第二组道岔导曲线所产生的振动叠加的要求，根据《铁路车站及枢纽设计规范》规定的 f 取值按表6-2-4和表6-2-5确定。两相邻道岔中心间的距离，应根据两道岔的配列形式和道岔的辙叉号数及其几何要素等来确定。

道岔的排列形式如图6-2-9所示，主要有：异侧对向、同侧对向、异侧顺向、分支顺向、同侧顺向和异侧背向。

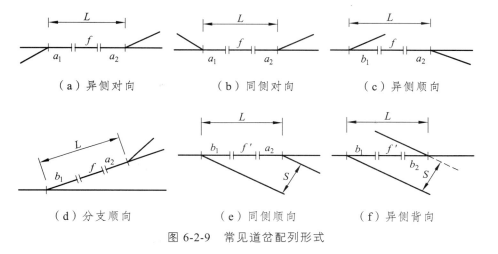

（a）异侧对向　　　　　（b）同侧对向　　　　　（c）异侧顺向

（d）分支顺向　　　　　（e）同侧顺向　　　　　（f）异侧背向

图6-2-9　常见道岔配列形式

表6-2-4　两对向单开道岔间插入钢轨的最小长度　　　　　单位：m

道岔布置	线　别	有列车同时通过两侧线		无列车同时通过两侧线
		一般情况	困难情况	
	正线	直向通过速度 $v>120$ km/h	—	—	12.5（25.0）
		直向通过速度 $v\leqslant120$ km/h	—	—	6.25（25.0）
	正线	直向通过速度 $v>160$ km/h	25.0（50.0）	12.5（32）	12.5（25.0）
		直向通过速度 160 km/h$\geqslant$ $v>120$ km/h	12.5（25.0）	12.5（25.0）	12.5（25.0）
		直向通过速度 $v\leqslant120$ km/h	12.5（25.0）	6.25（25.0）	6.25（25.0）

续表

道岔布置	线别		有列车同时通过两侧线		无列车同时通过两侧线
			一般情况	困难情况	
（图 L、f、a_1、a_2）	到发线	客车	12.5（25.0）	12.5（12.5）	0（12.5）
		货车	6.25	6.25	0
（图 L、f、a_1、a_2）	其他站线	客车	12.5	12.5	0
		货车	—	—	0

注：（1）括号内的数字为股道采用 18 号单开道岔时插入的最小钢轨长度。

（2）表中两种配列形式中，两相邻道岔中心间的最小距离（L）应为：

$$L = a_1 + f + a_2 + \Delta \text{（m）}$$

式中　a_1——第一组道岔始端基本轨轨缝中心至道岔中心的距离（m）；

　　　a_2——第二组道岔始端基本轨轨缝中心至道岔中心的距离（m）；

　　　f——两相邻道岔间插入钢轨的最小长度（m）；

　　　Δ——一个轨缝的宽度，对于 25 m 或 12.5 m 标准轨取值为 0.012 m，12.5 m 以下的短轨取值 0.008 m。每插入一根钢轨，就产生一个轨缝。

表 6-2-5　两顺向单开道岔间插入钢轨的最小长度　　　　　　单位：m

道岔布置	线别		混凝土岔枕道岔	
			一般情况	困难情况
（图 L、f、b_1、a_2）	正线	直向通过速度 $v>160$ km/h	25.0（25.0）	12.5（25.0）
		直向通过速度 160 km/h≥$v>120$ km/h	12.5（25.0）	12.5（25.0）
		直向通过速度 $v≤120$ km/h	12.5（25.0）	8.0（25.0）
	到发线		12.5（25.0）	8.0（12.5）
	其他站线	客车	12.5	80
		货车	8.0	6.25
（图 L、f、a_2、b_1）	到发线		12.5（25.0）	8.0（12.5）
	其他站线	客车	12.5	8.0
		货车	8.0	6.5

注：（1）括号内的数字为股道采用 18 号单开道岔时插入的最小钢轨长度。

（2）道岔间插入钢轨的最小长度除应符合表 6-2-4 及表 6-2-5 的一般规定外，尚应按道岔结构要求适当调整。

（3）正线、站线采用无缝线路或通行动车组列车时，道岔间插入钢轨的最小长度不应小于 12.5 m。

（4）相邻两道岔轨型不同时，插入钢轨应采用异型轨。

（5）客车整备所线路采用 6 号对称道岔连续布置时，插入钢轨长度不应小于 12.5 m。

（6）列车是指编成的车列并挂有机车及规定的列车标志，不含未完全具备列车条件按列车办理的机车车辆。

（7）同侧顺向（即在基线同侧顺向布置的两个单开道岔），如图 6-2-9（e）所示。这种布置的两相邻岔心间的最小距离决定于相邻线路的最小容许间距 S，其长度为：

$$L = \frac{S}{\sin \alpha} = b_1 + f' + a_2 \text{（m）}$$

$$f' = L - (b_1 + a_2) \text{（m）}$$

式中　a——道岔的辙叉角（°）；

　　　f'——含轨缝的插入直线段钢轨长度（m）。

【案例 6-2-1】 计算两相邻岔心间的距离

图 6-2-10 所示为某站一端咽喉区布置示意,已知该站道岔直向通过速度为 $v=120$ km/h,混凝土岔枕道岔,试确定各种道岔配列形式两相邻岔心间的距离。

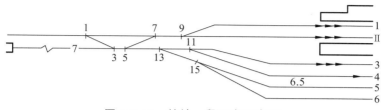

图 6-2-10 某站一段咽喉区布置

【解】

1. 确定各道岔的辙叉号数

1、3、9 道岔需侧向接发旅客列车,应采用 12 号道岔,其余道岔采用 9 号道岔。

2. 确定各种道岔配列形式两相邻岔心间的距离

(1) 3—5 号道岔为同侧对向配列形式:

$$L = a_1 + f + a_2 + \Delta = 16.853 + 0 + 13.839 + 0 = 30.692 \text{ (m)}$$

(2) 7—9 号道岔为异侧对向配列形式:

$$L = a_1 + f + a_2 + \Delta = 13.839 + 6.25 + 16.853 + 0.008 = 36.950 \text{ (m)}$$

(3) 5—13 号道岔为异侧顺向配列形式:

$$L = b_1 + f + a_2 + \Delta = 15.009 + 8.0 + 13.839 + 0.008 = 36.856 \text{ (m)}$$

(4) 13—15 号道岔为分支顺向配列形式:

$$L = b_1 + f + a_2 + \Delta = 15.009 + 8.0 + 13.839 + 0.008 = 36.856 \text{ (m)}$$

(5) 13—11 号道岔为同侧顺向配列形式:

$$L = \frac{S}{\sin \alpha} = \frac{6.5}{\sin 6°20'25''} = \frac{6.5}{0.110433} \approx 58.850 \text{ (m)}$$

(三)道岔与岔后曲线连接

道岔应设置在直线上。为适应轨距的变化,必须在道岔与圆曲线之间插入一段直线过渡段 f,如图 6-2-11 所示。

道岔后的连接曲线,其半径不应小于道岔导曲线半径,通常选用 500 m、400 m、300 m、200 m,并尽量用大者,以改善列车运行条件,如图 6-2-12 所示。

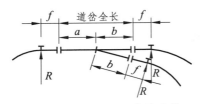

图 6-2-11　道岔和圆曲线连接

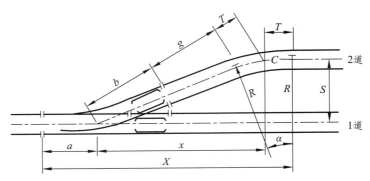

图 6-2-12　普通线路终端连接

通行正规列车的站线，两曲线间应设置不小于 20 m 的直线段；不通行正规列车的站线，两曲线间应设置不小于 15 m 的直线段；在困难条件下，可设置不小于 10 m 的直线段。

为了标定曲线及全部连接长度，应确定角顶 C 的坐标，即：

$$x = (b + g + T)\cos\alpha = S\cot\alpha = SN \qquad （6-2-1）$$

$$y = (b + g + T)\sin\alpha = S \qquad （6-2-2）$$

全部连接长度在水平方向的投影为：

$$X = a + x + T \qquad （6-2-3）$$

连接曲线切线长度为：

$$T = R \cdot \tan\frac{\alpha}{2} \qquad （6-2-4）$$

式中　R——连接曲线半径（m），其值不应小于连接道岔的导曲线半径，根据道岔辙叉号数不同，分别选用 200 m、300 m 和 400 m 等。

道岔与连接曲线间的直线段长度（g），决定于线路间距（S）、曲线半径（R）及道岔的有关要素，可用下式确定：

$$g = \frac{s}{\sin\alpha} - (b + T) \qquad （6-2-5）$$

直线段长度 g 除应满足线路间距 S、曲线半径 R 及道岔结构的要求外，其最小长度还应满足道岔前后曲线轨距加宽和曲线超高的要求。曲线轨距加宽值及最小直线段长度如表 6-2-6 所示。

表 6-2-6　道岔至圆曲线最小直线段长度

序号	道岔前后圆曲线半径 R/m	最小直线段长度/m			
		一般		困难	
		轨距加宽或曲线超高递减率 2‰		轨距加宽递减率 3‰	
		岔前	岔后	岔前	岔后
1	$R \geqslant 350$	2	$0 + L'$	0	0
2	$350 > R \geqslant 300$	2.5	$2.5 + L'$	2	2
3	$R < 300$	7.5	$7.5 + L'$	5	5

注：（1）L' 为道岔根端至末根岔枕的距离（m）。
　　（2）在困难条件下，道岔后直线长度可采用道岔跟端至末根长岔枕的距离 L'_k 替代表中 L' 后的计算长度。

七、警冲标及信号机的位置

（一）无轨道电路

1. 警冲标的位置

警冲标是为防止停留在一线上的机车车辆与邻线行驶的机车车辆发生侧面冲撞而设置在两股道汇合的地方的标志。警冲标的位置在直线段设在距离相邻线路中心线的垂直距离各为 2 m 的地方，如图 6-2-13（a）所示。当警冲标设于直线与曲线之间时，如图 6-2-13（b）所示，警冲标距直线的距离仍为 2 m，距曲线的距离则为 $2 + W_1$（W_1 为曲线内侧加宽值）。

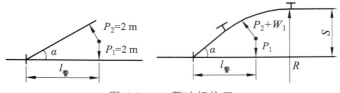

图 6-2-13　警冲标位置

警冲标位置

道岔中心至警冲标的水平投影距离 $l_{警}$ 与辙叉角 α、线间距离 S 及连接曲线半径 R 等因素有关。警冲标至道岔中心的距离通过查表 6-2-7 得到。

2. 进站信号机的位置

进站信号机用于防护车站，指示列车可否进站以及进站时的运行条件。它设在距车站最外方进站道岔尖轨尖端（逆向道岔）或警冲标（顺向道岔）不小于 50 m 的地方，如图 6-2-14 所示。当需利用正线调车时，应将信号机外移，一般不超过 400 m。

表 6-2-7　警冲标至道岔中心距离 L_j　　单位：m

道岔辙叉号		9			12				18	
辙叉角度		6°20′25″			4°45′49″				3°10′47″	
连接曲线半径	200	300	400	350	400	500	600	800	1 000	
警冲标位置					L_j 值					
股道间距　5.0	38.051	38.931	40.425	49.574	49.700	50.560	51.576	73.230	74.007	
股道间距　5.5	36.897	37.486	38.320	48.550	48.704	49.090	49.588	72.277	72.581	
股道间距　6.5	36.159	36.330	36.648	48.085	48.095	48.148	48.263	72.058	72.058	
股道间距　7.5	36.110	36.113	36.166	48.084	48.084	48.084	48.084	72.058	72.058	
股道间距　12.5	36.110	36.110	36.110	48.084	48.084	48.084	48.084	72.058	72.058	

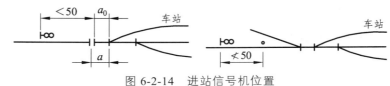

图 6-2-14　进站信号机位置

3. 出站信号机的位置

在车站内正线、到发线列车运行方向的左侧应装设出站信号机，它的位置除应满足限界要求外，还决定于信号机处道岔的方向、信号机类型及有无轨道电路等。

我国采用的高柱色灯信号机的基本宽度有 380 mm 和 410 mm 两种。

前方为顺向道岔时，高柱信号机距两侧线路中心的允许垂距，在直线地段 $P = 0.5b + B$，在曲线地段还应加上曲线加宽，$P = 0.5b + B + W_1$，如图 6-2-15 所示。式中：b 为信号机基本宽度（mm）；B 为信号机的建筑限界，线路通行超限货物列车时 $B = 2\,440$ mm，不通过超限货物列车时 $B = 2\,150$ mm。

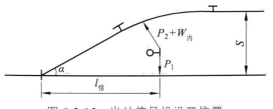

图 6-2-15　出站信号机设置位置

出站信号机后方为逆向道岔，可将信号机安设在道岔尖轨始端处，如图 6-2-16（a）所示。出站信号机后方为顺向道岔，信号机应设在警冲标内方适当地点，其距道岔中心的距离应满足建筑限界的要求，按信号机距相邻股道中心的垂距来确定，如图 6-2-16（b）所示。信号机至道岔中心的距离 $l_信$ 可以先经计算，列出如表 6-2-8 所示的表格，供设计查用。

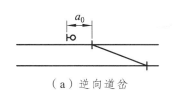
（a）逆向道岔

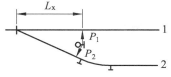
（b）顺向道岔在直线处

图 6-2-16　出站信号机位置（无轨道电路）

表 6-2-8　高柱信号机（$b = 380\ \text{mm}$）至道岔中心距 L_x　　单位：m

道岔辙叉号		9			12				18	
辙叉角度		6°20′25″			4°45′49″				3°10′47″	
连接曲线半径		200	300	400	350	400	500	600	800	1 000
信号机位置		L_x 值								
股道间距	两股道均超限 5.3	64.296	68.029	72.129	81.119	82.514	85.459	88.557	115.796	119.817
	7.5	47.611	47.869	48.291	63.253	63.284	63.396	63.583	94.756	84.754
	一股道超限，另一股道不超限 5.0	62.737	66.635	70.867	78.894	80.400	83.408	86.603	112.207	116.369
	6.0	46.697	47.555	48.995	61.135	61.408	62.081	63.054	90.605	91.337
	7.5	44.901	45.062	45.369	59.739	59.746	59.794	59.901	89.528	89.528
	两股道均不超限 5.0	49.116	51.125	53.967	62.644	63.452	65.377	67.587	91.480	94.145
	7.5	42.256	42.341	42.550	56.258	56.258	56.268	56.317	84.308	84.308

（二）有轨道电路

在半自动闭塞和自动闭塞及装有电气集中联锁的车站上，均设有轨道电路。出站信号机后方为逆向道岔时，可将信号机安设在道岔基本轨接缝处，如图 6-2-17（a）所示。出站信号机后方为顺向道岔时，信号机仍应设在警冲标内方适当地点，如图 6-2-17（b）所示。

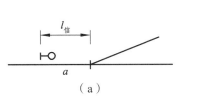
（a）

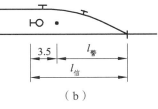
（b）

图 6-2-17　出站信号机位置（有轨道电路）

当信号机处设有轨道电路时，还应考虑出站信号机、钢轨绝缘与警冲标的相互位置。其设置原则如下：

① 信号机处的钢轨绝缘节位置，原则上应与信号机设在同一坐标处，如图 6-2-18（a）所示。为了避免在安装信号机时造成串轨、换轨或锯轨等，钢轨绝缘允许设置在出站信号机前方 1 m 或后方 6.5 m 的范围内，如图 6-2-18（b）、（c）所示。

② 警冲标与钢轨绝缘的距离，为了保证机车车辆停留在警冲标内侧时最外方轮对不会越过钢轨绝缘，导致相邻轨道电路区段被占用，根据我国机车车辆车钩顶端至最外侧轮对中心的距离，在客货共线铁路上，钢轨绝缘应设在警冲标内侧 3~4 m 的距离处（设计时一般取 3.5 m）。

在确定出站信号机、钢轨绝缘和警冲标的位置时，首先应考虑在不影响到发线有效长的条件下，按现有的轨缝设置绝缘节和信号机的位置。如现有的轨缝安装绝缘不能保证到发线有效长或不宜设置信号机时，可采用内移信号机或铺设短轨来调整绝缘缝的位置，然后再将警冲标移设至距钢轨绝缘 3~4 m 处。

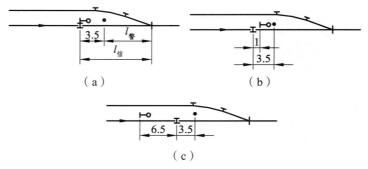

图 6-2-18　信号机位置与钢轨绝缘位置关系（单位：m）

【**案例 6-2-2**】　确定出站信号机与警冲标位置

如图 6-2-19 所示，Ⅱ道和 3 道用 12 号道岔连接，出站信号机设在Ⅱ、3 道之间，两股线间距为 7.5 m，两线均通行超限货物列车，连接曲线半径 400 m。查表得：信号机距岔心 $L_x = 63.284$ m，警冲标距岔心 $L_j = 48.084$ m。将轨道电路的绝缘缝设在第四个轨缝处，距岔心 $L_F = 57.486$ m，则信号机距绝缘缝 5.798 m<6.5 m，符合规定要求。警冲标外移至绝缘缝 4.0 m 处，距岔心 53.486 m。见图 6-2-19 上行Ⅱ道信号机及警冲标位置。

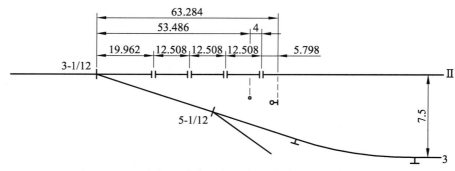

图 6-2-19　上行Ⅱ道信号机及警冲标位置（单位：m）

八、车站线路全长及有效长

车站线路的长度分为全长和有效长两种。

全长是指车站线路一端的道岔基本轨接头至另一端道岔基本轨接头的长

度。如为尽头式线路，则指道岔基本轨接头至车挡的长度（图6-2-20）。线路全长减去该线路上所有道岔的长度，叫作铺轨长度。确定线路全长，主要是为了设计时便于估算工程造价，比较设计方案。站内正线铺轨长已在区间正线合并计算，故不另计全长。

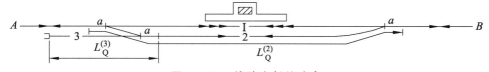

图 6-2-20　线路全长的确定

线路有效长是指在线路全长范围内可以停留机车车辆而不妨碍信号显示、道岔转换及邻线行车的线路部分。确定线路的有效长，主要视线路的用途及其连接形式而定，如图6-2-21所示。控制线路有效长的标志是：警冲标、出站信号机、车挡、道岔的尖轨始端（无轨道电路时）或道岔基本轨接头处的钢轨绝缘（有轨道电路时）等。

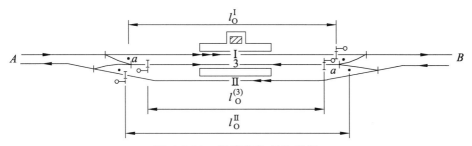

图 6-2-21　线路有效长的确定

为了确定道岔、信号机、警冲标、站台及各种房屋建筑的位置，需要计算站内这些主要点的坐标。确定车站线路有效长时，通常是采用坐标计算法。即首先应以车站平面图正线上的最外方道岔中心为坐标原点，计算出各线路有效长控制点的坐标。x 轴向站内方向为正，向站外方向为负。y 轴方向只标明线间距离、站台边缘至线路中心的距离以及各种建筑物的宽度。然后利用有效长推算表推算出各线路的实际有效长。

【案例 6-2-3】　推算车站线路有效长

中间站 A 共有 4 条线路（图6-2-22）。正线直向通过速度不大于 100 km/h，采用混凝土岔枕，正线兼到发线 II 道通行超限货物列车，安全线有效长为 50 m，中间站台宽 4 m。出站信号机采用基本宽度为 380 mm 的高柱色灯信号机。有轨道电路。到发线采用双进路。

要求：（1）标出各道岔中心、连接曲线角顶、警冲标及信号机坐标。

（2）确定各到发线有效长，其中最小线路有效长为 850 m。

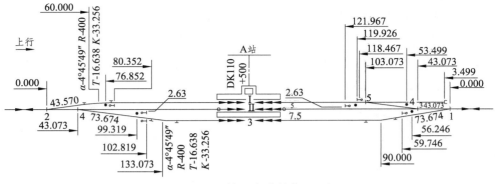

图 6-2-22　A 站示意（单位：m）

【解】

1. 计算各有关点的坐标

（1）对线路及道岔进行编号。

（2）确定各线路间距。对于正线与 3 道之间的距离，可以通过简单的计算求出，站台边缘到相邻两线之间的最小距离为 1 750 mm，再加上站台的宽度 4 000 mm，共 7 500 mm，其他线路之间的间距都可以从表中直接查出来，全部为 5 000 mm。

（3）确定各道岔的辙叉号及相邻两岔心间的距离。道岔辙叉号可根据道岔辙叉号数的选用规定确定，可以看出该站的所有道岔的辙叉号都是采用 12 号。相邻两岔心间的距离可根据表 6-2-3、表 6-2-4 和表 6-2-5 确定。

（4）确定各连接曲线半径，并标明转角 α、曲线半径 R、切线长 T 及曲线长度 i（相同的可只标一个），在线路终端连接的斜边上标明道岔中心至曲线切点的距离。

（5）推算各点坐标。以车站两端正线上的最外方道岔中心为原点，由外向内按 6-2-9 的格式逐一推算各道岔中心、连接曲线的角顶、警冲标及出站信号机的 X 坐标。Y 坐标一般不计算。如图 6-2-23、图 6-2-24 所示。

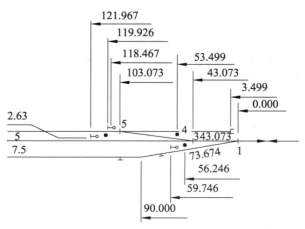

图 6-2-23　右部咽喉

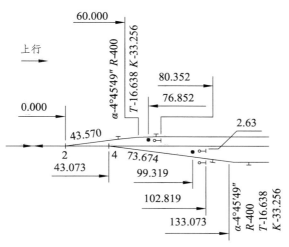

图 6-2-24　左部咽喉

表 6-2-9　坐标计算　　　　　　　　　　　　　单位：m

基点	计算说明	坐标	基点	计算说明	坐标
2	原点	0.00	1	原点	0.00
4	$b_2+f+a_4+\Delta\,(f=6.25)$	43.073	3	$b_1+f+a_3+\Delta\,(f=6.25)$	43.073
Δ_2	$NS=12\times5$	60	5	基点 $3+NS\,(NS=60)$	103.073
Δ_4	基点 $+NS(\,NS=12\times7.5\,)$	133.073	Δ_1	$NS=12\times7.5$	90
X_1	$L'_{信}=80.352$	80.352	S_1	a_5+ 基点 5	119.926
X_{II}	基点 $4+$ $L^{\mathrm{II}}_{信}(L^{\mathrm{II}}_{信}=59.746)$	102.819	S_{II}	基点 $3+$ $L^{\mathrm{II}}_{信}(L^{\mathrm{II}}_{信}=78.894)$	121.967
X_3	基点 $4+L^{\mathrm{II}}_{信}$	102.819	S_3	$L^3_{信}=59.746$	59.746
②	$L'_{信}-3.5$	76.852	①	$L^3_{信}-3.5$	56.246
④	基点 $4+L^{\mathrm{II}}_{信}-3.5$	99.319	③	基点 $3+L^{\mathrm{II}}_{信}-3.5$	118.467
			⑤	基点 $5-L_{警}$ $(L_{警}=49.574)$	53.499
			—[	$L⑤-50$	3.499

注：1、2、3、4、5 表示各道岔岔心；①代表 1 号道岔的警冲标的位置；Δ_1 表示 1 号道岔连接
曲线角顶；S_1 表示 1 道上行方向出站信号机；X_1 表示 1 道下行方向出站信号机；—[代表
尽头线车挡。

2. 推算各条线路实际有效长

将各条线路的有效长控制点（信号机及警冲标）的 X 坐标填入表 6-2-10
的 3、4 栏内，这两项数字相加得第 5 栏。第 5 栏中数字最大者就是有效长最
短的线路（即控制有效长）。其有效长按规定的标准有效长度 850 m 设计。
其他各条线路的实际有效长根据与该线路的有效长的差额确定，如表 6-2-10
所示。

表 6-2-10　各线路有效长推算表　　　　　　　　单位：m

线路编号	运行方向	有效长控制点 X 坐标		共计	各线路有效长之差	各线路有效长
		左端	右端			
1	2	3	4	5	6	7
1	上行方向	76.852	119.926	196.778	24.508	874
	下行方向	80.352	119.926	200.278	21.008	871
Ⅱ	上行方向	99.319	121.967	221.286	0	850
	下行方向	102.819	118.467	221.286	0	850
3	上行方向	99.319	59.746	159.065	62.221	912
	下行方向	102.819	56.246	159.065	62.221	912

根据推算出的各点坐标，又可以很容易地绘出该站平面图比例尺图。

【技能训练】

【6-2-1】　车站线路有效长的推算。

已知：如图 6-2-25 所示，客货共线中间站 A 共有 4 条线路，正线直向通过速度≤120 km/h，采用混凝土岔枕。Ⅱ道正线兼到发线通行超限货物列车，1、3 道为到发线，安全线有效长 50 m，中间站台宽 4 m。出站信号机采用基本宽度为 380 mm 的高柱色灯信号机，设有轨道电路，到发线采用双进路。

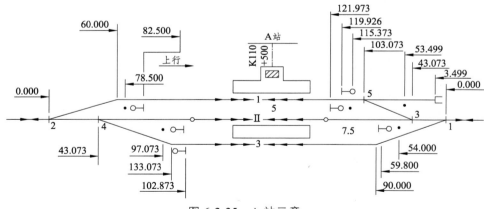

图 6-2-25　A 站示意

要求：

（1）标出各道岔中心、连接曲线的角顶、警冲标及信号机的坐标。

（2）确定各到发线的实际有效长，其中最短的一条线路的有效长按标准有效长 850 m 设计。

【6-2-2】　识读图 6-2-26××线××站场设备图。

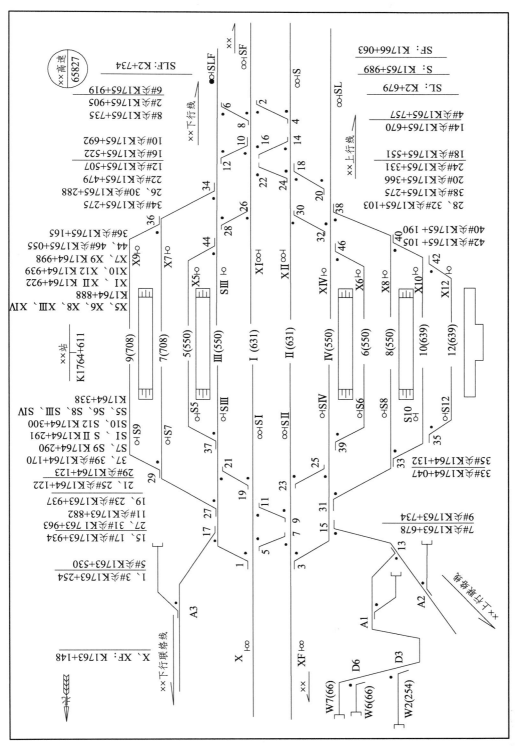

图 6-2-26　××线××站设备图

任务三
区段站认知

【任务描述】

区段站的主要任务是为邻接的铁路区段供应及整备机车或更换机车乘务组，并办理无改编中转货物列车规定的技术作业及一定数量的列车解编作业和客、货运业务，在设备条件具备时，还进行机车、车辆的检修业务。做好区段站设计，对完成铁路运输任务和加强城乡联系有着重要意义。要做好区段站设计，必须对区段站的任务、作业内容及其对车站各项设备的要求，有全面清楚的了解。

【任务分析】

具体任务	具体要求
● 认识区段站	➢ 熟悉区段站作业和设备； ➢ 掌握区段站的布置图型。

【相关知识】

区段站是为货物列车本务机车牵引交路和办理区段、摘挂列车解编作业而设置的车站。其主要任务是为邻接的铁路区段供应机车或更换机车乘务组，并为无改编中转货物列车办理规定的技术作业。此外，区段站还办理一定数量的列车解编作业及客、货运业务，在设备条件具备时，还进行机车、车辆的检修。因此，在区段站上均设有机务段（基本段或折返段），这是区别区段站和中间站的明显标志。

一、区段站的布置

区段站图型的选择，是一项重要而复杂的工作。图型选择应讲求经济效益，满足运输需要，节省工程投资，便于管理，有利于铁路、城市和工农业生产的发展。选择图型应从全局出发，正确处理各方面的关系。

横列式区段站的上、下行到发场平行布置在正线的一侧，调车场并列位于到发场外侧，且上、下行到发场及调车场均位于站房对侧，如图 6-3-1 和图 6-3-2 所示。

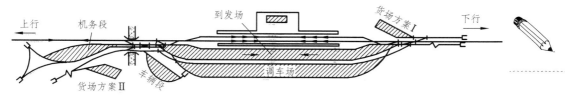

图 6-3-1 单线横列式区段站

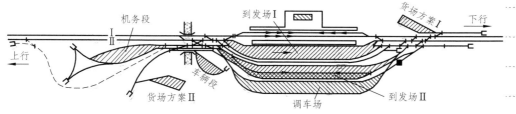

图 6-3-2 双线横列式区段站

单线铁路横列式图型具有站坪短、占地少、设备集中、定员少、管理方便、对地形条件适应性较强和有利于将来发展等优点。横列式图型的缺点是有一个方向的机车出、入段走行距离远，在站房同侧接轨的岔线向调车场取送车不方便。

双线铁路横列式图型除具有与单线铁路横列式图型基本相同的优缺点外，还存在一个主要缺点，即不同方向列车进出站进路存在严重的交叉。因此，选择双线铁路区段站的图型时，如无其他条件限制，旅客列车对数的多少及是否为机车交路的始终点就成为选用区段站图型的主要条件。

客货纵列式区段站是指货运运转设备（主要指货物列车到发线）与客运运转设备（主要指旅客列车到发线）纵列布置，且客运运转设备与站房横列设置的车站，如图 6-3-3 所示。客货纵列式图型，一般是因运量增长或新线引入，既有的横列式区段站横向发展受到限制，或客、货运量大，站内作业交叉严重，为疏解咽喉而将原站改为客运车场，并沿正线的适当距离另设货运车场而形成的。货运车场内的上、下行场，双线铁路时可位于正线一侧或两侧横列布置，个别为纵列布置。

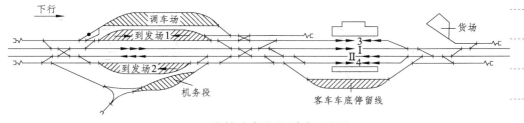

图 6-3-3 双线铁路客货纵列式区段站

二、区段站的作业及设备

区段站的作业数量和设备规模虽然不大，但从作业性质和设备的种类来看，各专业车站的主要作业和基本设备在区段站都有不同程度的体现。

（一）区段站的作业

1. 客运业务

区段站所办理的客运业务与中间站的客运业务基本相同，只不过数量较大。如旅客乘降，行李、包裹、邮件的承运、保管、装卸和交付，以及为满足旅客物质、文化、生活的需要而进行的各种服务等。

2. 货运业务

区段站所办理的货运业务与中间站的货运业务大致相同，但作业量要大。如货物的承运、保管、装卸和交付，个别区段站还办理冷藏车的加冰、保温车的整备等作业。

3. 运转作业

（1）与旅客列车有关的运转作业：主要办理旅客列车的接发、通过作业。在客运量大的车站还办理旅客列车的终到、始发及个别车辆的甩挂作业。

（2）与货物列车有关的运转作业：主要办理无改编中转列车的接发、通过作业，区段列车、摘挂列车的到发、解编作业，货场及专用线的取送作业等。有的区段站还办理部分改编中转列车的车组甩挂、变更运行方向及变更列车重量等作业。部分区段站还办理少量始发、直达列车的解编作业。

4. 机车业务

区段站的机车业务主要有货物列车机车的更换和乘务组的换班、机车整备及检修作业。有些区段站还办理客运列车机车的更换和乘务组的换班。在采用循环交路的区段站上，机车不入段，机车在到发线上或其附近进行整备、检修。在采用长交路时，有的区段站不需要更换机车，仅更换机车乘务组或进行部分的整备作业。

5. 车辆业务

区段站在车辆业务方面主要办理列车的技术检查、车辆的检修（摘车修和不摘车修）业务。在设有站修所或车辆段的车站上，还办理车辆的辅修和段修业务。

区段站所办理的作业，在数量和规模上，都远比中间站复杂，在办理的各种列车中，以无改编中转货物列车为主，它成为区段站行车组织的重要环节，也成为研究区段站通过能力的核心。

（二）区段站的设备

作业与设备是对应的，有什么样的作业，就会有与办理这些作业相对应的设备。根据区段站所办理的作业，它应具有以下各项设备：

1. 客运业务设备

区段站的客运业务设备主要指旅客站房、站前广场、旅客站台、雨棚、旅客跨线设备等。

2. 货运业务设备

区段站的货运业务设备主要指货场及其有关设备，如货物站台、仓库、货物堆放场、装卸线、存车线及装卸机械等。

3. 运转设备

（1）与旅客列车有关的运转设备：主要指旅客列车到发线，当有始发和终到的旅客列车时，还应有客车车底停留线。

（2）与货物列车有关的运转设备：主要指供货物列车到发使用的到发线；供解编作业使用的调车线和牵出线，当解编作业量大时，可能还设有简易驼峰；同时还应有供机车出入段走行使用的机走线、机待线和机车出入段线等。

4. 机务设备

区段站的机务设备主要指机务段或机务折返段，以及在机务段或机务折返段内的机车整备、检修、转向等设备。在采用循环交路时，在到发场及其附近，还设有机车整备设备。在采用长交路轮乘制时，可设机车运用段或机务换乘点。

5. 车辆设备

区段站车辆设备主要指列检所、站修所及车辆段。

区段站除上述设备之外，还应有信号、通信、给水、排水、照明等设备。

三、区段站咽喉区布置

从车站两端最外方道岔的基本轨接缝起，分别至到发场最内方信号机（或警冲标）的范围，称车站的咽喉区，如图 6-3-4 所示。车站咽喉区是道岔和作业集中的地区，往往是车站通过能力的薄弱环节。区段站咽喉区的能力应与区间和站内其他设备的能力相协调，同时应保证作业安全和提高效率。

（1）咽喉区必须设置一定数量的平行进路，以保证必要的平行作业。在车站咽喉区办理行车和调车作业的运行径路叫作业进路，简称进路。图 6-3-4（a）所示的单线铁路区段站咽喉，可以保证列车出发（或到达）和调车同时进行，互不妨碍，具有列车到（发）与调车两项平行作业能力。

（2）保证作业的机动性。调车场的部分线路应接通正线。在改编作业量大的车站，到发场的部分线路应有列车到发与调车转线的平行作业。各到发场应具有反向接发列车的条件。

（3）咽喉区的布置应力求紧凑，减少敌对进路及交叉，同时也应减少正线上的道岔数。

（4）尽量减少进路交叉，特别应避免到达进路交叉。咽喉区的调车进路与正线衔接处应设置隔开进路。

（5）尽量缩短咽喉区的长度，减少站内走行的时间。

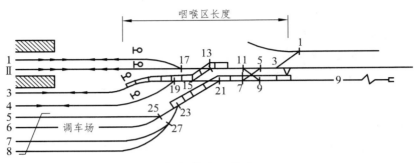

（a）单线区段站

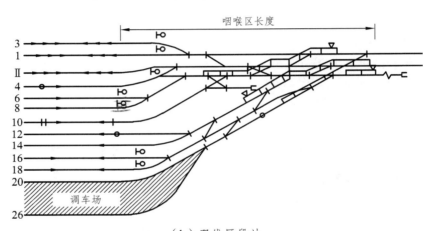

（b）双线区段站

图 6-3-4　区段站咽喉区布置及平行作业

【技能训练】

【6-3-1】　区段站按布置图型如何分类？

任务四
编组站与枢纽认知

【任务描述】

编组站是指在铁路网中办理大量货物列车解体和编组作业，设有较完善的调车设备的车站，是铁路运输生产的重要单位。学习本任务的目的是了解编组站的分类，熟悉编组站的作业与设备，掌握编组站图型，了解驼峰的概念和组成，熟悉铁路枢纽的设备和类型。

【任务分析】

具体任务	具体要求
● 认识编组站 ● 认识枢纽	➢ 熟悉编组站的作业和设备； ➢ 掌握编组站布置图型； ➢ 掌握铁路枢纽布置图型。

【相关知识】

一、编组站

编组站的主要工作是列车解体和编组作业。车辆经过编组站改编后，又重新组成各种列车开出。编组站和区段站统称为技术站。它们办理的技术作业种类大致相同，都办理列车的接发、编解、机车乘务组的更换、机车整备及车辆检修等作业。但二者又有区别，区段站以办理无改编中转车流为主，改编车流较小，办理少量区段列车和摘挂列车的改编作业。而编组站按照编组计划要求，除办理通过车流外，主要是解体和编组直达、直通、区段、摘挂及小运转等各种货物列车。车辆经过编组站改编后，又重新组成各种列车开出，故编组站有"列车工厂"之称。

编组站主要办理的作业为改编中转货物列车作业、无改编中转货物列车作业、部分改编中转货物列车作业、本站作业车的作业、机务作业和车辆检修作业，根据需要还办理客货运作业和军用列车的供应保障作业。

编组站的设备包括：调车设备、行车设备、机务设备、车辆设备、货运设备、客运设备和站内外连接线路设备以及信联闭、通信和照明等设备。

（一）编组站分类

根据在路网中的位置、作用和所承担的作业量，编组站可分为路网性编组站、区域性编组站和地方性编组站。

1.路网性编组站

路网性编组站是位于路网、枢纽地区的重要地点，承担大量中转车流改编作业，编组大量技术直达和直通列车的大型编组站。路网性编组站一般衔接3个及以上方向或编组3个及以上去向列车，编组2个及以上去向技术直达列车或技术直达和直通列车去向之和达到6个；其日均出、入有调中转车达6 000辆，设有单向或双向纵列式和混合式的站场，驼峰设有自动或半自动控制设备。

2.区域性编组站

区域性编组站是位于铁路干线交会的重要地点，承担较多中转车流改编作业，编组较多的直通和技术直达列车的大中型编组站。区域性编组站一般衔接3个及以上方向或编组3个及以上方向列车，日均出、入有调中转车达4 000辆，设有单向混合式、纵列式和双向混合式的站场，驼峰设有半自动或自动控制设备。

3.地方性编组站

地方性编组站是位于铁路干支线交会点和铁路枢纽地区，或大宗车流集散的港口、工业区，承担中转、地方车流改编作业的中小型编组站。地方性编组站一般编组2个及以上去向的直通列车和技术直达列车，日均出、入有调中转车达2 500辆，设有单向混合式、横列式布置的站场，驼峰设有半自动或其他控制设备。

（二）编组站图型

编组站的主要工作是进行列车的编解作业。编组站应根据改编作业量和折角车流的大小、地形条件、进出站线路布置等因素，经技术经济比较，选择单向图型或双向图型。单向编组站的驼峰方向，应根据改编车流量及其方向，结合地形和气象条件综合研究确定。双向编组站的两套系统的能力和布置形式可根据需要确定。编组站图型有单向横列式、单向纵列式、单向混合式和双向横列式、双向纵列式、双向混合式6种，在现场习惯称为"几级几场"。

"级"是指同一调车系统中车场纵向排列形式，一级为车场横列，二级为到达场和调车场纵列，三级为到达场、调车场、出发场顺序纵列。"场"是指车场，车站内有几个车场，就叫几场，如一级三场、三级三场、三级六场等。

单向一级三场横列式编组站的基本特征是上下行到发场并列在共用调车

场的两侧，如图 6-4-1 所示。双方向的到发场分别并列在共用调车场两侧的横列式编组站图型，可适用于双方向改编车流较均衡、解编作业量不大的编组站或地形条件困难、远期无大发展的中、小型编组站。当衔接线路的牵引定数较大时，应妥善处理向驼峰牵出线转线的联络线的平、纵断面条件。

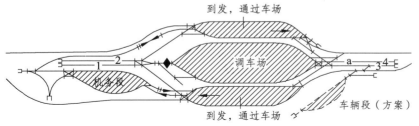

图 6-4-1　单向一级三场横列式编组站

（三）驼　峰

驼峰是指将调车场始端道岔区前的线路抬到一定高度，主要利用其高度使车辆自动溜到调车线上，用来解体车列的一种调车设备。

驼峰的范围是指峰前到达场（不设峰前到达场时为牵出线）与调车场头部之间的部分线段（图 6-4-2）。它包括推送部分、溜放部分和峰顶平台。

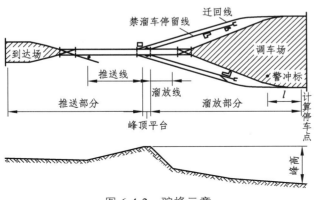

图 6-4-2　驼峰示意

推送部分指经由驼峰解体的车列，其第一钩位于峰顶平台始端时，车列全长所在的线路范围，设置的目的是使车辆得到必要的高度，并使车钩压紧，方便摘钩。

溜放部分指由峰顶（峰顶平台与溜放部分的变坡点）到计算点的线路范围，这个长度也叫驼峰的计算长度。

峰顶平台是指在驼峰推送部分与溜放部分的连接部分所设的一段平坡地段。

目前，国内广泛采用重力式减速器和压力式钳形减速器以及车辆减速顶等调速设备，以计算机自动控制车辆溜放速度，大大提高了车辆解编速度，使驼峰调车场能力得到充分利用。压力式钳形减速器的原理是利用压缩空气作为动力，由钢轨两侧的制动夹板挤压车轮进行制动。我国使用较多的是双轨条油压重力式减速器。其主要是借助车辆本身的重量使压力油经过油缸入口进入油缸，油缸活塞将制动轨下的抽湿板拉到制动位，迫使制动轨对车轮产生侧压力而进行制动。减速顶是一种不需要外部能源，可以自动控制车辆溜放速度的调速工具。当车轮经过减速顶时，吸轮帽斜对轮缘部分，对高于临界速度的车辆可以起到减速作用，在每股道每隔 3~5 m 安装一个。

二、铁路枢纽

在铁路干线、支线的交汇点或终端地区，由各种铁路线路、专业车站以及其他为运输服务的有关设备组成的总体称为铁路枢纽。铁路枢纽是位于路网的交汇点或端点，由客运站、编组站、其他车站和各种为运输服务的设施以及连接线路所组成的整体。其作用主要是汇集并交换各衔接线路的车流，为城镇、港埠和工矿企业的客、货运输服务，是组织车流和调节列车运行的据点，为该地区铁路运输的中枢。铁路枢纽与工农业发展、城市建设、国防建设和其他交通运输系统有着密切联系。因此，在新建和改建枢纽设计时，应从全局出发，对影响枢纽设计的基本因素进行全面综合研究分析。

枢纽总图规划应根据路网规划和城市总体规划要求，按照统筹规划、立足长远、近远结合、分期实施的原则，做到点线协调、多网融合、客内货外、客货并重、充分利用既有设施，统筹新线引入与既有线改造、高速与普速、场站布局、配套设施和综合开发等，体现系统性、前瞻性、经济性，实现枢纽布局优化和功能完善。

枢纽总图设计应从全局出发，综合分析枢纽的作用和规模、各引入线路的技术特征、客货运量的性质和流向、既有设备状况、地形和地质条件，并结合城市规划和其他交通运输系统等进行全面方案比选。

枢纽建设应根据枢纽总布置图分期实施，按远景发展需要预留用地。近期工程应做到布局合理、规模适当、运营方便、工程节省和经济效益显著，并减少改扩建过程中的废弃工程和施工对运营的干扰。

（一）铁路枢纽设备

（1）铁路车站：包括客运站、货运站、工业站、港湾站、编组站和中间站等。

（2）铁路线路：包括引入正线、联络线、迂回线、环线和专用线等。

（3）疏解设备：包括铁路线路的平面和立交疏解设备、铁路线路与城市道路的立交桥和平交道口等。

（4）其他设备：包括机务段、车辆段和客车整备所、动车段（所）等。

（二）铁路枢纽类型

枢纽按其在铁路网中的地位和作用不同分类可分为：路网性枢纽、区域性枢纽和地方性枢纽。

路网性枢纽是全国路网中最重要的列车运行支点和运输基地之一，一般配有路网性编组站或全国枢纽性客运中心，承担大量客货运作业，枢纽规模大、设备全、能力强。

区域性枢纽以服务区域内中短程的客货运输为主，服务范围为数个路局或省区，一般配置有区域性编组站或区域性客运中心。

地方性枢纽承担的运量和车流组织主要为某一工业区或港湾等地方作业服务，这种枢纽一般都位于大工业企业和水陆联运地区，办理大量的货物装卸和小运转作业。地方性枢纽（铁路地区）以地方或地区内中短程的客货运输为主，服务范围主要为本局或本省，部分可能延伸到邻局或邻省范围，一般配置有地方性编组站和一般客运站，部分规模较小的枢纽或地区可能仅配有客货运作业车场。

（三）铁路枢纽布置图型

铁路枢纽一般都是由小到大逐步发展起来的，在各个不同的发展阶段上，铁路枢纽总布置图会有所修正，但都是为了合理确定：枢纽近、远期总体布局；各方向线路的引入方式；铁路枢纽内线路的配置；各主要站（段）的数量、规模、位置及其分工等。

铁路枢纽按其车站、进站线路、联络线及其他设备的不同位置，可形成不同类型，一般分为：一站枢纽、十字形枢纽、三角形枢纽、顺列式枢纽、并列式枢纽、环形枢纽、尽端式枢纽和组合式枢纽等。

衔接线路方向多、并位于大城市的枢纽，可结合线路走向、车站分布、为城市和工业区服务的联络线等情况，设计成环形或半环形枢纽，环线位置宜设在市区范围以外并使各方向引入线路有灵活便捷的通路。特大城市的环形枢纽必要时可设直径线。特大型枢纽环线可设计为客内货外的客运环线或货运环线。

兰州是西北地区主要客、货集散地之一，陇海、包兰、兰青、兰新、兰渝、兰新第二双线、宝兰客专等铁路干线在兰州交汇，使得兰州成为西部铁路网中的主要交通枢纽，是新亚欧大陆桥的主要支点（图 6-4-3）。根据兰州枢纽总图规划，兰州枢纽北环线是将现有的伸长型枢纽改为环形枢纽。北环线以货运为主，设兰州北站、大沙坪站。兰州北站为枢纽主要编组站，站址在沙井驿，建成双向三级式站场（上下行均能独立完成到达、编组、始发的运输组织）；兰州西站为辅助编组站，办理地区车流；大沙坪站规划设置综合货场。南线（现有枢纽线路）以客运为主，设兰州和兰州西两个客运站，陇海客运专线引入兰州站。按照规划的"南客北货"的总体思路，将把现有兰州车站和兰州西站全部改为枢纽内的客流集散中心。

图 6-4-3 兰州铁路枢纽

【技能训练】

【6-4-1】 编组站和区段站的主要区别是什么？

项目七

既有线改建与增建二线设计

 项目描述

随着国民经济水平的发展，客货运量越来越大，国家对铁路的输送能力要求也越来越高。这样原来技术标准不高、运能饱和的部分铁路就将面临通过技术改造和增建二线等措施来提升输送能力的问题。

本教学项目主要介绍既有线铁路能力加强的措施、既有线改建设计外业勘测、既有线改建和增建二线平纵断面设计及图纸识读等相关知识。

 拟实现的教学目标

1. 能力目标

- 能进行简单的既有线改建外业勘测工作；
- 能进行简单的既有线改建与增建二线线路平纵断面设计；
- 能识读、绘制既有线改建与增建二线设计资料。

2. 知识目标

- 了解既有线铁路能力加强的措施；
- 掌握既有线改建与增建二线线路平纵断面设计的标准和方法；
- 掌握既有线改建与增建二线设计资料的识读与绘制方法。

3. 素质目标

- 具有严谨求实的工作作风；
- 具备团结协作精神；
- 具备安全环保意识；
- 具有创新意识；
- 具有精益求精的工匠精神。

任务一
既有铁路能力加强

【任务描述】

根据铁路输送能力相关知识，可以发现既有线铁路能力加强的措施主要是通过提高通过能力 N 和牵引质量 G 两方面着手。本教学任务主要就如何通过改善运输组织措施、改革牵引动力与信联闭措施和改造工程等措施提升既有线铁路运输能力的问题进行介绍。

【任务分析】

具体任务	具体要求
● 优化运输组织措施	➤ 了解通过调整运行图、运输组织模式提升既有线铁路能力的方法；
● 改善牵引动力和信闭联措施	➤ 了解通过改善牵引动力和信闭联的措施提升既有线铁路能力的方法；
● 工程改造措施	➤ 了解通过增减车站、增建二线等工程改造措施提升既有线铁路能力的方法。

【相关知识】

阅读案例——广深铁路能力加强措施　　阅读案例——浙赣铁路电气化改造提升铁路能力　　阅读案例——宝中铁路增建二线提升铁路能力

一、运输组织措施

（一）缩短控制区间的运行图周期

编制列车运行图时，使进入控制区间为上坡方向的列车不停车，提高其行车速度，缩短走行时分是缩短运行图周期的有效措施。

当既有线采用电气路签（牌）闭塞时，可把控制区间两端车站上的路签（牌）

机移到搬道房内，以节省车站值班员递送路签（牌）的走路时间，缩短会车间隔时分。或者允许控制区间的路签（牌）可以直接折返使用，以节省取送路签（牌）时间，缩短会车间隔时分。

当技术作业站相邻区间为控制区间时，若因技术作业如给水、摘挂机车等时间较长增大运行图周期，可视具体情况，采用移动列车运行线的办法，缩短控制区间的运行图周期。

（二）在单线区段采用特殊运行图

1. 不成对运行图

当上下行运量不均衡时，可采用不成对运行图。如重车方向采用连发或追踪方式加开车次，轻车方向多余的列车则通过附挂到回程列车折返。其通过能力可明显提高。

2. 追踪与部分追踪运行图

在单线自动闭塞区段上，当中间车站的到发线数量较多，能够组织双方向追踪列车在车站上交会和越行时，可采用两列（或几列）车连续发车的追踪或部分追踪运行图。

（三）减少旅客列车扣除系数

编制列车运行图时，将多数车站都要停车的普通旅客列车按货物列车运行线铺画，则可减小这些旅客列车的扣除系数，使线路通过能力有所提高。若能使旅客列车集中发车，也可减小这些旅客列车的扣除系数，提高通过能力。

（四）提高列车运行速度

提高列车运行速度可以减少列车占用各项铁路设备的时间，从而提高铁路通过能力。我国开展的六次大提速和修建高速铁路（客运专线）就是很好的解决方法。

（五）采用动能闯坡、补机推送

1. 动能闯坡

当一个区段内有个别陡而短的坡段限制了全区段的牵引质量时，可采取适当措施，如使列车在陡坡前的车站不停车，借助司机高超的操纵技术，以提高陡坡前的列车速度和爬坡时的机车牵引力，使机车能牵引较重的列车，利用动能闯过陡坡，从而能提高全区段的牵引质量。

2. 补机推送

在单线区段和非自动闭塞的双线区段，若区段内有个别位于车站附近限制牵引质量的陡坡，利用动能不能闯上坡顶时，可采用补机推送办法。补机挂在列车尾部，推送到下一车站，然后附挂在对向列车上，折回补机站；亦可将列车推送到陡坡坡顶，在区间摘钩折返。

（六）开行组合列车，发展重载运输

两列列车合并运行，在运行图上仅占用一条列车运行线，而牵引质量加倍，故可达到提高输送能力的目的，图 7-1-1 为我国和谐号动车组重联运行。

开行组合列车，应将起讫车站（区段站或编组站）一股到发线的有效长度加长一倍，供组合列车连挂出发和到达停车。

二、改善牵引动力与信联闭的措施

（一）改善牵引动力措施

改善牵引动力措施是通过改变牵引种类、采用多机牵引或采用大功率机车来提高既有线铁路的牵引功率，进一步提高牵引质量和运行速度，以达到增大通过能力的目的。如图 7-1-2 所示，HXD_2 机车具备强大的功率及牵引力，可单机牵引 7 000 t 重载列车；机车具备多机无线重联远程同步控制功能，三机重联满足 20 000 t 以上重载列车的牵引要求。

图 7-1-1　动车组重联　　　图 7-1-2　双机牵引的和谐 HXD_2 机车

（二）改换信联闭设备

改善信号、联锁、闭塞设备，是保证行车安全、提高通过能力、改善运输工作指标的重要措施。采用较完善的信号、联锁、闭塞装置，可使列车在车站上交会、越行的作业时间缩短，从而提高通过能力。车站间隔时间缩短后，区段速度也相应提高，可加速机车车辆周转，降低运输成本。

三、改建工程设施的措施

当运输组织和设备改造措施实施后，铁路能力仍不能满足运量增长需求时，需要进行工程设施的改造。

（一）增加车站或线路所

在既有单线铁路各区间通过能力不均衡的情况下，当少数控制区间的距离较长，且区间中段地形较平缓、设站不致引起巨大工程时，可考虑在这些控制区间增设车站，以缩短行车时分，提高通过能力。

在未安装自动闭塞的区段，若控制区间设站困难，可考虑在两车站之间加设线路所，以组织连发列车，提高通过能力。在采用推送补机的单线区段，为减少或消除补机折返对通过能力的影响，通常也可以修建线路所，作为采用推送补机的辅助措施。

（二）关闭车站

改建既有线或增建第二线时，在通过能力允许的情况下，宜关闭作业量较小的车站。在提速线路上，由于列车速度的提高，从而减少了两车站之间的列车走行时分。当两站间列车走行时分不满足站间最小距离时，则需关闭一些只办理列车会让、越行作业的会让站和越行站。

（三）延长到发线有效长度

增大牵引功率和减缓最大坡度，目的都是使牵引质量增大，列车长度增长。当既有车站到发线长度不足时，应根据需要予以延长。

（四）削减超限坡度和减缓限制坡度的措施

为了提高牵引质量或统一全线的牵引定数，在改建既有线时，可采用减缓最大坡度的措施来提高牵引质量。但降低坡度就要改线，往往造成大量废弃工程，投资巨大，干扰运营，且占用农田。因此既有线改造设计的原则应当是力争用牵引动力来提高牵引质量，尽量避免落坡改线，节约改建投资，加快改造进程，减少运营干扰。

（五）增建第二线及其过渡措施

增建第二线是提高铁路能力最有效的措施，但造价很高。在运量增长不快的既有线上，可采用分阶段逐期加强的措施，如向控制区间延长站线，或在控制区间修建第二线，提高全区段的通过能力，最后再过渡到全线复线。这样，既可满足近期运量增长，节省了初期投资，又能在修建第二线时，充分利用初期增建的工程，不会造成废弃。

知识拓展——铁路站间距

（六）道口的改善与加强

随着公路运输的发展、农用机械的加多和铁路行车量的增大，既有线的原有道口可能需要改建。应参照道路交叉的有关规定，结合线路平纵面的改建，改造道口和完善道口设施，如修建立交桥、完善预报装置和自动栏木等，以确保安全。

（七）轨道加强

随着既有线的运量增长，原轨道结构一般偏弱，致使维修工作量加大，大修周期缩短，干扰正常运营。既有线加强时，应结合线路改建，根据线路年通过总重、最高行车速度选用相应的轨道类型。

【技能训练】

【7-1-1】　收集国内外铁路既有线能力加强的案例。

【7-1-2】　既有线铁路能力加强的措施有哪些？

任务二
既有线改建设计外业勘测

【任务描述】

既有线改建设计是在线路原有基础上进行的。线路改建包括平面、纵断面和横断面改建。为了节约资金，应尽量利用既有建筑物与设备，因此，改建时必须对既有线铁路的既有平面、纵断面和横断面及线路设施进行翔实的调查与测绘。本教学任务主要介绍既有线改建设计外业调查与测绘的工作内容和方法。

【任务分析】

具体任务	具体要求
● 既有线改建设计工作准备 ● 既有线铁路调查与测绘	➤ 了解既有线改建设计准备工作的内容； ➤ 掌握既有线铁路调查与测绘的工作内容和方法。

【相关知识】

一、既有线改建设计前的工作准备

既有线改建设计是在完善的勘测资料基础上进行的，改建前应做好如下工作：

（1）收集经济技术资料。首先进行经济调查，了解既有线的运营情况，取得客货运量与行车组织等经济和技术资料。

（2）进行工程地质勘测。查明控制线路的不良地质及重点工程的地质条件，提出选定线路改建或绕行方案的意见；提供桥、隧、路基各类工程设计所需的工程地质资料，以及砂、石等建筑材料的资料。

（3）线路测绘和调查。包括平面测绘、纵断面测量、横断面测绘、地形测绘和各种调查，这些是确定线路设计标准、研究线路改建方案和进行平纵面设计的基础。

（4）既有个体工程调查。对桥梁、涵洞、隧道、路基设计、施工和使用情况进行细致调查，以确定其利用、加固或改建原则，并收集设计所需的资料。修建第二线时还要收集第二线桥隧的边侧和线间距资料。

（5）施工组织和概算资料的调查。以调查资料为依据编制概算，并在方案经济比较中计算工程费。

（6）收集有关图纸资料。

本教学任务主要介绍既有线改建设计前线路测绘和调查的工作内容和方法。

二、既有线铁路测绘和调查

（一）里程丈量

里程丈量应全线贯通，并与既有桥、隧、涵、车站等建筑物里程核对。直线地段可沿轨面丈量；曲线地段（包括曲线起、终点外 40~80 m）应沿线路中心丈量，如仍沿轨面丈量，则应计算改正值（即弧长差），每丈量一尺段都要改正；车站内应沿正线丈量。长大坡道丈量时要考虑坡度修正量。

里程丈量一般由两组人员错位丈量，每丈量 1 km 进行校核，当误差不大于 1／2 000 时，以第一组丈量的里程数据为准，第二组按照第一组丈量终点作为起点继续错位丈量；如精度超限，两组重新按上述方法丈量在误差范围内之后，再继续向前丈量。既有线里程丈量应与原有桥隧及车站等建筑物里程核对，其差数应记录并与设备台账核对。

丈量时，直线路段每 100 m 设百米标，曲线路段每 20 m 设加标。车站中心、桥涵中心、桥台胸墙与后缘、隧道进出口、路基防护与加固工程起讫点、道口中心、路堤与路堑的最高最低点，以及地形突出变化点等处，都应设置加标，加标应记在专用记录本上。

双线地段的里程宜沿下行线测量，当里程按上行线延伸时，也可沿上行线测量。沿下行线测量时，并行地段的上行线里程应对应下行线里程（按下行线投影里程）。非并行地段应单独测量。断链宜设在百米标处，困难时可设在以 10 m 为单位的加标处，不应设在车站、桥梁、隧道等建筑物和曲线范围内。

里程丈量应选用正确的公里标或以车站、桥梁中心、隧道进出口及其他永久性建筑物中心的既有里程为基点引出开始测量，按原有里程递增方向连续丈量。一般方法有三种。

1. 钢尺量距法

在里程丈量中，首先要看清钢尺的零起点，前后各一人拉尺，中间至少应有一人扶尺，一人用白油漆标记，如图 7-2-1 所示。

图 7-2-1　钢尺量距

丈量过程中，前后链及拉链人员应保证丈量同步，前链人员应在轨枕上标记里程全标，后链进行核对。油漆标记人员也应及时核对标志是否正确，发现错误，及时通知丈量人员修改标记里程。每次丈量工作完成后，前后链人应对钢尺进行清洗，保证尺身清晰干净。

采用钢卷尺丈量中线里程时，应满足下列要求：

（1）采用钢尺量距时，必须选用绝缘钢尺。钢尺在使用前必须经过计量单位或测绘单位检定通过。所用钢尺的精度应达到 1/10 000，尺长还应加入温度改正值。

（2）在设有轨道电路的地段丈量时，应采取绝缘措施。

2. 激光测距法

使用徕卡 D_5（D_{510}）激光测距仪进行里程丈量可以提高丈量精度。激光测距仪由激光发射器和反射板组成。激光发射器固定在可调云台上，云台固定在磁力底座上，通过调节云台阻尼大小调整激光发射器方向使之对准反射板，从而测量出发射器和反射板之间的距离，如图 7-2-2 所示。

图 7-2-2　使用激光测距仪丈量线路里程

使用激光测距仪应备齐充足电池，读数要细心。拿反射板人员，应根据标志间距，通过数轨枕根数方式快速找出标记点大致位置，油漆标记人员用小钢尺找出准确位置，并用测距仪进行核对无误后进行标记。

3. 全站仪测设坐标法

该法主要是根据各测点坐标内业计算各测点里程。

（二）设置外移桩

从勘测到施工总要间隔一段时间。在此期间内，既有线经过运营或维修，不免要发生错动。所以全线应设置与既有线平行的中线外移桩，作为控制既有线中心线的依据。

外移桩在直线段按垂直于线路中心线的方向设置，一般设于线路前进方向的左侧。每个直线段的外移桩不应少于 3 个，长直线路段每 400～500 m 设置 1

个。曲线路段按曲线的法线方向设置。曲线测量的置镜点处应设置外移桩。外移桩外移距离一般为 2.5 ~ 3.0 m，位于道砟坡脚处，同一直线段上各外移桩的外移距离，应力求相等。

（三）线路调绘

对线路两侧 20 ~ 30 m 以内的建筑物，如路堤路堑的分界点。各类轨道桥梁、隧道挡墙、护坡、路基防护工程的起讫里程，平立交道口、通信线、电力线、信号机，以及其他影响线路改建的地物，按线路里程及其距离线路中心的距离，进行调绘，记在记录本中，作为进行线路平、纵断面改建设计的依据。

（四）既有设备的调查

既有设备的调查不仅是线路平纵断设计的依据，还决定着线路改建（大修）施工方案的制订及工程预算。主要包括以下内容：① 钢轨调查；② 轨枕及扣件调查；③ 道床调查；④ 轨道加强设备调查；⑤ 站场调查；⑥ 路基及排水设备调查；⑦ 道口调查；⑧ 桥、隧、涵调查；⑨ 线路标志调查；⑩ 线间距、限界调查；⑪ 曲线调查；⑫ 轨道附属设备等其他项目调查。

（五）纵断面测量

纵断面测量的主要内容是测量各既有测点的轨面标高及路肩标高。

纵断面高程测量，传统方法是运用水平仪进行测量。高程测量人员，要保证记录格式正确，读数准确，推荐采用双转点进行高程测量。

高程测量应满足下列要求：

（1）使用仪器要求：水准仪等级 DS_3，水准仪应通过鉴定且每次测量前应对仪器进行校核，确认仪器正常工作。

（2）高程路线应起闭于水准点，当闭合差在 $\pm 30\sqrt{K}$ mm 以内时，按转点个数平差后推算中桩高程，转点高程取位至毫米，既有钢轨面高程取至厘米。

（3）既有轨面高程测量，直线地段测左侧轨面，曲线地段应测内测轨面，并测量两次。速度在 160 km/h 及以下的铁路，较差在 20 mm 以内时以第一次测量为准。

（4）既有钢轨面高程检测限差不应大于 20 mm。

（5）各等级水准测量适用范围及布点间距应按表 7-2-1 选用。

表 7-2-1　水准测量适用范围及布点间距

测量项目	设计行车速度/（km/h）	等级	点间距/m
水准基点	200	三等	≤2 000
	120 ~ 160	四等	≤2 000
	≤120	五等	≤2 000

内业处理时，常利用 Excel 表格记录并进行既有轨面高程及平差计算，如图 7-2-3 所示。

	A	B	C	D	E	F	G	H	I	J	K
1	既有线测量中平计算表										
2	测点里程	线别	后视读数	中视读数	前视	视线高	中间点	水准点	平差1	平差2	备注1
3	TP1		1666			13.617		11.951	11.951		K2240+000右肩
4	89500	正线		853			12.764		12.764		
5	89550	正线		795			12.822		12.822		
6	89600	正线		726			12.891		12.891		
7	89650	正线		660			12.957		12.957		
8	89700	正线		597			13.020		13.020		
9	TP2		1310		1027	13.900	12.590		12.590		
10	89750	正线		835			13.065		13.065		
11	89800	正线		778			13.122		13.122		
12	89850	正线		797			13.103		13.103		
13	89900	正线		918			12.982		12.982		200右桥枕上

图 7-2-3　利用 Excel 表格记录并计算高程

（六）曲线测量

曲线测量方法较多，通常采用偏角法、坐标法和距离方向交会法。

1. 偏角法

当测站位于始切线时，测量每 20 m 测点和测站间弦线与始切线的夹角 ϕ，当测站不在始切线上时，测量每 20 m 测点和测站间弦线与前后两测站间弦线的夹角 ϕ，最后一个测站还要测量前后两测站间弦线与终切线的夹角 ϕ_{ZH}，如图 7-2-4 和图 7-2-5 所示。

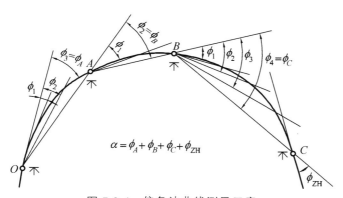

$$\alpha = \phi_A + \phi_B + \phi_C + \phi_{ZH}$$

图 7-2-4　偏角法曲线测量示意

使用偏角法进行曲线测量时应注意以下问题：

（1）第一个和最后一个测站应设置在 ZH 和 HZ 点以外 0～60 m 范围内的 20 m 整桩上。第二个和倒数第二个测站最好设置在 HY 和 YH 点附近的 20 m 整桩上。

（2）每次置镜时应核对转点里程是否与现场标记及记录一致，司镜人员每次应报后视里程给记录人员。

图 7-2-5 偏角法曲线测量

（3）各偏角应正倒镜各测量一次，两次之误差不应大于 40″，取平均值记录。

（4）曲线上有桥梁或其他影响拨量计算的建筑物时应测量其中心点、起讫点的偏角。

2. 坐标法

坐标法是采用统一独立坐标系对某曲线进行测量的方法。全站仪架设于某一控制点上，后视另一控制点进行设站，测量既有曲线切线（至少两点）和曲线上各测点的平面坐标，如图 7-2-6 所示。

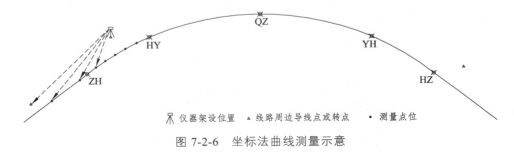

⊼ 仪器架设位置　▲ 线路周边导线点或转点　• 测量点位

图 7-2-6　坐标法曲线测量示意

坐标法测量要求如下：

（1）选定置镜点与后视点，在置镜点对中整平后，进入坐标测量模式，设置测站和后视点坐标，瞄准测量后视点，完成测站定向。然后再次瞄准后视测量，比较全站仪测量坐标和已知点理论坐标，如坐标较差小于 5 mm 则设站合格，可以进行测点测量。

（2）在测量过程中，测点位置棱镜必须气泡居中，且对齐里程标记。如遇来车、仪器晃动等原因，应重新检核后视点坐标或者检核最后一个测点坐标是否变化，如无变化或在精度范围内则继续测量，如变化过大超过精度要求（较差大于 10 mm）则需重新定向、重新观测。

（3）在距离过远或在曲线测量视线受阻时，需要设置转点，但转点数量不宜超过 2 个且应等视。

3. 距离方向交会法

如图 7-2-7 所示，交会法实质是坐标法，即利用距离与方向交会原理和既有线变形特点进行坐标计算。采用交会法测量时，为保证测量精度，测量仪器必须使用 1″级以上的全站仪，最好具备蓝牙传输或无线传输功能，便于采用手簿控制全站仪现场数据采集与自动记录，减少人为误差。

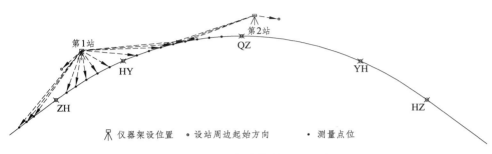

图 7-2-7　交会法曲线测量示意

施测时，在较近位置（不小于 3 m），如栅栏或接触网导线支柱上标记一参考点，用于检查测量过程中仪器状态是否改变。曲线两侧直线段至少测量 3 个测点以上。每次置镜后，线上第一测点、置镜点最近测点、最后一个测点必须测量其平距和水平角度，其他测点只需测量角度并记录。数据记录如图 7-2-8 所示。

置镜里程	置镜位置	测点编号	是否转点	直曲属性	测点里程	测点角度	测点平距	左线间距	右线间距	左护桩	右护桩	备注
1862800	1	1	0	0	1862560	169.0620	241.466					
		2	0	0	1862580	169.1436						
		3	0	0	1862600	169.2421	201.498					
		4	0	2	1862620	169.3547						
		5	0	2	1862640	169.4832						
		6	0	2	1862660	170.0043						
		7	0	2	1862680	170.0917						
		8	0	2	1862700	170.0852						
		9	0	2	1862720	169.4910						
		10	0	2	1862740	168.4928						
		11	0	2	1862760	166.1141						
		12	0	2	1862780	157.3724						
		13	0	2	1862800	95.0740	7.552					
		14	0	2	1862820	20.0228						
		15	0	2	1862840	10.1241						
		16	0	2	1862860	7.1852						
		17	0	2	1862880	6.1244						
		18	0	2	1862900	5.5006						
		19	0	2	1862920	5.4910						
		20	0	2	1862940	6.0029						
		21	0	2	1862960	6.1940						
		22	0	2	1862980	6.4411						
		23	0	2	1863000	7.1239						
		24	33	2	1863020	7.4348						
1863170	1	25	0	2	1862980	169.3636						
		26	0	2	1863000	170.0357	199.577					
		27	0	2	1863020	170.2649	219.484					
		28	0	2	1863040	170.4330	189.016					

图 7-2-8　交会法记录手簿

【7-2-1】　既有线测量的工作内容有哪些？

【7-2-2】　分组完成轨道实训基地线路测量。

任务三
既有线改建与大修设计

【任务描述】

既有线铁路，由于建设年代早、技术标准低，或因为在运营过程中受轮轨作用力的影响，平面和纵断面及横断面产生位移或变形，导致线路平顺性降低。为了提高线路的平顺性、增加铁路的输送能力，既有线铁路就面临改建或大修的问题。本教学任务就是解决在改建或大修过程中如何进行既有线铁路平纵横断面改建设计的问题。

【任务分析】

具体任务	具体要求
● 既有线铁路平面改建设计	➤ 能根据既有线平面改建设计的原则选择合适的改建方式并能计算曲线拨量；
● 既有线铁路纵断面改建设计	➤ 能根据既有线纵断面改建设计的原则进行纵断面改建设计和计算抛物线形竖曲线要素；
● 既有线铁路横断面改建设计	➤ 能根据既有线横断面改建设计的原则进行横断面改建设计。

【相关知识】

一、既有线改建与大修平面设计

（一）既有线改建与大修平面设计原则

铁路线路大修平面改善设计，主要是矫正既有线路平面的位置。平面设计应以原线路设计标准为依据，并应遵循以下原则和基本的技术条件：

（1）既有线改建时，最小曲线半径应根据客货列车速度，结合既有线特征和工程条件比较确定，一般不应小于表 4-2-1 所规定的数值。设计速度不大于 160 km/h 的路段，按新线标准改建最小曲线半径引起巨大工程量时，可经技术经济比较确定改建方案。在旅客列车速度不高的路段，如要起停车的车站两端、凸形纵断面的坡顶、连续陡坡路段等，其曲线半径可根据列车运行速度选取最小曲线半径。限速地段的曲线半径，如改建特别困难或有充分依据时亦可保留原有曲线半径不予改建，而按规定限速运行。对少量小半径曲线若改建工程量不大，或者改建后能缩短控制区间的走行时分时，这些曲线需要改建。

（2）设计曲线时应采用单曲线，仅在困难地段允许保留复曲线，但复曲线的两个圆曲线间，应缓和曲线连接，其长度由计算决定，且不应短于 20 m，如条件困难不能设缓和曲线时，两个连续圆曲线的曲率差应不大于表 7-3-1 规定数值。

表 7-3-1　复曲线可不设中间缓和曲线的两圆曲线最大曲率差

路段旅客列车设计速度/（km/h）	120	100	80
曲率差 K	1/4 000	1/2 000	1/1 000

（3）直线与圆曲线间应采用缓和曲线连接。改建既有线和增建第二线的并行地段，缓和曲线长度应按新建铁路标准进行设置，如受既有建筑物或线路条件限制时，为减少改建工程，允许降低旅客舒适度，减短缓和曲线长度。特殊困难条件下，位于运输繁忙车站或重点桥隧等建筑物上的线路及其引线，改动既有线平面将引起较大工程时，允许在同一曲线两端设置不等长缓和曲线。其长度和超高顺坡率不应小于表 7-3-2 所规定的数值，超高（h）应满足《修规》规定。为便于测设、养护维修和改善行车条件，凡计算确定的缓和曲线长度均应取 10 m 整数倍，特殊困难条件下可取整至 1 m，不足 20 m 时应取 20 m。

表 7-3-2　最小缓和曲线长度及超高顺坡率

旅客列车设计速度/（km/h）		200	160	120	100	80
一般	超高顺坡率	$1/10v_{max}$		$1/9v_{max}$		
	最小缓和曲线长度/m	$10v_{max}h$		$9v_{max}h$		
困难	超高顺坡率	$1/8v_{max}$		$1/7v_{max}$		
	最小缓和曲线长度/m	$8v_{max}h$		$7v_{max}h$		

注：h 为曲线轨道实设外轨超高，超高顺坡率不应大于 2‰，大于 2‰ 时按 2‰ 计算。v_{max} 为路段设计速度最大值。

（4）改建既有线和增建第二线并行地段的圆曲线和夹直线最小长度，条件允许时应按新线标准设计。在曲线毗连和受桥隧建筑物等限制的特殊困难条件下，按新线标准引起巨大工程时，旅客列车设计行车速度小于 100 km/h 的地段，并有充分的技术经济依据时，圆曲线长度和夹直线长度不得小于 25 m。

（5）既有线改建时应考虑线间距的变化，两线路中心距离在 5 m 以下的曲线地段，内侧曲线的超高不得小于外侧曲线超高的一半，否则，必须根据计算加宽两线的中心距离。改建后时速在 140 ~ 160 km/h 间时，直线间的线间距可保留 4.0 m。

（6）线路大修时，应调整线路对桥梁的偏心和建筑限界。

（7）大修平面设计时，应减少或取消直线漫弯。如因建筑限界等原因不能改善时，允许保留原状。

（二）曲线改建方式

既有线平面改建主要是曲线以及其毗邻路段的改建，应根据不同的改建原因采用相应的改建方式。

1. 线路整正

在运营过程中，由于轮轨作用力，曲线产生错动；维修时对线路的拨动，使曲线偏离原设计位置。改建时，需要将既有曲线拨正到设计位置，如图7-3-1（a）所示。

2. 提高运营标准

随着铁路运量增长，行车速度提高，既有线路的标准也要相应提高。如曲线半径需要增大，缓和曲线需要加长，夹直线需要加长，都会引起线路改建。图7-3-1（b）、（c）、（d）所示分别为加大曲线半径、加长缓和曲线和夹直线长度的图式；图7-3-1（e）所示为同向曲线间夹直线长度不够而改建为一个曲线的图式；图7-3-1（f）所示为反向曲线间夹直线长度不够，而采用的移动中间切线的办法以加长夹直线的图式。

3. 线路平面改建

某段线路标准过低或绕弯过多，改建时往往裁弯取直，另修一段新线，如图7-3-1（g）所示；线路上个别桥梁位置的改移，也会引起线路的改建，如图7-3-1（h）所示。

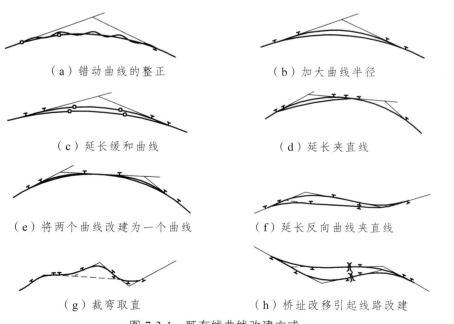

（a）错动曲线的整正　　　　　（b）加大曲线半径

（c）延长缓和曲线　　　　　　（d）延长夹直线

（e）将两个曲线改建为一个曲线　　（f）延长反向曲线夹直线

（g）裁弯取直　　　　　（h）桥址改移引起线路改建

图 7-3-1　既有线曲线改建方式

（三）偏角法平面拨量计算

计算拨量的方法较多，一般日常维修时常采用绳正法，大修与改建时常利用偏角法来计算。可使用专门的软件进行计算。

1. 渐伸线原理

既有线改建和线路大修采用偏角法进行曲线拨量计算时，是以渐伸线原理为基础的。

1）渐伸线的几何意义

如图 7-3-2 所示，曲线 OA 表示线路的中线，设有一柔软且无伸缩的细线紧贴在曲线 OA 上，O 端固定，另一端沿着轨道中线的切线方向拉离原位，拉开的直线始终与曲线 OA 相切，则 A 点的移动轨迹 A_1、A_2、$\cdots$、A' 就是 A 点相对于曲线 OA 的渐伸线，弧 AA' 的长就是 A 点相对于始切线的渐伸线长度。

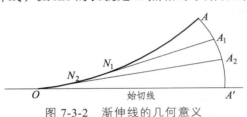

图 7-3-2　渐伸线的几何意义

2）渐伸线的基本特征

（1）渐伸线上某一点（N_1）的法线（N_1A_1）是曲线对应点的切线。

（2）渐伸线上各点的曲率是不相同的；渐伸线上任意两点的曲率半径之差等于对应点上的原曲线弧长的增量。

（3）渐伸线上短距离范围内的曲率可以认为相等，故可按圆弧考虑。

3）曲线拨量计算原理

曲线拨正就是把既有线上各个 20 m 测点拨正到设计曲线的相应点上，如图 7-3-3 所示。将 b_1 点拨动到设计位置 b_1' 点上，拨动距离为 b_1b_1'，也就是设计渐伸线长度 a_1b_1' 与既有渐伸线长度 a_1b_1 之差。所以曲线拨量 = 设计曲线的渐伸线长 – 既有曲线的渐伸线长，即：

$$\Delta = E_\mathrm{S} - E_\mathrm{J} \tag{7-3-1}$$

式中：Δ 为曲线拨量，Δ 为正，表示向圆心方向拨动（曲线内压）；Δ 为负，表示向切线方向移动（曲线外挑）。

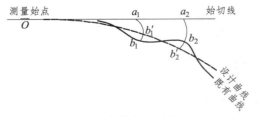

图 7-3-3　曲线拨量计算原理

2. 既有曲线渐伸线长度的计算

1）置镜点渐伸线长度计算

（1）置镜点在始切线 O 点上。

如图 7-3-4 所示，在曲线的起始线段内，曲线曲率较小，故弦长 OA 近似等于弧长 l_A，渐伸线长度 E_A 也近似等于相应的弧长，因而可得：

$$E_A = OA \cdot \phi_A = l_A \cdot \phi_A \qquad (7\text{-}3\text{-}2)$$

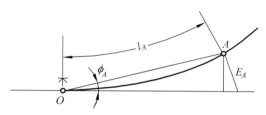

图 7-3-4　置镜点在始切线 O 点

（2）置镜点在曲线的 A 点上。

如图 7-3-5 所示，测出 B 点偏角 ϕ_B，则 B 点的渐伸线长度 E_B 可按下式计算：

$$
\begin{aligned}
E_B &= l_B \gamma_B + \int_0^{l_A} a\,\mathrm{d}l + \int_{L_A}^{l_A + AB'} \alpha_A \cdot \mathrm{d}l = E_A + l_B(\gamma_B + \alpha_A) \\
&= E_A + l_B \beta_B
\end{aligned}
\qquad (7\text{-}3\text{-}3)
$$

式中　E_A——置镜点 A 的渐伸线长度（m）；

　　　l_B——置镜点 A 到置镜点 B 的曲线长（m）；

　　　β_B——弦线 AB 与始切线的夹角（rad），$\beta_B = \beta_A + \phi_B$。

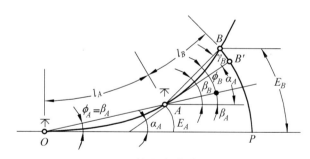

图 7-3-5　置镜点在曲线的 A 点上

（3）置镜点在曲线的 B 点上。

如图 7-3-6 所示，同理可得 C 点的渐伸线长度 E_C：

$$E_C = E_B + l_C \beta_C \qquad (7\text{-}3\text{-}4)$$

式中　E_B——置镜点 B 的渐伸线长度（m）；

　　　l_C——置镜点 B 到置镜点 C 的曲线长（m）；

　　　β_C——弦线 BC 与始切线的夹角（rad），$\beta_C = \beta_B + \phi_C$。

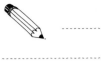

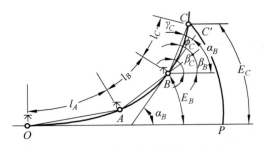

图 7-3-6　置镜点在曲线的 B 点上

2）各测点公式

根据置镜点计算公式，同理可得各测点计算公式，第 n 测段中的第 j 个测点的渐伸线长度 E_{nj} 的通用公式为：

$$E_{nj} = E_n + l_j\beta_j \qquad (7\text{-}3\text{-}5)$$

式中　l_j——第 n 测段中置镜点到测点 j 的曲线长（m）；

　　　β_j——测点 j 到置镜点间的弦线与始切线的夹角（rad）。

【案例 7-3-1】　计算既有曲线渐伸线长度

外业测量资料见表 7-3-4，计算 K8＋080、K8＋220、K8＋400 里程处的既有渐伸线长度。

【解】

（1）K8＋080 m 位于第一测段上：

$$E_{1j} = E_1 + l_j\beta_j = 0 + 120 \times 0.028\ 2 = 3.388 \ （m）$$

（2）K8＋200 m 位于第三测段上：

$$E_{3j} = E_3 + l_j\beta_j = 23.805 + 20 \times 0.261\ 7 = 29.040 \ （m）$$

（3）K8＋400 m 位于第四测段上：

$$E_{4j} = E_4 + l_j\beta_j = 63.160 + 80 \times 0.453\ 7 = 99.460 \ （m）$$

3. 选配设计曲线半径

1）选配的基本原则

在选配设计曲线半径时，应该遵循以下原则：

（1）曲线拨动前后其长度应基本不变。

（2）保证曲线拨动前后切线方向不变。

（3）保证曲线拨动前后切线位置不变。

（4）力求曲线路段大修工程量小。

2）选配曲线半径的方法

选配半径的方法较多，一般常用的方法有：平均偏角法、三点法和多点法。

（1）平均偏角法。

外业测量时，在圆曲线范围内一置镜点 A 上，测出了圆曲线内各测点 1、2、3、…、n 点的偏角 ϕ_1、ϕ_2、ϕ_3、…、ϕ_n，如图 7-3-7 所示。两测点间的弦长为 $\Delta L = 20$ m，则两测点间的平均偏角为：

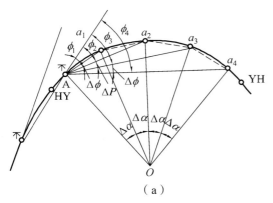
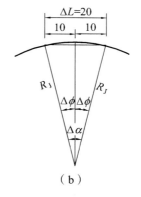

（a）　　　　　　　　　　（b）

图 7-3-7　平均偏角法

$$\Delta\phi = \frac{\phi_n - \phi_1}{n-1} \qquad (7\text{-}3\text{-}6)$$

式中：$\Delta\phi$ 为短弦 ΔL 所对应的圆周角，应等于 ΔL 短弦所对圆心角的一半，则设计曲线的半径 R_S 为：

$$R_S = \frac{\Delta L/2}{\sin\dfrac{\Delta\alpha}{2}} = \frac{10}{\sin\Delta\phi}\ (\mathrm{m}) \qquad (7\text{-}3\text{-}7)$$

（2）三点法。

在既有曲线的圆曲线范围内，连续选取三个间距（L）相等的测点 A、B、C，如图 7-3-8 所示。三点的渐伸线长度分别为 E_A、E_B、E_C，则通过此三点设计曲线半径 R_S 为：

$$R_S = \frac{L^2}{E_A - 2E_B + E_C}\ (\mathrm{m}) \qquad (7\text{-}3\text{-}8)$$

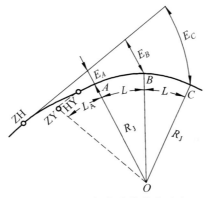

图 7-3-8　三点法计算曲线半径

（3）多点法。

三个点不能体现整个曲线的全貌，当圆曲线较长、测点较多的时候，可以用下列公式计算既有曲线的半径 R_S：

$$R_S = \frac{n(\Delta l)^2}{\sum_1^n \Delta^2 E} \quad (\text{m}) \qquad (7\text{-}3\text{-}9)$$

式中　Δl ——测点间的长度，一般取 20 m；

　　　$\Delta^2 E$ ——测点既有渐伸线的二次差值；

　　　N ——二次差值的个数。

按以上方法计算出既有曲线半径后，应取为整数，以便计算和测设。取整时，可参考表 7-3-3 取整。

表 7-3-3　曲线半径取整

转角度数/（°）	< 10	10 ~ 20	20 ~ 30	30 ~ 50	>50
曲线半径取整值/m	± 25	± 10	± 5	± 2 ~ ± 1	具体选定

【案例 7-3-2】　选配既有线曲线半径

利用表 7-3-4 所给数据，用三点法计算设计曲线半径。

【解】

用三点法计算，取：K8 + 140 为 A，$E_A = 11.227$ m；K8 + 200 为 B，$E_B = 23.805$ m；K8 + 260 为 C，$E_C = 41.132$ m；$L = 60$ m。则：

$$R_S = \frac{L^2}{E_A + 2E_B + E_C} = \frac{60^2}{11.227 - 2 \times 23.805 + 41.132} = 758.054 \quad (\text{m})$$

按表 7-3-3 进行曲线半径取值，设计曲线半径 R_S 取 760 m。

4. 计算设计曲线中点（QZ）里程

已选定的设计曲线半径，可保证设计曲线圆弧和既有曲线圆弧相当接近，但尚未确定设计曲线的具体位置，为此还要计算曲线中点里程。

QZ 点的里程应保证曲线两端切线不动，也就是拨动前后曲线的转角不变，即 $\alpha = \alpha_S = \alpha_J$，测量终点的拨量为零，即 $E_S = E_J$。

如图 7-3-9 所示，设计曲线终点的渐伸线长度 $E_S = E_J = X \cdot \alpha$。则测量终点至 QZ 点的距离 X 为：

$$X = \frac{E_J}{\alpha} \quad (\text{m}) \qquad (7\text{-}3\text{-}10)$$

式中　α ——曲线转角（rad）。

表 7-3-4　曲线拨正计算

里程 K7+960~K8+420　　曲线偏向 左　　总偏角 28°02′39″

置镜点	测点	β 度	分	秒	βrad	l	$l\cdot\beta$	E_j	ZH、HY、QZ、YH、HZ	L 或 X	$\dfrac{L^2}{2R}$ 或 $X\cdot\alpha$	$P=\dfrac{l_0^2}{24R}$	l	$P=\dfrac{l^3}{6Rl_0}$	E_s	E_s-E_j +	E_s-E_j —
1	2		4		5	6	7	8	9	10	11	12	13	14	15	17	18
禾	K7+960					0											
	+980	0	00	26	0.000 126 052	20	0.003	0.003	ZH K7+975.843				4.157	0.000	0.000		0.003
	K8+000	0	01	39	0.000 479 966	40	0.019	0.019					24.157	0.044	0.044	0.025	
	+020	0	11	06	0.003 228 859	60	0.194	0.194					44.157	0.270	0.270	0.076	
	+040	0	32	10	0.009 356 904	80	0.749	0.749	HY K8+45.843				64.157	0.827	0.827	0.078	
	+060	1	01	24	0.017 860 536	100	1.786	1.786		84.157	1.590	0.269			1.858	0.072	
禾	+080	1	37	03	0.028 230 701	120	3.388	3.388		104.157	3.146	0.269			3.415	0.027	
	+100	5	57	55	0.104 113 738	20	2.082	5.470		124.157	5.230	0.269			5.498	0.028	
	+120	6	44	05	0.117 543 077	40	4.702	8.090		144.157	7.839	0.269			8.108	0.018	
	+140	7	29	08	0.130 647 591	60	7.839	11.227		164.157	10.975	0.269			11.243	0.016	
禾	+160	8	14	30	0.143 844 219	80	11.508	14.896		184.157	14.637	0.269			14.905	0.010	
	+180	8	59	16	0.156 866 315	100	15.887	19.075		204.157	18.825	0.269			19.094	0.019	
禾	+200	9	44	55	0.170 145 361	120	20.417	23.805	QZ K8+196.839	224.157	23.540	0.269			23.808	0.003	
	+220	14	59	38	0.261 692 729	20	5.234	29.040		244.157	28.781	0.269			29.049	0.009	

外业资料　|　既有曲线渐伸线长度计算　|　曲线控制桩里程　|　设计曲线渐伸线长度计算　|　拨距计算

里程 K7+960 ~ K8+420　　曲线偏向 左　　总偏角 28°02′39″

置镜点	外业资料					既有曲线渐伸长度计算			曲线控制桩里程	设计曲线渐伸长度计算						拨距计算	
	里程 测点	β 度	分	秒	βrad	l	$l\cdot\beta$	E_j	ZH、HY、QZ、YH、HZ	L或X	$\dfrac{L^2}{2R}$或$X\cdot\alpha$	$P=\dfrac{l_0^2}{24R}$	l	$P=\dfrac{l^3}{6Rl_0}$	E_s	\multicolumn{2}{c}{E_s-E_j}
																$+$	$-$
1	2		4		5	6	7	8	9	10	11	12	13	14	15	17	18
	+240	15	47	04	0.275 490 526	40	11.020	34.826		264.157	34.548	0.269			34.817		0.009
	+260	16	32	44	0.288 774 421	60	17.326	41.132		284.157	40.841	0.269			41.110		0.022
	+280	17	16	45	0.301 578 35	80	24.126	47.932		304.157	47.661	0.269			47.930		0.002
	+300	18	02	42	0.314 944 664	100	31.494	55.300		324.157	55.008	0.269			55.276		0.024
不	+320	18	47	24	0.327 947 366	120	39.354	63.160		344.157	62.880	0.269			63.149		0.011
	+340	24	01	03	0.419 184 453	20	8.384	71.544	YH K8+347.835	364.157	71.279	0.269			71.548	0.004	
	+360	24	44	01	0.431 682 95	40	17.267	80.427		384.157	80.204	0.269	12.165	0.006	80.467	0.040	
	+380	25	25	34	0.443 769 355	60	26.626	89.786		404.157	89.656	0.269	32.165	0.104	89.820	0.034	
	+400	25	59	52	0.453 746 82	80	36.300	99.460		424.157	99.634	0.269	52.165	0.445	99.457		0.002
不	+420	26	23	44	0.460 689 352	100	46.069	109.229	HZ K8+417.835	223.161	109.229	0.269			109.229	0.000	
	ϕ_m	1	38	55	0.028 773 692												
	α	28	2	39	0.489 463 044												

备注　　$R_S = 760$ m，$l_0=70$ m。

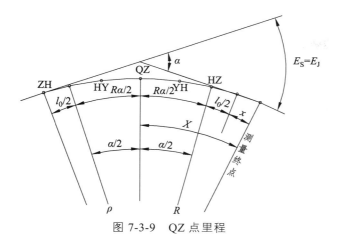

图 7-3-9　QZ 点里程

这样，可得 QZ 点的里程为：

$$QZ\ 里程\ =\ 测量终点里程\ -\ X \qquad\qquad （7-3-11）$$

【课堂训练 7-3-1】　计算 QZ 点里程

利用表 7-3-4 数据，计算曲线 QZ 点里程。

---

5. 选配设计曲线缓和曲线长度

线路大修平面设计缓和曲线长度的选择，应满足《线规》和《修规》的规定。在满足技术标准的条件下，应尽量采用原有缓和曲线的长度，可使拨量最小。

在已经选定设计曲线半径 R_S 的条件下，为了减小拨动量，可采用下述方法选取缓和曲线长度。

（1）计算设计曲线的圆曲线长 $R_S\alpha$，并根据 QZ 点的里程，计算 ZY 点里程 = QZ 里程 − $R_S\alpha/2$。

（2）选出两三个位于圆曲线段的测点，它们的设计曲线渐伸线长度为 $E_S = L^2/2R_S + P_S$。其中：L = 测点里程 − ZY 点里程，为已知数；$P_S = l_0/24R_S$，因 l_0 待定，P_S 尚需推导。

（3）这两三个测点的既有曲线渐伸线长度已经求出，可令各个测点的 $E_S = E_J$，求出 P_S 如下：

$$P_S = E_J - L^2/2R_S （m） \qquad\qquad （7-3-12）$$

（4）将求出的两三个 P_S 取平均值，故缓和曲线的长度为：

$$l_0 = \sqrt{24R_S P_S} \quad （\text{m}）\qquad\qquad\qquad（7\text{-}3\text{-}13）$$

将计算结果取为 10 m 的整数倍，就得到设计曲线的缓和曲线长度。

【课堂训练 7-3-2】　计算设计缓和曲线长度

利用表 7-3-4 数据，选配设计缓和曲线的长度。

6. 计算设计曲线其他各主点里程

曲线各主点 ZH、ZY、HY、YH、YZ、HZ 点里程计算如下：

$$\text{ZY 里程} = \text{QZ 里程} - \frac{R_S \alpha}{2}\qquad\qquad（7\text{-}3\text{-}14）$$

$$\text{ZH 里程} = \text{ZY 里程} - \frac{l_0}{2}\qquad\qquad（7\text{-}3\text{-}15）$$

$$\text{HY 里程} = \text{ZH 里程} + l_0\qquad\qquad（7\text{-}3\text{-}16）$$

$$\text{YH 里程} = \text{YZ 里程} - \frac{l_0}{2}\qquad\qquad（7\text{-}3\text{-}17）$$

$$\text{YZ 里程} = \text{QZ 里程} + \frac{R_S \alpha}{2}\qquad\qquad（7\text{-}3\text{-}18）$$

$$\text{HZ 里程} = \text{YH 里程} + l_0\qquad\qquad（7\text{-}3\text{-}19）$$

【课堂训练 7-3-3】　推导设计曲线各主点里程

利用表 7-3-4 资料和已计算成果，推算设计曲线其他各主点里程。

7. 设计渐伸线长度计算

设计渐伸线长度可用微积分理论进行计算，实用计算公式如表 7-3-5 所示。

表 7-3-5　渐伸线长度计算公式

测点范围	计算公式	符号意义
ZH—HY	$E = \dfrac{l^3}{6Rl_0}$	l = 测点里程 − ZH 点里程
HY—YH	$E = \dfrac{L^2}{2R} + P$	L = 测点里程 − ZY 点里程 $P = \dfrac{l_0^2}{24R}$
YH—HZ	$E = \dfrac{L^2}{2R} + P - \dfrac{l^3}{6Rl_0}$	L = 测点里程 − ZY 点里程 l = 测点里程 − YH 点里程
HZ 以后	$E = X \cdot \alpha$	X = 测点里程 − QZ 点里程

其中　R——曲线半径（m）；

　　　l_0——缓和曲线长（m）；

　　　α——转角（rad）。

8. 计算拨量

按 $\Delta = E_S - E_J$ 计算拨量量。$\Delta > 0$ 时，曲线内压；$\Delta < 0$ 时，曲线外挑。

（四）坐标法平面拨量计算

1. 计算圆心坐标和曲线半径

通过外业测量获取曲线坐标后，每相邻 3 个点就可以确定出一个曲线，每个曲线都有一个对应的圆心和曲率，如图 7-3-10 所示。选择图中中部对应的圆心坐标和曲线半径取平均值，就可得到计算圆心坐标和曲线半径（曲率）。由于外业测量时测量的是曲线上股或下股钢轨，所以在计算时还应加或者减去半个轨距值。

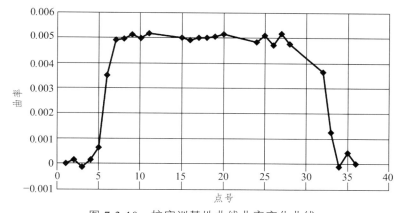

图 7-3-10　校实训基地曲线曲率变化曲线

2. 计算缓和曲线长

将测量起点相邻两点连线作为初切线，最后两点连线作为终切线，计算出圆心到初（终）切线的垂直距离 P'，从而计算出曲线的初（终）内移量 $P = P' - R$。由 $P = \dfrac{l_0^2}{24R}$ 计算出前、后缓和曲线长 l_0，并按规定取整。

3. 计算曲线要素

根据初切线、终切线的方位角，计算曲线的总偏角，从而计算出曲线的主要要素，再通过坐标解析，计算出各个主点的里程。

4. 各测点拨量计算

获得曲线要素后就可以拟合出曲线，如图 7-3-11 所示。根据测点到拟合曲线的位置就可计算出各个测点的拨量。

图 7-3-11　曲线要素拟合曲线

1）直线（前后切线）各测点拨量计算

测点的测设坐标到选定切线的直线距离，即为各测点的拨道量。

2）圆曲线上各测点的拨量计算

测点的测设坐标到圆心的距离与选择半径之差，即为各测点的拨道量。

3）缓和曲线上各测点的拨量计算

利用各计算测点的里程，计算出此里程对应的设计位置切线方程，测点到切线的距离近似为各测点的拨量。

（五）距离及方向交会法平面拨量计算

使用距离及方向交会法计算平面拨量时，由于外业测量时未直接测量坐标，所以先要将各个测点的偏角通过内业计算转化成坐标，然后再按照坐标法计算曲线各测点拨量。

线路平面拨量计算工作量大，内业计算时，一般采用计算机软件进行，如图 7-3-12 和图 7-3-13 所示，具体操作方法见项目八任务二。

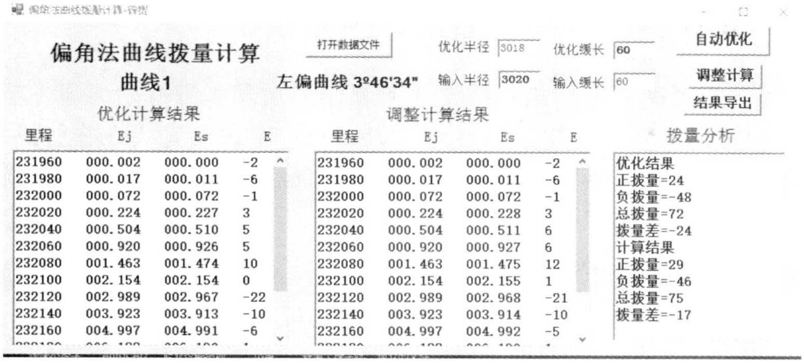

图 7-3-12　偏角法计算曲线拨量软件

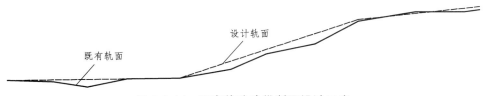

图 7-3-13　距离与方向交会法（坐标法）计算曲线拨量软件

二、既有线改建纵断面设计

（一）纵断面改建设计的原因

既有线在运营过程中，个别地段的路基会发生沉陷、冻害而变形；在线路日常维修过程中，由于更换道砟、起道、落道，也会引起轨面高程的改变。故既有线纵断面多与原设计不同，如图 7-3-14 所示。加之原设计标准偏低，不符合现行《线规》标准；延长站线而需加长站坪长度时，引起站坪两端纵断面的改建；削减超限坡度时，需抬降路基高程；受洪水威胁地段，需加高路基。这一切都将引起线路纵断面的改建。

设计轨面

既有轨面

图 7-3-14　既有线改建纵断面设计示意

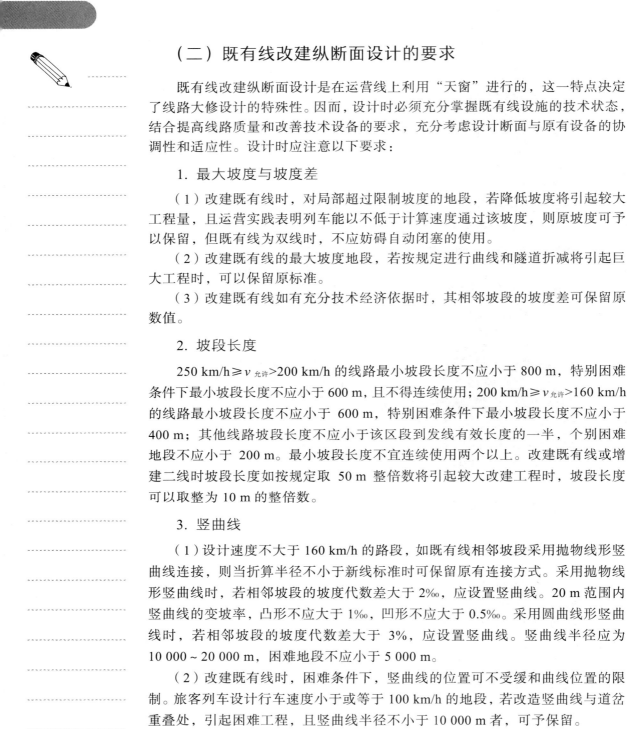

（二）既有线改建纵断面设计的要求

既有线改建纵断面设计是在运营线上利用"天窗"进行的，这一特点决定了线路大修设计的特殊性。因而，设计时必须充分掌握既有线设施的技术状态，结合提高线路质量和改善技术设备的要求，充分考虑设计断面与原有设备的协调性和适应性。设计时应注意以下要求：

1. 最大坡度与坡度差

（1）改建既有线时，对局部超过限制坡度的地段，若降低坡度将引起较大工程量，且运营实践表明列车能以不低于计算速度通过该坡度，则原坡度可予以保留，但既有线为双线时，不应妨碍自动闭塞的使用。

（2）改建既有线的最大坡度地段，若按规定进行曲线和隧道折减将引起巨大工程时，可以保留原标准。

（3）改建既有线如有充分技术经济依据时，其相邻坡段的坡度差可保留原数值。

2. 坡段长度

250 km/h≥$v_{允许}$>200 km/h 的线路最小坡段长度不应小于 800 m，特别困难条件下最小坡段长度不应小于 600 m，且不得连续使用；200 km/h≥$v_{允许}$>160 km/h 的线路最小坡段长度不应小于 600 m，特别困难条件下最小坡段长度不应小于 400 m；其他线路坡段长度不应小于该区段到发线有效长度的一半，个别困难地段不应小于 200 m。最小坡段长度不宜连续使用两个以上。改建既有线或增建二线时坡段长度如按规定取 50 m 整倍数将引起较大改建工程时，坡段长度可以取整为 10 m 的整倍数。

3. 竖曲线

（1）设计速度不大于 160 km/h 的路段，如既有线相邻坡段采用抛物线形竖曲线连接，则当折算半径不小于新线标准时可保留原有连接方式。采用抛物线形竖曲线时，若相邻坡段的坡度代数差大于 2‰，应设置竖曲线。20 m 范围内竖曲线的变坡率，凸形不应大于 1‰，凹形不应大于 0.5‰。采用圆曲线形竖曲线时，若相邻坡段的坡度代数差大于 3%，应设置竖曲线。竖曲线半径应为 10 000～20 000 m，困难地段不应小于 5 000 m。

（2）改建既有线时，困难条件下，竖曲线的位置可不受缓和曲线位置的限制。旅客列车设计行车速度小于或等于 100 km/h 的地段，若改造竖曲线与道岔重叠处，引起困难工程，且竖曲线半径不小于 10 000 m 者，可予保留。

4. 纵断面高程基准

改建既有线纵断面设计，以轨面高程为基准，轨面高程由线路纵断面测量测出。直线路段选择左侧钢轨的轨面高程，曲线路段选择内侧钢轨的轨面高程。

5. 施工方法的限制

改建纵断面的设计方案应与施工方法相结合。一般情况下，起道高度小于 50 cm 时，用道砟起道；起道高度在 50 ~ 100 cm 时，用渗水土起道；大于 100 cm 或落道后床厚度小于规定标准时，需抬降路基面。

6. 对轨面高程的要求

为了方便施工及减轻对运营的干扰，一般不采用挖切路基的办法来降低轨面高程，仅在受建筑限界与结构物构造控制及消除路基病害的地段方可采用。亦不宜挖切道床降低既有线轨面高程，以免影响铁路正常运营，仅在个别地段，为避免改建桥隧建筑物，避免挖切路基，或为减少线路改建工程，才允许挖切道床来降低轨面高程。道床厚度仅允许较规定标准减薄 5 cm 以内且最小道床厚度不得小于 25 cm。

7. 其他要求

（1）电气化铁路纵断面设计时，应符合铁路限界标准，困难地段，接触网也应进行适当的调整。

（2）两线路的中心距离不大于 5 m 时，其轨面标高原则上应设计为同一标高，困难地段允许有不大于 300 mm 的高度差，但易受雪埋地段的轨面标高差应大于 150 mm，道口处不允许大于 100 mm。

（3）大修地段与非大修地段的连接顺坡，应设在大修地段以外。其顺坡率为：允许速度不大于 120 km/h 的线路不应大于 2‰，允许速度为 120 km/h（不含）~ 160 km/h 的线路不应大于 1‰，允许速度大于 160 km/h 的线路不应大于 0.8‰。

（三）抛物线形竖曲线要素计算

目前在速度 160 km/h 以下的既有线上还有部分抛物线形竖曲线，抛物线形竖曲线是由变化率为 γ 的 20 m 短坡段连接而成的外切多边形，所以竖曲线长度应为 20 m 整倍数，如图 7-3-15 所示。实际上，抛物线形竖曲线曲率变化非常小，可等同于大半径的圆曲线形竖曲线，它有一个显著的特征就是外矢距与正矢相等。

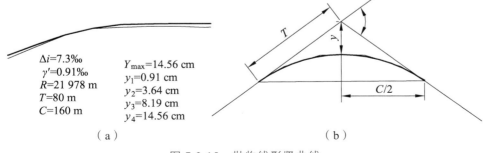

Δi=7.3‰
γ'=0.91‰
R=21 978 m
T=80 m
C=160 m

Y_{max}=14.56 cm
y_1=0.91 cm
y_2=3.64 cm
y_3=8.19 cm
y_4=14.56 cm

（a）   （b）

图 7-3-15 抛物线形竖曲线

（1）20 m 短坡段数（n）：

$$n = \frac{\Delta i}{\gamma} \qquad (7\text{-}3\text{-}20)$$

式中 Δi——坡度代数差（‰）；

        Δl——竖曲线分段短坡长度（m），一般 $\Delta l = 20$ m；

        γ——每 20 m 竖曲线长度的变化率（‰），凸形不大于 1‰，凹形应不大于 0.5‰。短坡段数 n 应进取整。

（2）反算竖曲线每 20 m 短坡实际坡度变化率 γ'：

$$\gamma' = \frac{\Delta i}{n} \qquad (7\text{-}3\text{-}21)$$

（3）竖曲线长度 C：

$$C = n \times 20 \text{ (m)} \qquad (7\text{-}3\text{-}22)$$

（4）竖曲线切线长 T_{sh}：

$$T_{sh} = \frac{C}{2} \text{ (m)} \qquad (7\text{-}3\text{-}23)$$

（5）竖曲线纵距 y：

$$y = \frac{\gamma' x^2}{40\,000} \text{ (m)} \qquad (7\text{-}3\text{-}24)$$

（6）换算半径 R_{sh}：

$$R_{sh} = 1\,000 \frac{\Delta l}{\gamma'} \text{ (m)} \qquad (7\text{-}3\text{-}25)$$

（四）既有线改建纵断面设计注意事项

1. 桥 涵

在有砟桥上，通常不允许过多降低既有轨面标高，以免降低墩台顶面标高，造成施工困难；必要时可用道砟起道来升高轨面。这时往往要加高梁的边墙，以免道砟溢出。轨面升高值一般限制在 10～15 cm，以防增加过多的道砟影响桥梁的应力和稳定；当升高值较大时，需加高墩台顶面标高；墩台顶面加高值大于 0.4 m 时应进行检算。

在明桥面桥梁上，轨面标高的变动必将引起抬降墩台顶面标高等困难工程。因此，应根据明桥面的既有轨面标高来设计纵断面。

在涵洞处，允许适当抬高或降低既有轨面标高。但抬高值过大时，往往需要改建涵洞的端墙与翼墙，甚至将涵洞接长；若需大量降低既有轨面标高并挖切路基时，则应保证涵洞顶到道床底面的最小填土高度。

2. 隧　道

在隧道内，当需要提高隧道净空或削减隧道内坡度时，一般多采用落道方法，以免破坏既有隧道的拱圈；但降低值以不大于 0.4 m 为宜，以保护隧道边墙的基础。

3. 车　站

站坪范围内正线线路的纵断面，一般不宜过多地抬高或降低，以免引起站内建筑物（站台、天桥、信号与给水设备等）和咽喉区及其他站线的改建。如必须抬高或降低时，可用站线作为施工时的临时通车线路。

4. 路　基

在挡土墙、护坡路段，抬道时应考虑加宽路基后，不使其填土坡脚盖过挡土墙或护坡。必要时，可用干砌片石加陡边坡。

在路基病害路段，如砂害、雪害以及因毛细水上升引起的冻害或翻浆冒泥段，均可考虑结合抬道来整治病害。

路基基床土质不良及道床排水不畅，引起道砟陷囊时，一般可考虑结合落道来整治病害。

路堑路段落道时，应考虑施工时扩大路堑对行车的干扰，特别是石质路堑，需要放炮，干扰更为严重。此外尚应考虑路堑边坡的稳定与地下水位的高低。如设计的路肩标高低于地下水位，还应考虑降低地下水位的措施。

【案例 7-3-3】　计算抛物线形竖曲线要素

已知相邻两坡段之坡度如图 7-3-16 所示，A 点的里程为 K20＋380，客货共线既有线铁路，路段设计最高速度为 120 km/h，若采用抛物线形竖曲线，试计算竖曲线的曲线长、切线长、纵距及标高。

图 7-3-16　抛物线形竖曲线

【解】

（1）坡度差　$\Delta i = \left| 7.4 - 0.1 \right| = 7.3$（‰）

（2）短坡段段数 $n = \dfrac{\Delta i}{\gamma} = \dfrac{7.3}{1} = 7.3$，进取整为 8。

（3）反算竖曲线每 20 m 短坡实际坡度变化率 $\gamma' = \dfrac{\Delta i}{n} = \dfrac{7.3}{8} = 0.91$‰。

（4）竖曲线长度 C：

$$C = n \times 20 = 160 \,(\text{m})$$

（5）竖曲线切线长 T_{sh}：

$$T_{\text{sh}} = \frac{C}{2} = 80 \,(\text{m})$$

（6）坡度线计算标高、纵距和设计标高采用列表法计算，见表7-3-6。

表7-3-6　竖曲线纵距及标高计算表

里程	横距 x/m	坡度线计算标高 h/m	纵距 y/m	设计标高 H/m
K20 + 300	0	$100 - 0.007\ 4 \times 80 = 99.408$	0	99.408
+ 320	20	$100 - 0.007\ 4 \times 60 = 99.556$	$0.91 \times 20^2 / 40\ 000 = 0.009\ 1$	99.547
+ 340	40	$100 - 0.007\ 4 \times 40 = 99.704$	$0.91 \times 40^2 / 40\ 000 = 0.036\ 4$	99.668
+ 360	60	$100 - 0.007\ 4 \times 20 = 99.852$	$0.91 \times 60^2 / 40\ 000 = 0.081\ 9$	99.770
+ 380	80	100	$0.91 \times 80^2 / 40\ 000 = 0.146\ 0$	99.854
+ 400	60	$100 + 0.000\ 1 \times 20 = 100.002$	$0.91 \times 60^2 / 40\ 000 = 0.081\ 9$	99.920
+ 420	40	$100 + 0.000\ 1 \times 40 = 100.004$	$0.91 \times 40^2 / 40\ 000 = 0.036\ 4$	99.968
+ 440	20	$100 + 0.000\ 1 \times 60 = 100.006$	$0.91 \times 20^2 / 40\ 000 = 0.009\ 1$	99.997
+ 460	0	$100 + 0.000\ 1 \times 80 = 100.008$	0	100.008

三、既有线改建横断面设计与识图

横断面改建设计是根据测绘的既有线横断面进行的。线路横断面指垂直于线路中心线的路基横断面，如图7-3-17所示。

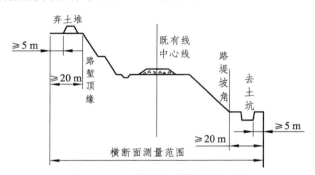

图7-3-17　路基改建横断面示意

既有线的纵断面与平面的改建，往往会变动线路轨面高程或使中线侧移。横断面的改建设计，必须与纵断面及平面改建设计密切配合，才能得到经济合理的方案。

横断面改建设计类型，可根据既有线轨面高程抬降量和中心线侧移量，结合施工方法等条件拟定。几种常见类型如下。

（一）既有线中线不移动

1. 抬高既有线轨面高程

1）用道砟抬高轨面高程

当抬高量小于0.5 m时，可用道砟起道，如图7-3-18所示。每次起道高度以0.15 m为宜，以便利用行车间隔施工，对运营干扰不大。用道砟起道后，应保证必要的路肩宽度。路堤一般不应小于 0.6 m，困难时不小于 0.4 m。路堑不小于 0.4 m。不能保证时，应加宽路基。路堤加宽部分的顶宽不应小于 0.5 m，底宽可按设计边坡要求确定，但不应小于顶部的加宽值。加宽前，既有路堤边坡应挖成 1 m 宽的台阶，有护坡时，应先拆除。

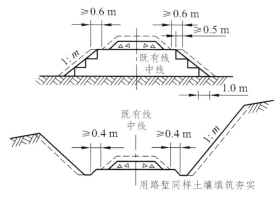

图 7-3-18　既有线中线不移动，抬高轨面高程示意

既有线中线不移动，抬高轨面高程示意

2）用渗水土抬高路基

当抬高量为 0.5～1.0 m 时，一般可采用渗水土抬道，如图 7-3-19 所示；若用普通土填筑路基抬道须先清除既有道床，要中断行车，且夯实困难，易形成道砟囊。用渗水土抬道，可利用行车间隔时间施工，每次起道高度不宜超过 0.15 m，以免给施工和运营造成困难。用渗水土抬道时，下面的非渗水土路基面应做成向外侧倾斜的 1%～4%排水横坡。

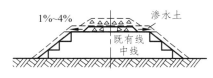

图 7-3-19　用渗水土抬高路基示意

用渗水土抬高路基示意

3）抬高路基

当抬道高度超过 1.0 m 时，因采用渗水土抬道不经济，故多采用普通土抬高路基。抬高路堤一般需加宽原有路基，原路堤边坡应挖成 1 m 宽的台阶，如图 7-3-20 所示。施工前需清除既有道床和整治路基病害，因此，应先修建便线维持既有线通车。修建便线工程费用较高，且需限速行车。

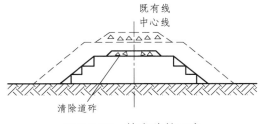

图 7-3-20　抬高路基示意

抬高路堤

2. 降低既有线轨面高程

1）减薄道砟层厚度

若轨面高程降低很少，且既有道砟层较厚时，可采用减薄道砟层厚度的方法来实现，以免挖切路基。

2）挖切路基

当轨面高程降低较大，且减薄道床厚度不能满足要求时，则需采用挖切路基的方法，如图 7-3-21 所示。采用这种方法，需修建便线维持临时通车，工程造价较高，一般不宜广泛采用。

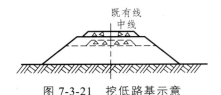

图 7-3-21　挖低路基示意

（二）移动既有线中线抬降路基

1. 路基一侧边坡不改建

此种横断面设计类型如图 7-3-22 所示，适用于轨面高程抬降量较大，且需保持路基一侧边坡不改动的情况，并需要修建施工便线，以维持既有线临时通车。既有线中线的侧移距离 D，由路基边坡率 m 与抬高量 Δh 决定，其值为：

$$D \geqslant m \cdot \Delta h \qquad (7\text{-}3\text{-}26)$$

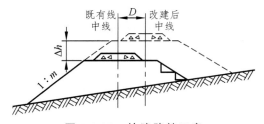

图 7-3-22　抬降路基示意

2. 在正常通车的情况下抬降路基

如抬降路基施工时不修建便线，一般可采用图 7-3-23 所示的横断面类型。这种改建方式，优点是不影响正常通车，施工与运营干扰较小，节省便线；缺点是要废弃一部分既有路基土方，且需拆除既有轨道。

既有线中线侧移距离 D，可按下式计算：

$$D \geqslant d_1 + d_2 + m \cdot \Delta h \qquad (7\text{-}3\text{-}27)$$

式中　d_1——既有线路基靠改建线一侧的临时宽度（m），为既有线道床底宽的一半再加 0.2 m 临时路肩宽度，一般约为 2.5 m；当抬高路基时，为了多利用一些既有线路基土方，在不妨碍既有线行车的情况下，d_1 值亦可适当减小。

d_2——改建路基一侧的临时宽度（m），可按最小路基宽度之半考虑，一般约为 2.2 m（按道床厚度为 0.25 m、道床边坡为 1：1.5、道床顶宽为 2.8 m、路肩宽 0.2 m 计）；抬高路基时，为避免以后再加宽路基（图中阴影部分），亦可按路基标准断面来计算 d_2 值。

m——两线间路基边坡率，如采用草袋或板桩以加固边坡，其值亦可适当减小。

Δh——路基抬高或降低数值（m）。

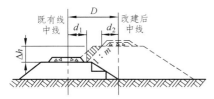

图 7-3-23　不修便线抬降路基示意

不修便线抬降路基

四、纵断面、平面与横断面的综合设计

纵断面、平面与横断面的改建设计是一个综合的整体，必须结合具体情况，统筹兼顾全面考虑，一般按下列步骤进行：

（1）设计放大纵断面图时，须充分考虑线路、车站、桥隧、路基等建筑物对纵断面设计的要求。

（2）根据抬降量选定横断面设计类型，计算出既有线中线必要的侧移距离。

（3）平面设计应在符合设计标准的前提下，保证横断面设计所必要的侧移距离。

（4）根据纵断面设计的抬降量及平面设计中线侧移距离，设计百米标及加标的横断面。

（5）综合分析纵断面、平面与横断面设计的技术经济合理性，发现问题，进一步修改设计，使之完善。

【技能训练】

【7-3-1】　利用 Excel 表格编写公式计算曲线拨量。现场勘测资料扫描二维码获得。

偏角法曲线
外业测量数据

【7-3-2】　某既有线铁路，纵断面如图 7-3-24 所示，设置抛物线形竖曲线，试计算竖曲线要素和每 20 m 点纵距。

7.0	0.3
450	550

图 7-3-24　纵断面坡度

任务四
既有线改建设计资料识读

【任务描述】

既有线改建设计资料包括平、纵断面图纸和相关技术资料，是指导现场施工的重要依据。本教学任务主要解决如何编写（绘制）和识读既有线改建线路平纵断面设计资料的问题。

【任务分析】

具体任务	具体要求
● 识读既有线改建平面设计资料	➢ 能编写和识读简单的既有线改建平面设计资料；
● 识读既有线改建纵断面设计资料	➢ 能编写和识读线路改建放大纵断面图和详细纵断面图。

【相关知识】

一、识读既有线铁路改建（大修）平面设计资料

当既有线与改建线相隔较近时，通常采用拨动法，将既有线拨动到设计位置。此时需要计算出既有线每个测点拨动到设计位置的拨动量。那么平面设计的主要成果资料就要有平面拨量及拨后线距等资料。为了获取改建曲线资料，还需提供曲线要素、桩点、里程汇总表和曲线设计资料，如表7-4-1～7-4-3所示。

表 7-4-1　线路拨量及线距汇总

_____线_____至_____线路大修设计　　　　计算_____　　　　校核_____

里程	拨量/cm		拨后线距/m		护桩距设计中心距离/m		备注
	内压	外挑	左	右	左	右	
K7 + 980	0.3						
K8 + 000		2.5					
+ 020		7.6					
+ 040		7.8					

表 7-4-2 曲线要素、桩点、里程汇总

_____线_____至_____线路大修设计   计算_____   校核_____

项 目编 号	曲线要素	主要桩点里程	起止里程
1#	$\alpha = 28°02'38''$ $R = 760$ m $L_0 = 70$ m $L_y = 371.992$ m $T = 224.868$ m	ZH = K7 + 975.843 HY = K8 + 045.843 YH = K8 + 347.835 HZ = K8 + 417.835 QZ = K8 + 196.839	K7 + 975.843 ~ K8 + 417.835
2#	$\alpha = 37°05'25''$ $R = 574$ m $L_0 = 70$ m $L_y = 371.577$ m $T = 227.680$ m	ZH = K9 + 433.226 HY = K9 + 503.226 YH = K9 + 804.803 HZ = K9 + 874.803 QZ = K9 + 654.014	K9 + 433.226 ~ K9 + 874.803

表 7-4-3 曲线设计资料汇总

_____线_____至_____线路大修设计   计算_____   校核_____

编号	曲线起点里程	曲线终点里程	设计半径/m	偏角	偏向	圆曲线长/m	缓和曲线长/m	曲线全长/m	超高/mm
1	K7 + 975.843	K8 + 417.835	760	28°02'38''	左	371.992	70	441.992	80
2	K9 + 433.226	K9 + 874.803	574	37°05'25''	右	371.577	70	441.577	90
3	K10 + 450.210	K10 + 842.877	1 110	17°10'23''	右	272.667	60	392.667	35

当既有线与改建线线间距离较大时，改建线可采用新线方法进行设计，这时需要单独绘制线路改建平面图，图中应标注既有线改建曲线要素，改建起终点里程和长短链等信息，如图 7-4-1 所示。

二、识读既有线改建放大纵断面图

既有线纵断面的改建设计，必须细致、精确，以便尽可能地利用既有建筑物，减少改建工程。为细致地研究既有轨面高程的升降，使纵断面设计更加经济合理，设计时采用放大纵断面图。其比例尺为：距离 1 : 10 000，高程 1 : 100 或 1 : 200。

放大纵断面图的上半部为线路纵断面图，其中包括地面线、既有道床底面线、既有轨面线、计算轨面线和设计轨面线；并应注明建筑物的特征，如车站、道口的中心里程，隧道洞门位置里程与长度，以及桥涵类型、孔径、中心里程与设计洪水位高程等。道床底面线标高、既有轨面线标高和计算轨面线标高关系如图 7-4-2 所示。

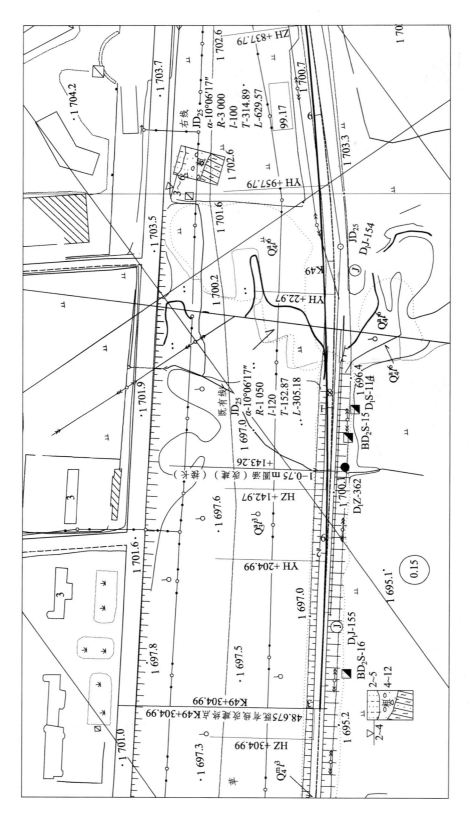

图 7-4-1 既有线铁路改建线路平面图

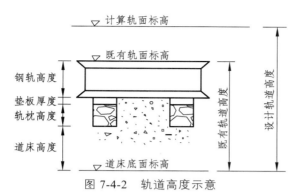

图 7-4-2　轨道高度示意

道床底面线标高 = 既有轨面标高 − 既有轨道高度（包括钢轨高度、垫板厚度、轨枕高度与道床厚度）

设计轨面标高 = 道床底面标高 + 设计轨道高度

如图 7-4-3 所示，放大纵断面图的下半部为纵断面设计的资料和数据，自下而上包括：既有线平面、百米标与加标、地面标高、既有道床厚度、既有轨面标高、轨面设计坡度、轨面设计标高、既有轨面标高抬降值、路基病害地段、工程地质特征等栏。

三、识读线路大修详细纵断面图

在放大纵断面上完成轨面坡度设计后汇总各项设计资料就可绘制详细纵断面图，如图 7-4-4（见书末插页）所示。

1. 里程栏

该栏按实测线路中心里程，标出百米标、公里标及加标，如有断链同时也应在里程栏体现。

2. 设计线路平面栏

该栏按线路平面设计资料，绘出线路平面示意图，包括直线、曲线（标出线路起终里程及要素 α、R、L、T）、车站（绘出各股道中心、道岔编号和岔尖里程）。

3. 钢轨类型栏

钢轨类型按设计钢轨类型填写，如图 7-4-5 所示。

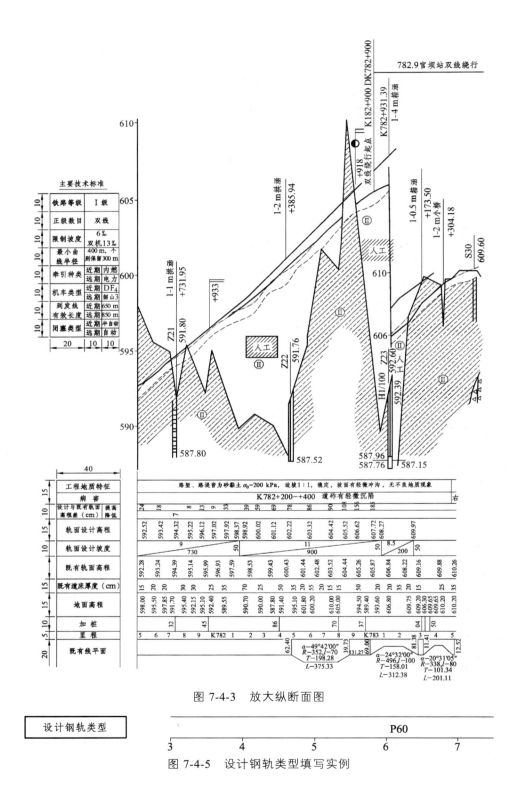

图 7-4-3　放大纵断面图

设计钢轨类型	P60

图 7-4-5　设计钢轨类型填写实例

4. 既有轨顶标高栏

该栏按实测数据标出每百米及加标的既有轨顶标高。

5. 设计坡度栏

线路大修纵断面设计的拉坡设计，就是按既有线改建纵断面设计的原则和技术标准确定线路纵断面的设计坡段长度、坡度值和坡段连接方式。拉坡设计一般应以桥、隧、道口及车站咽喉区等控制点（标高或坡度不能改变的地段）为起点，分别向两侧进行，确定合理的坡段长度和变坡点。

拉坡设计完成后，可按变坡点轨面标高计算设计坡度，坡度值一般取至小数点后一位。

6. 设计轨顶标高栏

由设计坡度推算每 50 m 及加标的轨顶标高，要考虑加减竖曲线纵距。

设计轨顶标高应尽量接近但不低于既有轨顶标高。若低于既有轨顶标高，则施工时要减薄既有道床厚度，影响运营。若设计轨面高程高出计算轨面高程过多，则要垫铺过多的道砟，引起浪费，也不合理。

7. 轨顶抬落量

轨顶抬落量就是线路大修和维修时的起落道量。轨顶抬落量 = 设计轨顶标高 − 既有轨顶标高。

8. 路基挖低量

为达到规定的道床厚度，在个别地段需要挖路基。路基挖低量 = 既有道床厚度 + 轨顶抬落量 − 新旧轨道上部建筑高度差 − 设计道床厚度。

路基挖低量均为负值，若计算结果为正，说明既有道床过厚，可将底层道床视为路基考虑。

9. 既有道床厚度栏

该栏按照外业调查资料填写每 50 m 点的道床厚度。

10. 设计道床厚度栏

该栏按实际设计道床厚度填写，具体按《铁路轨道设计规范》（TB 10082—2017）选定。

11. 道床清筛深度栏

换既有砟深度 = 设计道床厚度 + 设计轨道上部建筑高度 − （既有轨道上部建筑高度 + 轨顶抬落量）

12. 设计填砂地段栏

该栏按照外业调查的翻浆地段填写。

13. 路基情况

该栏按照外业调查资料填写路堤或路堑。

14. 设计轨枕类型

该栏按《铁路轨道设计规范》（TB 10082—2017）选定设计轨枕类型。

既有线改建（大修）详细纵断面设计图的上部包括主要技术标准、既有轨面标高线和设计轨面标高线，同时应标明车站、道口的中心里程，隧道洞门里程与长度，以及桥涵类型、孔径与其中心里程，如图 7-4-4 所示。

除以上图纸资料外，线路大修设计还需要提供线路坡度表、竖曲线要素计算表、道床表、工区表、设备表、填挖高度表、水准基点表、桥涵隧道表、道口及立体交叉表、设计说明等资料，在换轨大修时还需提供无缝线路设计图及长轨配置表等资料。表 7-4-4 所示为线路大修坡度，表 7-4-5 所示为竖曲线要素、纵距、起止里程汇总。

表 7-4-4　线路大修坡度汇总

线名	2-动调线							
序号	里程	变坡点高程/m	坡段长/m	坡度/‰			竖曲线长度/m	备考
				上	中	下		
1	K0 + 0.00	42.57						
			200	1.5				
2	K0 + 200.00	42.87						
			250	0.8				
3	K0 + 450.00	43.07	250			4	32	R-10000

表 7-4-5　竖曲线要素、纵距、起止里程汇总

_____线_____至_____线路大修设计　　计算_____　　校核_____

编号	轨顶标高	竖曲线要素	纵距	里程		竖曲线形状
				起点	终点	
1	67.88	$\Delta i = 2.4‰$ $r = 0.48‰$ $T = 50$ m $C = 100$ m	$Y_{max} = 3$ cm $y_1 = 0$ cm $y_2 = 2$ cm	K4 + 650	K4 + 750	凹

【技能训练】

【7-4-1】　某铁路主要技术标准如下：线路等级：单线、Ⅰ级干线；限制坡度：12‰；最小曲线半径：500 m；到发线有效长度：850 m；机车类型：DF₄；闭塞方式：半自动闭塞。平面曲线测设资料用本项目任务三技能训练计算成果数据。其他调查资料扫描二维码获得。利用 CAD 完成纵断面设计。

【7-4-2】　识读图 7-4-6××线××区间线路设备图。

既有线纵断面
测量数据

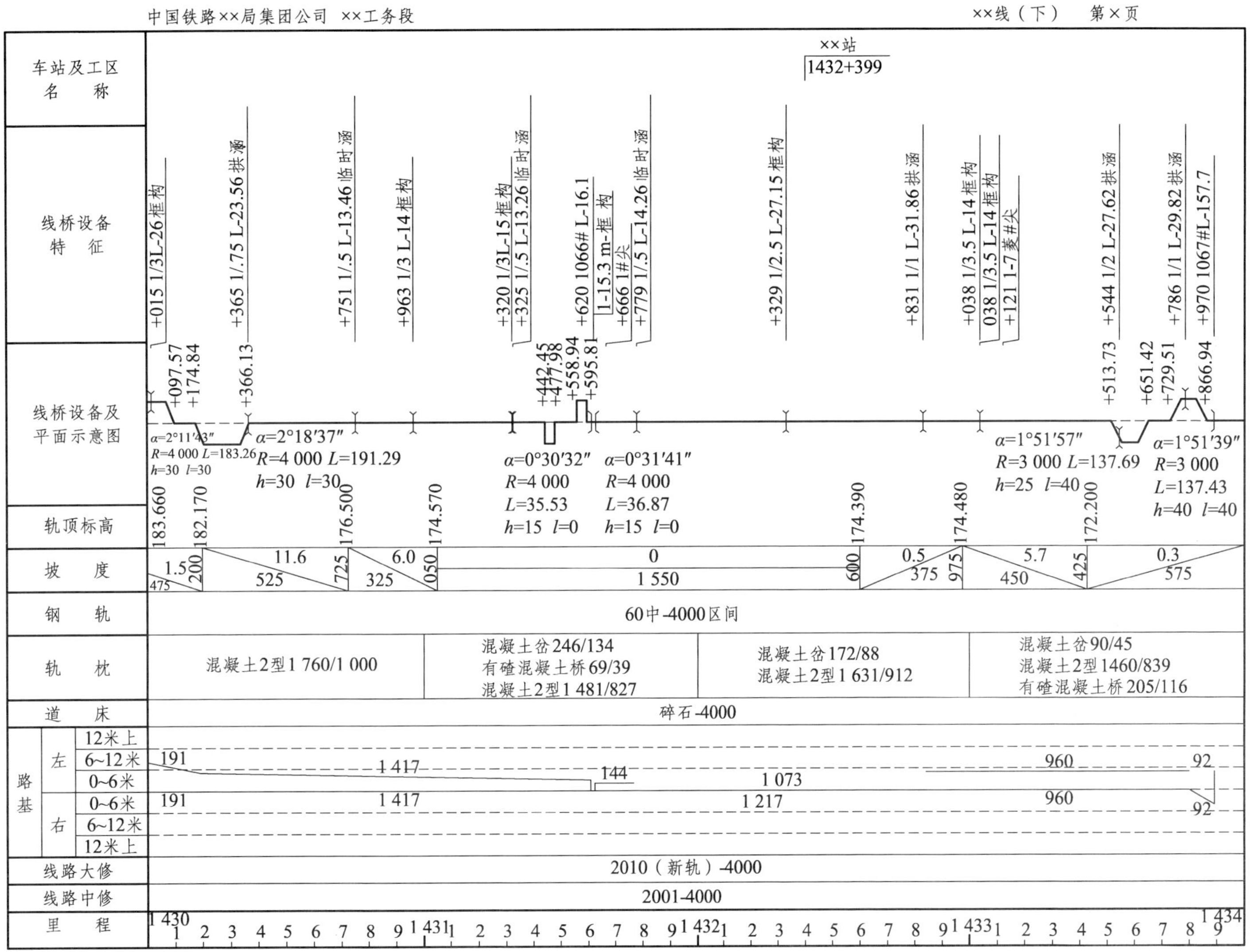

车站及工区名称	
线桥设备特征	
线桥设备及平面示意图	
轨顶标高	
坡度	
钢轨	
轨枕	
道床	
路基　左　12米上 / 6~12米 / 0~6米	
路基　右　0~6米 / 6~12米 / 12米上	
线路大修	
线路中修	
里程	

主要里程及设备标注（自右向左）：

+970 1067#L-157.7 +866.94
+786 1/1 L-29.82 道岔
+651.42 +729.51
+544 1/2 L-27.62 道岔
+513.73
α=1°51′39″ R=3 000 L=137.43 h=40 l=40
α=1°51′57″ R=3 000 L=137.69 h=25 l=40
+121 1-7 岔心#岔
038 1/3.5 L-14 道岔
+831 1/1 L-31.86 道岔
172.200 174.480 174.390
混凝土岔 90/45 有砟混凝土桥 205/116
混凝土2型 1460/839
混凝土岔 172/88 混凝土2型 1 631/912

+329 1/2.5 L-27.15 道岔
60中-4000区间
碎石-4000
2010（新轨）-4000
2001-4000

+779 1/5 L-14.26 道岔
+666 1#岔 岔心
1-15.3 m 道岔
+620 1066# L-16.1 道岔
+595.81 +558.94
+442.45 +477.98
+325 1/5 L-13.26 道岔
+320 1/3L-15 道岔
α=0°31′41″ R=4 000 L=36.87 h=15 l=0
α=0°30′32″ R=4 000 L=35.53 h=15 l=0
174.570
混凝土岔 246/134 有砟混凝土桥 69/39
混凝土2型 1 481/827

+963 1/3 L-14 道岔
+751 1/5 L-13.46 道岔
α=2°18′37″ R=4 000 L=191.29 h=30 l=30
176.500 174.570
混凝土2型 1 760/1 000

+365 1/75 L-23.56 道岔 +366.13
+015 1/3L-26 道岔 +097.57
α=2°11′43″ R=4 000 L=183.26 h=30 l=30
182.170 183.660

××站 |1432+399

图 7-4-6　××线××区间线路设备图

任务五
增建第二线设计

【任务描述】

复线铁路采用自动闭塞的通过能力比单线提高 3～4 倍，区段速度比单线提高 30%左右，运营费用比单线降低 20%左右。当既有铁路不能满足迅速增长的运量需求时，修建二线是提高既有线通过能力最有效的方法。采用其他措施，只能将修建第二线的期限稍微推迟，为了减少频繁施工对既有线正常运营的干扰，在全线一次修建第二线，往往是合理的。本教学任务主要介绍增建二线平面、纵断面设计要点及解决如何识读增建二线平纵断面设计图纸的问题。

【任务分析】

具体任务	具体要求
● 增建第二线平面设计	➤ 了解增建第二线平面设计要点，能通过识读增建第二线平面图，掌握第二线与既有线的平面关系；
● 增建第二线纵断面设计	➤ 了解增建第二线纵断面设计要点，能通过识读增建第二线纵断面图，掌握第二线与既有线的高程关系；
● 增建第二线横断面设计	➤ 了解增建第二线路基横断面设计要点。

【相关知识】

阅读案例——兰青铁路增建第二线及电气化改造工程

一、增建第二线平面设计

【课堂训练 7-5-1】 识读增建二线线路平面图

你能从图 7-5-1（见书末插页）中获取哪些信息？增建第二线设计平面图与新线设计平面图有什么不同？

（一）并行与绕行

增建第二线通常都与既有线并行。两线并行可以少占农田，节省路基土石方，便于运营管理。但是在减缓第二线限坡的地段，保留既有线超限坡度的地段，绕避既有线不良地质的地段，大桥与隧道的引线地段，以及既有线标准很低、地形困难、不易改建的地段，需要采用并行不等高、第二线绕行或双线绕行方案。

一般认为两线中心线的线间距离大于 20 m 时，即作为绕行地段考虑，绕行有第二线单独修建的"单绕"和废弃既有线两线都另行修建的"双绕"两种方式。

并行和绕行方案的选择，要与第二线的限制坡度选择、第二线的边侧选择以及第二线最小曲线半径选择等重大原则问题一起综合研究解决。方案确定后，再进行平面与纵断面的设计工作。

（二）第二线边侧的选择

增建的第二线宜设在既有线一侧，如需换侧，宜在曲线上或车站附近完成。边侧选择主要考虑对既有建筑物的影响、工程量的大小、施工与行车的干扰及后期的运营管理等问题。如修建既有线时就已预留了第二线的位置，则可按预留位置决定第二线的边侧。

1. 既有线保留超限坡时，第二线的边侧选择

在既有线超限坡度地段，应使超限坡道作为下坡运行线，新建的第二线采用较缓坡道，作为上坡运行线。这样可按左手行车的原则确定第二线边侧，如图 7-5-2 所示。

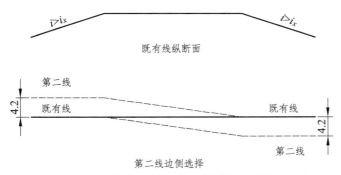

图 7-5-2 超限坡地段第二线边侧选择（单位：m）

2. 第二线设在货流量大的方向

当设计线双方向货流量相差非常大时，应将设计标准高的第二线作为货流量大的运行线。

3. 车站内第二线的边侧选择

中间站，一般将第二线布设在站房的对侧，以保留原有的客运设备与货场，

不产生较大改建，如图7-5-3（a）和7-5-3（b）所示。

在区段站范围内，最好把第二线布置在客运站房同侧，以保证对侧机务段出口处及较为复杂的咽喉区不致改建。如果区段站作业量较大，也可考虑将第二线布置在机务段外侧的外包线方案，以减少第二线的出发列车对道岔咽喉区的干扰，避免咽喉区的改建，如图7-5-3（c）所示。

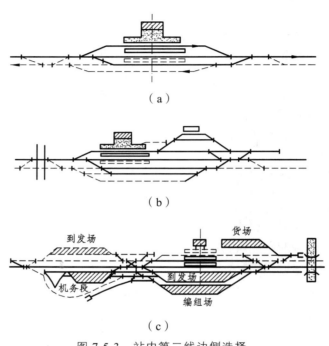

（a）

（b）

（c）

图 7-5-3 站内第二线边侧选择

4. 区间第二线的边侧选择

在区间选择第二线的边侧，应考虑尽量少占农田，改土造田，尽可能保留原有工程，并根据地形地质条件，力争减少工程数量，保证路基稳定。

大、中桥处，应以桥址的水文条件、基础的地质条件以及战备要求，作为选择桥址、决定第二线边侧的主要依据。当上述条件出入不大时，一般宜将第二线设在既有桥梁下游的一侧，以避免既有导流建筑物、桥头路基防护和桥墩破冰凌的废弃或破坏。

隧道处，第二线应尽量选在地质条件较好、围岩等级较高、施工方便的一侧。

在不良地质地段，第二线无法绕行避开时，应使第二线的选边不致扩大工程量且有利于防治地质病害。

（三）第二线的换侧

第二线的换侧地点，宜设在以下地段：

（1）在低路堤、浅路堑处换边，可减少换边对路基稳定的影响，减少废弃工程量。

（2）在纵断面不抬高、不降低的地段换侧，可避免修施工便线。

（3）在曲线或绕行地段换侧，如图 7-5-4（a）（b）所示；直线上换侧需增加一组反向曲线，恶化了线路平面，仅在特殊情况下方可采用，如图 7-5-4（c）所示。

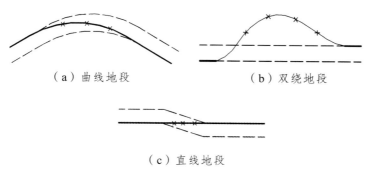

（a）曲线地段　　　　　　　　（b）双绕地段

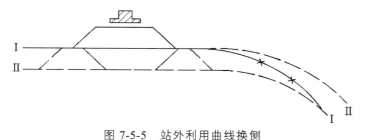

（c）直线地段

图 7-5-4　第二线换侧

（4）在站外曲线上，结合线距加宽进行换侧，可以减少对运营的影响，如图 7-5-5 所示。

图 7-5-5　站外利用曲线换侧

（四）第二线与既有线线间距

区间直线段既有线与增建第二线之间的最小线间距及曲线地段加宽按照《线规》规定执行，详见项目四任务二。

增建第二线线间距的确定，要考虑到既有线的改建、既有建筑物的状态、运营及施工条件等因素。

桥梁地段，在增建第二线桥梁时，要考虑既有桥梁状态、通航要求、地质条件、基础类型及施工方法等因素来确定；隧道地段，在增建第二线隧道时，应保证既有隧道的结构稳定和运营安全。两相邻隧道的最小线间距，应按围岩地质条件、隧道开挖断面、施工方法等因素确定。

车站两端和桥隧地段线间距变更应利用附近曲线完成。条件不具备时，可在第二线上采用反向曲线完成，如图 7-5-6 所示。

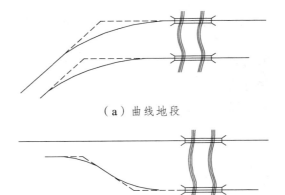

（a）曲线地段

（b）直线地段

图 7-5-6　变更线间距

【**课堂训练 7-5-2**】　识读增建第二线纵断面图

你能从图 7-5-7 中获取哪些信息？增建第二线与新线设计纵断面图、既有线改建设计放大纵断面图有什么异同？

二、增建第二线纵断面设计

（一）第二线限制坡度选择

第二线限制坡度的选择通常与既有线相同。为避免降坡引起大量改建工程，既有线超限地段，可以保留作为下坡线；第二线修建在上坡方向运行的一侧，采用单线绕行，按限制坡度设计，供上坡方向的列车行驶。

当设计线双方向货运量不平衡，且既有线限制坡度不易变更时，则既有线限制坡度可保持不变，而将第二线设计在重车方向，采用较缓的限制坡度。设计时，应力求与邻线牵引质量统一，以减少接轨站的换重作业。

当设计线双方向货运量很大，且既有线限制坡段的比率不高时，则可考虑将第二线设计为较小的限制坡度，而在第二线竣工通车后，再将既有线限制坡度减缓，使双线铁路上下行限制坡度一致。

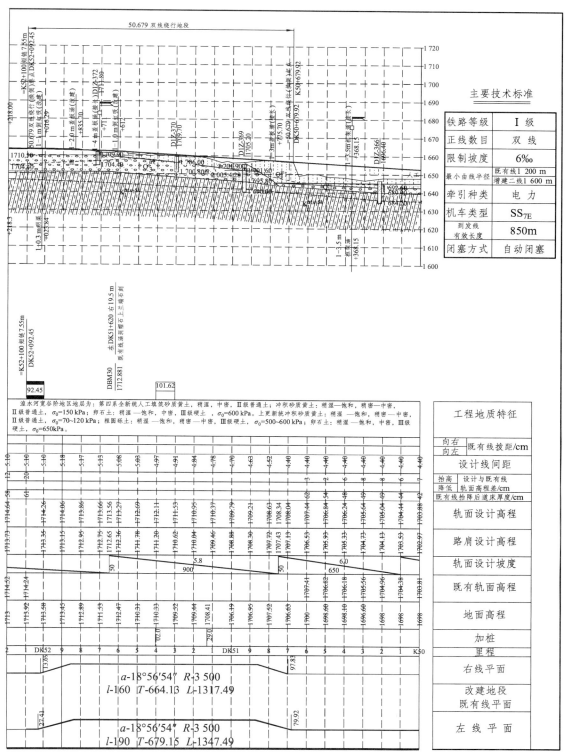

图 7-5-7　兰青铁路增建第二线及电气化改造工程线路纵断面图

（二）第二线与既有线并行等高

线间距不大于 5.0 m，两线修建在共同路基上，轨面标高相同称为并行等高。两线并行等高，不但可以减少占地和节省土石方工程量，还有利于路基排水、防止雪埋、线路维修及道口设置，等等。

两线并行等高路段，第二线的纵断面设计应以既有线纵断面改建设计为基础，通常是在放大纵断面图上，用轨面标高进行设计。一般情况下，两线的轨面设计标高应力求相等，即第二线与既有线应采用相同的坡度、坡段长度和竖曲线形式；并应注意，纵断面设计必须与平面布置相配合，使坡度折减及变坡点的位置能够同时满足两线的要求。

当既有线改建困难，需保留个别超限坡段或其他较低标准，或因两线桥梁结构不同，而在桥梁或桥头引线上出现轨面标高差时，标高差不应大于 30 cm。

在易受雪埋的个别地段，应根据当地的降雪、风向、风力和地形等情况，合理确定两线的允许轨面标高差，但最大不得超过 15 cm。

道口处两线轨面标高最好相等。困难时，允许两线有不大于 10 cm 的轨面标高差。

并行等高路段第二线纵断面图的格式与既有线大修纵断面图格式基本相同。

（三）并行不等高和第二线绕行

第二线与既有线并行而路基面标高不同，称为并行不等高。其缺点是：横向排水困难，由上方线路路基边坡流到下方线路路基面上的雨水，必须设置纵向排水沟引入渗水井，才能从下方线路路基排出，使工程量增大且影响路基稳定；大风雪地区，下方线路易被雪埋，同时线路经常维修和大中修，都不如并行等高方便。因此，通常只有在削减超限坡度、变更限制坡度以及桥梁隧道引线地段等特殊情况下，才把第二线与既有线的路基设在不同的标高上。

当第二线与既有线的线间距较大，需要分开单独修建路基时，即为第二线绕行。在并行不等高及第二线绕行路段，第二线的纵断面设计应另绘辅助详细纵断面图，其图式及设计要求与新建单线铁路相同，按路肩标高进行设计。

设计时，并行不等高及第二线绕行路段的起点和终点处，应注意坡度平顺连接，并考虑坡段长度内的断链关系。起点与终点处的路肩设计标高应根据该点的轨面设计标高推算：

$$路肩设计标高 = 轨面设计标高 - 钢轨高度 - 垫板厚度 -$$
$$轨枕高度 - 道床厚度 - 路拱高度$$

并行不等高与第二线绕行路段起点和终点的里程，应在纵断面图上注明。

三、增建第二线横断面设计

增建第二线的路基横断面，有下列四种类型。设计时，应结合具体情况，选用横断面的合理形式。

（一）并行等高

1. 既有线中线不移动

路基不抬降时，第二线中线按设计位置施工。要满足路基宽度要求，加宽部分的顶宽不应小于 0.5 m，底宽可按设计边坡要求确定，但不应小于顶部的加宽值。加宽前，原有路堤边坡应先挖成宽为 1 m 的台阶。如有护坡时，应先拆除，注意排水设计。

路基抬降较大时，第二线中线先按临时位置施工，待既有线改建完成后，第二线再拨至设计位置。这类路基断面要废弃一部分土方，且第二线轨道需要重新拆铺一次。

2. 既有线中线移动

保留路基外侧边坡，第二线按设计位置施工。当既有线路基抬降较大时，为了保证第二线施工时，既有线的正常运营，两线间应保持必要的临时线距，施工程序为先修建第二线，待其竣工后能维持通车时，再改建既有线路基。

（二）并行不等高

当第二线和既有线并行仅路肩标高不同时，称为并行不等高，通常在两线坡度不同的路段采用。两线路基面标高不同，将使两线间排水困难，容易引起下方线路因积水而产生路基病害；大风雪地区，下方线路容易被雪埋没；下方线路抽换轨枕不便，且不能设置道口。并行不等高地段，两线间的最小线间距由两线间的路基面高差及路基边坡率决定。在路堑地段，尚应考虑上线列车荷载的影响，适当放缓边坡；必要时，可加固上方路基的边坡或修建路肩墙，以减小线间距离。

（三）单线绕行

单线绕行及桥隧引线与两线线间距较大需单独修建路基路段时，第二线应根据路段设计速度按新建单线铁路路基标准设计。

（四）双线绕行

双线绕行时，两线的路基横断面按新建双线路基设计。

【技能训练】

【7-5-1】 增建二线横断面设计的类型有哪些？

【7-5-2】 识读增建二线平纵横断面图纸（图 7-5-1 和图 7-5-7）。

项目八

铁路线路计算机辅助设计

 项目描述

　　传统铁路选线设计是在二维介质"地图"上进行的。这种方法缺乏立体感，不直观，有一定的地形图知识和选线设计经验的设计人员才能准确地判断地形和地貌的特征，同时选线设计又是一项复杂而烦琐的工作，因而传统方法很难快速做出一个经济合理的线路方案。

　　随着计算机技术的迅猛发展，其运算速度越来越高、图形处理性能越来越强。诸多的铁路勘察设计软件应运而生，为铁路选线计算机辅助设计提供了基础。本项目主要借助 CARD/1 铁路三维选线设计系统和捷力铁路设计系列软件概要介绍新建铁路和既有线改建铁路计算机辅助设计的思路和方法。

 拟实现的教学目标

1. 能力目标

- 能利用 CARD/1 的铁路三维选线设计功能进行简单的铁路线路平纵断面设计；
- 能利用捷力铁路一体化选线设计系统进行简单的铁路线路平纵断面设计；
- 能利用捷力大中修辅助设计系统进行简单的铁路线路大中修平纵断面设计。

2. 知识目标

- 了解铁路三维选线设计系统的组成和功能；
- 了解捷力一体化选线设计系统的组成和功能；
- 了解捷力大中修辅助设计系统的功能组成与软件操作方法。

3. 素质目标

- 具有严谨求实的工作作风；
- 具备团结协作精神；
- 具备创新意识；
- 具备安全环保意识。

任务一
新建铁路三维选线设计系统认知

【任务描述】

铁路三维选线设计系统是一个全新空间概念的新型线路设计系统，是在计算机三维立体模型上进行铁路选线及平纵横断面设计和三维可视化模拟。本教学任务以 CARD/1 铁路三维选线设计系统和捷力铁路线路选线设计一体化系统为例介绍三维选线设计系统的组成和功能。

【任务分析】

具体任务	具体要求
● 了解铁路三维选线设计系统 ● 了解捷力一体化选线设计系统	➢ 了解铁路三维选线设计系统的组成和功能； ➢ 了解捷力一体化选线设计系统的组成和功能。

【相关知识】

一、铁路三维选线设计系统的组成

利用铁路三维选线设计系统，用户可以在与现实环境完全一样的虚拟场景下进行线路设计，并可以对设计好的线路进行全方位的观察，沿线路进行行驶模拟。铁路三维选线设计系统充分将铁路选线设计与测绘、虚拟现实技术有效地结合起来，这是铁路选线技术的重大突破，也是以后铁路设计的主要发展方向。同时铁路三维选线设计系统还可以提高铁路选线设计的生产效率，缩短工程设计周期，产生重大社会效益和经济效益。

铁路三维选线设计系统的软件框架结构如图 8-1-1 所示。系统由三维可视化、选线设计、设计成果三维模拟显示、设计成果输出等功能区组成。

铁路三维选线设计系统按功能划分包括铁路三维可视化平台、三维数字化地形处理系统、设计信息获取子系统、线路平面设计子系统、线路纵断面设计子系统、线路横断面设计子系统、排水设计子系统、设计信息查询子系统、线路行驶模拟子系统等九大功能模块。

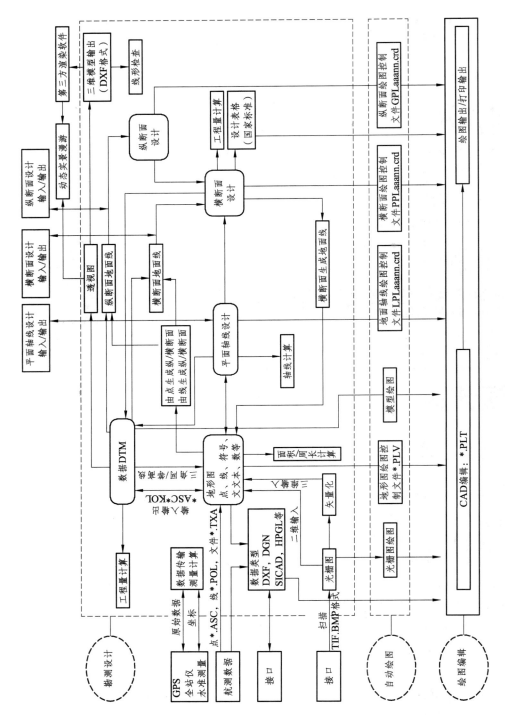

图 8-1-1　CARD/1 功能模块结构关系

二、基于 CARD/1 的铁路三维选线设计系统介绍

（一）铁路三维可视化平台

铁路三维可视化平台具有辅助设计、三维地形数字化、三维地形可视化等功能。

1. 辅助设计功能

以前，各阶段铁路设计一般都是在 AutoCAD 或者图纸上进行的，AutoCAD 给设计者提供了良好的图形编辑、图形显示、图形设计等辅助设计功能。但是，AutoCAD 对图形不是基于数据库管理，三维仅仅停留在视觉效果而不能满足以后三维设计发展的需要，并且对于光栅图片或航片的处理速度非常缓慢，不适应大面积叠加地形和航片的处理。

CARD/1 软件采用自己的 CAD 可视化平台，如图 8-1-2 所示。该平台对所有地形图数据包括符号、文本、树木、房屋等细小的结构物都是采用数据库进行管理的，地形显示只需调用数据库中相关数据即可。在 CARD/1 中，各种功能模块集成于 CARD/1 的 CAD 平台上，因此实现了数据在软件内部的高速及高效率的传输。CARD/1 还可以兼容其他格式的地形图数据，如 AutoCAD、Microstation 等国际常用的图形格式，以数据接口的形式将这些图形转为 CARD/1 图形格式并存入数据库。

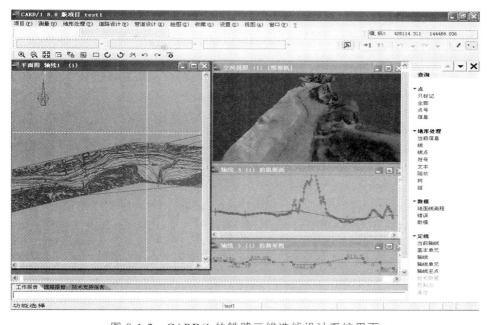

图 8-1-2　CARD/1 的铁路三维选线设计系统界面

2. 三维地形数字化功能

三维地形数字化包括数字化和信息化两方面。

数字功能是指可视化平台需要具有数字地面模型,以提供设计所需要的地形数据。铁路三维选线设计系统是一个计算机自动化程度较高的系统,大部分数据需要计算机实时提供给设计者,要求三维可视化平台具有极快的数字运算和数据处理能力。

信息化功能是指可视化平台需具备提供计算机辅助选线所需要的区域或局部信息知识及各种工程设计规范等。

3. 三维地形可视化功能

三维地形可视化功能能够实现设计者直接在三维地形图上进行选线,让设计者所看见的图形不再是二维图形,以增强选线立体感。三维立体图形可视化呈现给设计者的三维立体图是由三维数字地面模型生成并经过渲染后得到的,设计者可以根据此三维立体图掌握总体地形变化情况来辅助进行选线设计。

(二) 三维数字化地形处理子系统

三维数字化地形处理子系统包括数字地面模型、数字地形模型和图片处理三大模块。

1. 数字地面模型 (DTM)

如图 8-1-3 所示,数字地面模型是在空间地形图数据库中存储并管理的空间地形数据集合的统称,是带有空间位置特征和地形属性特征的数字描述。它可以广泛地应用在公路、铁路、电力线选线和水利工程选址等领域。

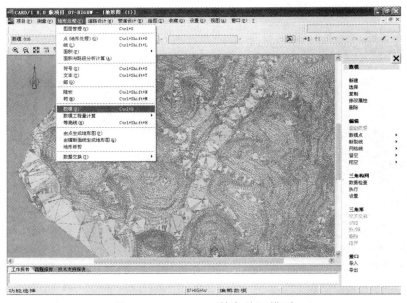

图 8-1-3 CARD/1 数字地面模型

2. 数字地面模型的空间视图

数字地面模型空间视图，如图 8-1-4 所示，是指利用数字地面模型生成所选范围内的三维可视化地形。此功能在没有卫星图片的情况下可以帮助设计者简单、快速、全面地了解地形起伏状况，同时可以对多个数字地面模型进行空间叠加，如将真实地面的空间视图和设计线路的空间视图叠加为三维实景模型。

图 8-1-4　CARD/1 数字地面模型生成的空间视图

3. 图片处理

CARD/1 图片处理模块可以将光栅图读入及矢量化，并在光栅图矢量化基础上建立数字地面模型，依据矢量化的光栅图进行三维设计，形成真实的三维场景，进行三维行驶模拟。

（三）线路平面设计子系统

线路平面设计子系统包括平面选线和平面设计，如图 8-1-5 所示。

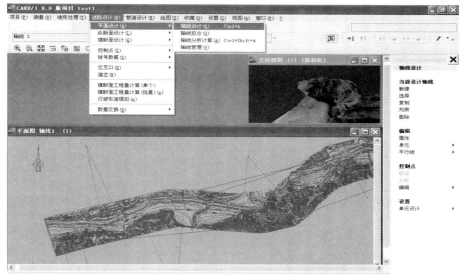

图 8-1-5　CARD/1 平面设计模块

1. 平面选线功能

计算机辅助选线是设计者利用计算机来进行人机交互选线。选线中设计人员只需要确定控制地形处的线位，其他接线工作由 CARD/1 软件自动计算完成。

2. 平面线位编辑功能

平面线位编辑主要是通过修改单元来实现，修改单元包括：单元的添加、删除、移动、加长、单元点、连接方向、半径、缓和曲线等功能。在平面设计模块中，CARD/1 还提供了轴线设计、轴线拟合、轴线分析计算和轴线管理功能。

（四）线路纵断面设计子系统

线路纵断面设计子系统是指在平面线位选定后，计算机能够从三维数字地面模型切取地面线，并能根据某一设计原则自动进行纵断面设计。另外，线路纵断面设计还考虑能够同时多窗口显示如平面线位、纵断面设计、横断面设计及各种辅助设计窗口，并且实现平、纵、横设计实时联动。纵断面设计子系统功能如下：

1. 纵断面设计功能

纵断面地面线指通过数字地面模型或地面线实测数据读入得到的实际地面线。纵断面设计线指设计者通过设计得出的设计纵断面线。纵断面设计模块的核心是拉坡设计，另外还包含了许多复杂的辅助设计工作，如地面点绘制、标注及五线谱栏等，如图 8-1-6 所示。

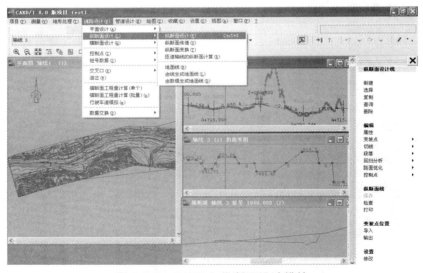

图 8-1-6　CARD/1 纵断面设计模块

2. 纵断面编辑修改功能

纵断面编辑修改是指对纵断面设计进行各种修改，包括变坡点处理、切线处理和竖曲线设置等。

（五）线路横断面设计子系统

横断面设计子系统，如图 8-1-7 所示。横断面设计不仅是铁路设计的主要构成部分，同时，铁路路基情况和工程量大小也是平面选线的主要控制因素之一。因此，平、纵、横设计应该是一个密不可分的整体。线路横断面设计子系统包括：横断面地面线和横断面设计。CARD/1 对横断面数据以数据库形式管理，每条设计轴线对应一个横断面数据库文件。

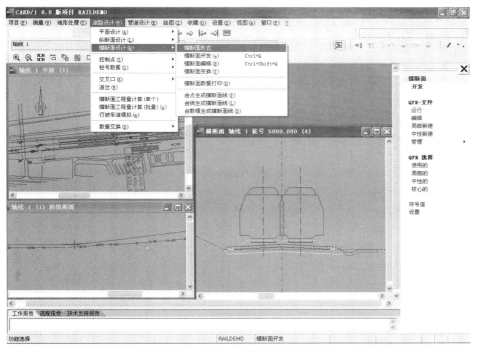

图 8-1-7　CARD/1 横断面设计模块

1. 横断面地面线

横断面地面线数据是进行横断面设计的基础数据，也是开始横断面设计的第一步。横断面地面线数据有：从数字地面模型生成横断面地面线；地形图数据库点、线生成横断面地面线数据；批量读入外业实测横断面地面线数据。

2. 横断面设计

横断面设计除地面线数据外，还需要路基参数数据，如有必要还可以加入机车车辆限界和轨道等数据。

横断面自动设计是在横断面开发环境下实现的。在该环境下，系统通过解释执行横断面开发文件全自动生成横断面设计图。

CARD/1 系统除以上核心功能外还包括绘图出表处理子系统、排水设计子系统、信息查询子系统和行驶模拟子系统。图 8-1-8 为 CARD/1 系统行驶模拟子系统界面。

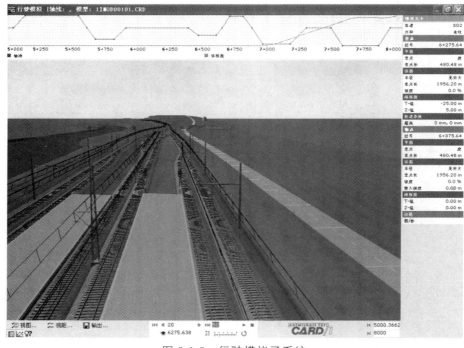

图 8-1-8　行驶模拟子系统

三、捷力铁路一体化选线设计系统简介

捷力铁路一体化选线设计系统是基于捷力公司自主研发的交通地理信息系统（GIS）平台上的一款铁路选线设计二次开发工具，已在铁路领域得到了广泛的应用。

（一）系统主要功能模块

该系统可辅助铁路勘察设计全过程，如图 8-1-9 所示。系统功能有：

（1）利用航测数据转换、数字化仪录入、数字测图、DXF 文件输入、位图导入和人工交互等方式生成数字化地形图。

（2）平纵断面辅助设计。

（3）横断面勘察数据采集。

（4）路基及支护 CAD 辅助设计。

（5）图表生成与输出。

（二）设计流程

通过 GIS 平台打开地形图，依次进行平面设计、纵断面设计、横断面设计、路基支挡设计、三维透视图设计，在任何设计阶段都可以出设计成果图。具体软件操作方法详见捷力勘察设计一体化手册。

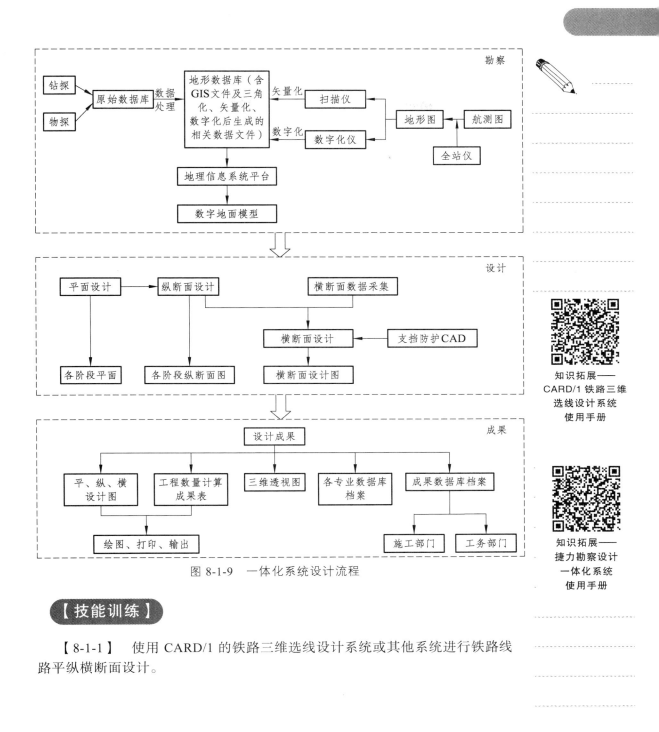

图 8-1-9　一体化系统设计流程

知识拓展——
CARD/1 铁路三维
选线设计系统
使用手册

知识拓展——
捷力勘察设计
一体化系统
使用手册

【技能训练】

【8-1-1】　使用 CARD/1 的铁路三维选线设计系统或其他系统进行铁路线路平纵横断面设计。

任务二
既有线铁路线路大中修计算机辅助设计系统认知

【任务描述】

　　大修勘测设计是一项繁杂而又细致的工作，从外业调查、测量到设计，都是围绕既有线路和既有设备进行的。因此，线路大修平纵断面设计要受到既有建筑物的严格限制。如何在原有建筑设备的基础上，寻求最合理最经济的设计方案，是线路大修设计人员面临的重要任务。本教学任务借助捷力大中修辅助设计系统进行既有线大修计算机辅助设计介绍。

【任务分析】

具体任务	具体要求
● 平面辅助计算子系统	➤ 了解捷力大中修辅助设计软件平面计算子系统的功能与软件操作方法；
● 纵断面辅助设计子系统	➤ 了解捷力大中修辅助设计软件纵断面辅助设计子系统的功能与软件操作方法。

【相关知识】

一、捷力大、中修辅助设计系统简介

　　捷力铁路线路大、中修辅助设计系统，于 1993 年通过原铁道部组织的鉴定。随着计算机技术的发展和生产需求的不断变化，捷力软件也一直在不断地更新升级，如今已升级为 DXCAD7.0 版。不断增加的新功能，使大修设计更加方便快捷，数据处理更加简便，大大降低了设计人员手工处理数据和设计计算的工作量，提高了数据处理效率和设计质量。图 8-2-1 为捷力铁路线路大、中修辅助设计系统启动画面。

图 8-2-1 捷力线路大、中修辅助设计系统

二、平面辅助计算子系统

为了适应的测量方法多样化，捷力铁路线路大中修辅助设计系统平面曲线整正子系统可满足传统偏角法、光电偏角组合法、坐标法、简易坐标法四种不同曲线测量方法的曲线整正计算。软件操作步骤如下：

（一）曲线目录输入

启动本系统后，单击屏幕左上角<文件>，再单击<新建文件> 或 <打开文件>，进入"曲线目录输入窗体"。输入曲线编号、测量方法、……、有无拨道控制点等信息，如图 8-2-2 所示。

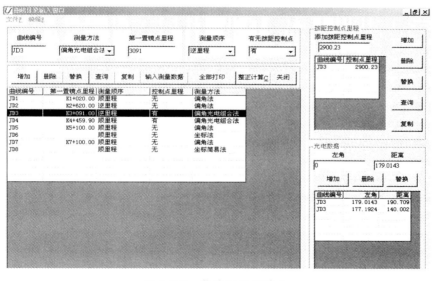

图 8-2-2 曲线目录的输入

若测量方法不是坐标法、坐标简易法，还要输入第一置镜点里程、测量顺序。

除坐标简易法外，单击选中的曲线（该行变蓝），如该曲线有拨距控制点，则应在屏幕右上角输入拨距控制点里程。

如测量方法是偏角光电组合法，则光电导线测量数据便可在屏幕右下角的"光电数据"界面内输入。

（二）测量资料输入

建立好曲线目录后，需要输入曲线现场测量资料。

1. 偏角法、光电偏角组合法曲线资料输入

偏角法与光电偏角组合法的差别，在于后者需要输入光电导线资料。可是光电导线资料的输入又是在"曲线目录输入窗口"完成的，因此偏角资料的输入界面这两种测量方法完全相同，只需要在图 8-2-3 界面中输入置镜点里程、测点里程、后视角和前视角等测量数据。

图 8-2-3 偏角法测量数据输入窗口

2. 坐标法测量数据输入

在软件中依次输入测点里程和测点 X、Y 坐标，如图 8-2-4 所示。

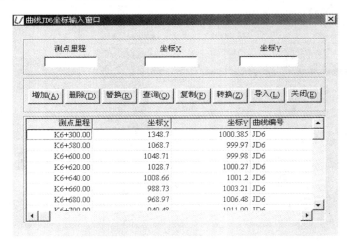

图 8-2-4 坐标法测量数据输入窗口

（三）平面整正计算与调整

完成曲线测量数据输入后即可在"曲线目录输入"界面上进行曲线整正计算。单击待算曲线行然后输入缓和曲线取整值后即可进行曲线整正计算，计算完成后屏幕上显示反映该曲线现状的曲率图（$1/R_x$），如图 8-2-5 所示。如果既有曲线保持理论几何形状，则它的实测曲率图必然是规则的梯形，其上底为圆曲线，两端斜线为缓和曲线。但既有曲线与理论曲线总有一些偏移，曲率图呈波浪形。此时可以通过曲率图操作来动态调整平面整正计算结果。

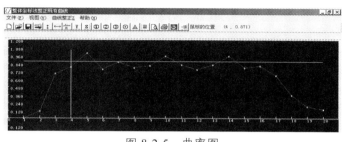

图 8-2-5　曲率图

三、纵断面辅助设计子系统

DXCAD7.0 纵断面辅助设计系统主要包括数据处理、设计计算、输出（图表）等功能。其主要模块和设计流程如图 8-2-6 所示，系统界面如图 8-2-7 所示。

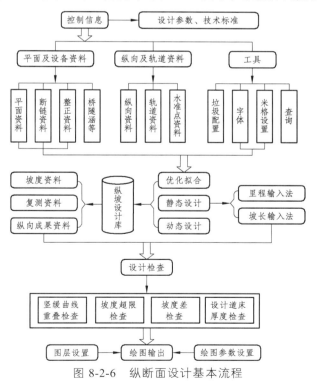

图 8-2-6　纵断面设计基本流程

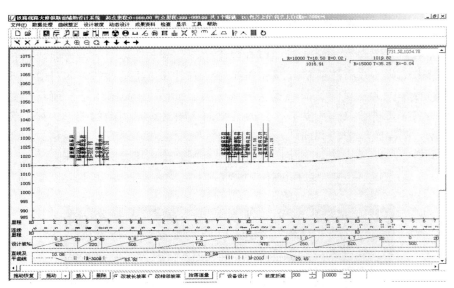

图 8-2-7　纵断面设计界面

（一）新建项目

点击<文件>菜单下的新建项目或单击<新建项目>按钮，提示输入项目名后保存。保存后输入控制信息和技术标准，如图 8-2-8 所示。

（a）输入控制信息

（b）输入技术标准

图 8-2-8　新建项目对话框

（二）外业测量数据及参数输入

在纵断面辅助设计时，点击<数据处理>菜单，如图 8-2-9 所示，可以根据线路的实际情况输入断链、高程数据、既有台账资料、线路设备、平面曲线、水准基点、道床数据、线间距、拨道量、超高、接触网高等外业测量和平面计算资料等技术数据。图 8-2-10 为既有线路设备信息输入界面。

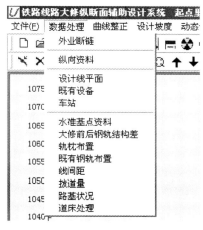

图 8-2-9 <数据处理>菜单

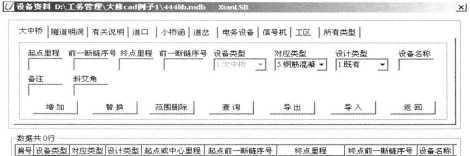

图 8-2-10 既有线路设备信息录入界面

（三）拉坡设计

拉坡设计是纵断面设计的关键，系统提供自动拟坡、人工建库、动态拉坡、静态调坡四种手段进行纵断面拉坡设计。

拉坡设计时一般常用的方法和步骤是：先采用自动拟合定坡，然后反复用动态拉坡、人工建库、静态调坡诸法调整，最终使设计符合规范各项技术要求，坡率、变坡点里程取整符合专业习惯，工程量最小。

动态拉坡时，可使用图 8-2-11 所示工具栏按钮动态调整拉坡。

图 8-2-11 大修设计 CAD 工具条栏

（四）设计检查

在动态设计操作过程中，可以点击<设计检查>按钮对竖曲线与缓和曲线重叠、竖曲线与竖曲线重叠、坡度超限、坡度差超限等设计资料进行检查。

（五）成果输出

设计工作完成后，设置好绘图参数，即可按要求格式形成 DXF 绘图文件和各种图表文件。

【技能训练】

【8-2-1】 利用大修软件和项目七技能训练 7-3-1 和技能训练 7-4-1 数据，完成既有线大修平纵断面设计。

知识拓展——
捷力曲线拨量
计算子系统
使用手册

知识拓展——
捷力纵断面
设计子系统
使用手册

参考文献

[1] 中铁第一勘察设计院集团有限公司. TB 10098—2017 铁路线路设计规范[S]. 北京：中国铁道出版社，2017.

[2] 铁道第三勘察设计院集团有限公司，中铁第四勘察设计院集团有限公司. TB 10621—2014 高速铁路设计规范[S]. 北京：中国铁道出版社，2015.

[3] 铁道第三勘察设计院集团有限公司，中国铁道科学研究院. TB 10625—2017 重载铁路设计规[S]. 北京：中国铁道出版社，2017.

[4] 铁道第三勘察设计院集团有限公司，中铁第四勘察设计院集团有限公司. TB 10623—2014 城际铁路设计规范[S]. 北京：中国铁道出版社，2015.

[5] 中铁第四勘察设计院集团有限公司. TB 10082—2017 铁路轨道设计规范[S]. 北京：中国铁道出版社，2017.

[6] 中铁第四勘察设计院集团有限公司. TB 10099—2017 铁路车站及枢纽设计规范[S]. 北京：中国铁道出版社，2017.

[7] 中铁第一勘察设计院集团有限公司. TB 10504—2018 铁路建设项目预可行性研究、可行性研究和设计文件编制办法[S]. 北京：中国铁道出版社，2018.

[8] 中铁第一勘察设计院集团有限公司. TB 10001—2016 铁路路基设计规范[S]. 北京：中国铁道出版社，2017.

[9] 中国铁道科学研究院机车车辆研究所. TB/T 1407.1—2018 列车牵引计算 第 1 部分：机车牵引式列车[S]. 北京：中国铁道出版社，2018.

[10] 易思蓉. 铁路选线设计[M]. 4 版. 成都：西南交通大学出版社，2017.

[11] 王保成. 铁路选线设计[M]. 北京：中国铁道出版社，2019.

[12] 吕希奎，王明生. 铁路选线与计算机辅助设计实例教程[M]. 北京：中国铁道出版社，2014.

[13] 李远富. 铁路选线设计[M]. 北京：中国铁道出版社，2011.

[14] 张全良. 铁路设计基础[M]. 北京：中国铁道出版社有限公司，2019.

[15] 缪鹍，王保成. 铁路选线设计[M]. 北京：人民交通出版社，2015.